DAS ZWEISTOFFSYSTEM

GAS–METALL

PHYSIKALISCHES VERHALTEN

VON

ALEXANDER NIKURADSE

UND

RAIMUND ULBRICH

MIT 82 ABBILDUNGEN
UND EINER BILDTAFEL

VERLAG VON R. OLDENBOURG

MÜNCHEN 1950

Copyright 1950 by R. Oldenbourg, München
Satz der Offizin Haag-Drugulin in Leipzig M 103 · Druck und Buchbinder
R. Oldenbourg, Graphische Betriebe G. m. b. H., München

Herrn Geheimrat Prof. Dr. A. Sommerfeld

zu seinem 80. Geburtstag

in Dankbarkeit und Verehrung gewidmet

Inhaltsverzeichnis

VORWORT

ABSCHNITT A: Einleitung: Problemstellung, Zielsetzung, Abgrenzung

ABSCHNITT B: Grenzflächen und intermolekulare Kraftwirkungen

§ 1. Formale Betrachtungen über Grenzflächen 11

§ 2. Zusammenhang zwischen Grenzschicht und intermolekularen Kräften 15

§ 3. Die intermolekularen Kräfte 17

    a) Die elektrostatischen (Coulombschen) Kräfte 17

    b) Die van der Waalsschen Kräfte 20

    c) Die Valenzkräfte 26

§ 4. Die intermolekularen Kraftwirkungen und die Kristallstrukturen. Das Kräftepotential Molekül-Metallwand 30

ABSCHNITT C: Gase an der Metalloberfläche

§ 5. Die Adsorptionsisothermen, Die Adsorptionswärmen. Die adsorbierende Oberfläche und die adsorbierte Schicht 36

§ 6. Elektronentheorie der Metalle und Potentialsprung in der Grenzfläche Metall–Dielektrikum 64

§ 7. Meßergebnisse zum Potentialsprung in adsorbierten Schichten . . 77

    a) Meßverfahren, bei denen der Schichtträger Elektronen emittiert 77

    b) Meßverfahren, bei denen keine Elektronenemission durch den Schichtträger stattfindet (Kontaktpotentialverfahren) 80

    c) Meßergebnisse über den Potentialsprung in adsorbierten Schichten 82

§ 8. Adsorbiertes Gas an Metallfolien 90

ABSCHNITT D: Gase im Metall

I. Gleichgewichtszustand / Lösung

§ 9. Experimenteller Befund 93

§ 10. Typen der Löslichkeit 94
     a) Die einfache Lösung 95
     b) Einlagerungsverbindungen 97

§ 11. Die Mischung gelöster Gase im Metall 98

§ 12. Der Einfluß gelöster Gase auf die physikalischen Eigenschaften der
     Metalle 99

§ 13. Wasserstoff in Metallen 101
     a) Allgemeines 101
     b) Wasserstoff in Palladium 104
     c) Gasbeladung und Elektronentheorie der Metalle 116
     d) Wasserstoff in anderen Metallen 118

§ 14. Stickstoff und Sauerstoff in Metallen 123

II. Dynamischer Zustand / Diffusion

§ 15. Vorbemerkungen: Definition der Diffusion 129

§ 16. Phänomenologische Betrachtungen 129

§ 17. Fehlordnungstheorie 133
     a) Problemstellung 133
     b) Theorie von Wagner und Schottky 134

§ 18. Bedeutung der Theorie von Wagner und Schottky und theoretische
     Weiterentwicklung 141

§ 19. Experimentelle Befunde 143

§ 20. Definition des Durchlässigkeitskoeffizienten 144

§ 21. Die Parameter des Durchlässigkeitskoeffizienten 145

**ABSCHNITT E: Die Gasaufnahme und Durchlässigkeit von Metall-Kathodenflächen
     in einer Glimmentladung**

§ 22. Die Gasaufzehrung durch Kathoden in einer Glimmentladung . . 150

§ 23. Durchgang von Wasserstoff durch eine Eisenkathode bei einer
     Glimmentladung 151

Vorwort

Die Entwicklung der Industrie (Elektrotechnik, Anwendung der Katalyse auf die chemischen Fabrikationsprozesse, Hüttenwesen u.a.m.) stellt an die Forschung Forderungen nach einem eingehenden Studium des Verhaltens eines Metalls und von diesem sorbierter Fremdatome oder Moleküle. Aus diesem Anlaß war das Zweistoffsystem Gas–Metall über ein Jahrzehnt lang Gegenstand von Arbeiten am Laboratorium für Elektronen- und Ionenlehre an der Technischen Hochschule Berlin. In Verbindung mit diesen Arbeiten entstand der Wunsch nach einer monographischen Darstellung der allgemeinen Resultate dieses Forschungsgebietes.

Allen den Herren, die an den experimentellen Arbeiten auf dem Gebiete Gas–Metall am Laboratorium der Technischen Hochschule Berlin mitgearbeitet haben, sei an dieser Stelle Anerkennung ausgesprochen. Besonderer Dank gebührt Herrn Dr. J. v. Duhn, der an der Verfassung der §§ 6 und 7 entscheidend beteiligt ist, und auf dessen Messungen und Versuchen die Darstellung der Kontaktpotentialmethode unmittelbar fußt.

Dem Verlag, insbesondere Herrn Dr. R. Oldenbourg, danken wir für das angesichts der zeitbedingten schwierigen Verhältnisse der Drucklegung uns weitgehend bewiesene Entgegenkommen.

Alexander Nikuradse

Direktor des Institutes für Elektronen-
und Ionenforschung an der Technischen
Hochschule München

Raimund Ulbrich

Wissenschaftlicher Mitarbeiter am Institut
für Elektronen- und Ionenforschung an der
Technischen Hochschule München

München, im Dezember 1948

ABSCHNITT A

Einleitung: Problemstellung, Abgrenzung, Zielsetzung

Die vorliegende Arbeit hat zur Aufgabe, das physikalische Verhalten des Systems Gas–Metall einer Betrachtung zu unterziehen. Diese Aufgabenstellung betrifft einen besonderen Ausschnitt aus dem Studium derjenigen physikalischen Vorgänge, welche dadurch entstehen, daß Teilchen zweier aneinander grenzender heterogener Phasen ausgetauscht werden. Im allgemeinen gehören dazu die Beeinflussungen der inneren Struktur der einen Phase durch Teilchen der anderen und alle daraus entspringenden Veränderungen, daß in eine homogene Phase Teilchen eines fremden Stoffes eindringen, wobei sie zur Bildung einer Mischphase Anlaß geben. Grundsätzlich sind dabei zu unterscheiden die Vorgänge, welche an der Grenze beider Phasen auftreten – die sogenannten Grenzflächenerscheinungen, von den Vorgängen, die sich im Innern der etwa entstehenden Mischphase abspielen. Es sollen also zunächst die reinen Grenzflächenerscheinungen betrachtet werden, ein weiterer Teil der Arbeit soll den Vorgängen im Innern der Mischphase u. a. der eigentlichen Diffusion gewidmet sein, und zwar sei die Betrachtung am Beispiel des Systems Gas–Metall geführt.

Das Studium der Wechselwirkung zwischen Gasen und Metallen hat, abgesehen von einzelnen früher dahin gehenden Versuchen, erst in den letzten 30 Jahren eine breitere Aufmerksamkeit gefunden und ist erst neuerdings mehr systematisch betrieben worden. Die Anregung dazu ist, außer von der rein theoretischen Fragestellung, zum großen Teil von der technischen Praxis ausgegangen. Die Adsorption von Gasen an Metalloberflächen spielt eine große Rolle bei vielen katalytischen[1] und elektrischen Vorgängen, und die Diffusion und Lösung von Gasen in Metallen beeinflußt im weitgehenden Maße die erwünschten und unerwünschten Eigenschaften des technischen Materials[2].

Zu den ältesten den Gegenstand betreffenden Versuchen sind die Arbeiten von Caillietet[3], 1863 und Graham[4], 1866 zu zählen. Im Laufe der Zeit ist die Zahl der

---

[1] Handbuch der Katalyse, hrsg. von G. M. Schwab, I. Allgemeine Gaskatalyse, Wien 1941, Theorie der Adsorption, S. 106: Bemerkungen über katalytische Reaktionen, S. 137; Heterogene Reaktionen, S. 14 (Art. von W. Jost); Die katalytische Wirkung von Grenzflächen (u. a. Art. von H. Mark). Daselbst auch weitere Literaturangaben. W. Baukloh u. G. Henke, Metallwirtschaft, *23*, 463 (1940). Siehe auch Berichte zur 43. Hauptversammlung der Deutschen Bunsengesellschaft: „Phys. Chemie der Grenzflächenvorgänge", Z. f. Elektrochemie, 44, H. 8 u. 9 (1938).
[2] Handbuch f. d. Eisenhüttenlab., Bd. 2, Düsseldorf 1941.
[3] C. Rend. *56*, 847 (1863).   [4] Graham, Phil. Trans. *156*, 399 (1866).

Arbeiten ungeheuer gewachsen, und viele Gruppen von Forschern haben sich
dem gegenseitigen Verhalten der Gase und Metalle zugewandt.

Das gegenwärtig vorliegende Versuchsmaterial ist sehr groß und in seiner Fülle
nicht leicht zu übersehen. Es tritt der erschwerende Umstand hinzu, daß die
experimentellen Ergebnisse recht häufig voneinander abweichen; das liegt sowohl an der Natur des Gegenstandes als auch an der Tatsache, daß das Versuchsmaterial in vielen voneinander unabhängigen Einzeluntersuchungen verstreut ist, und die Forschung trotz der Bemühungen um eine Systematik in
ihrer Gesamtheit nur wenige ordnende Grundgedanken und keine einheitliche
Methodik verrät. So sind zum Beispiel in einem großen Teile der Arbeiten die
benutzten Metallproben metallkundlich nicht hinreichend definiert.

Trotz dieser ungünstigen Umstände heben sich aus der Gesamtheit der so reich-
haltigen Experimentalergebnisse einige allgemeinere Erkenntnisse heraus.

Diese Arbeit soll eine Übersicht über die erzielten Versuchsergebnisse und über
die im Augenblick möglichen allgemeinen Erkenntnisse in dem hier behandelten
Forschungsgebiet bringen. Es lassen sich also die Erscheinungen dadurch in
zwei große Gruppen ordnen, daß man die Vorgänge an der Metalloberfläche mit
Adsorption, die Vorgänge im Innern des Metalls mit Diffusion und Lösung bezeichnet, wobei man unter Lösung den Gleichgewichtszustand versteht.

Die Adsorption kann man weiter in ihre Abarten der gewöhnlichen oder physikalischen Adsorption, der sogenannten aktivierten Adsorption oder der „Chemosorption" zerlegen. Gewissen Erscheinungen, welche in Entladungsröhren stattfinden, und solchen, die an das Vorhandensein starker elektrischer Felder gebunden sind, muß vorläufig ein besonderer Platz eingeräumt werden.

Die beiden großen Gebiete, auf welchen man sich der auf der Wechselwirkung
zwischen Gasen und Metallen beruhenden Vorgänge zur Erreichung technischer
Zwecke bedient, sind die Schmelz- und Härtetechnik und dann in besonders
interessanter Weise die Anwendung der Kontaktkatalyse; daneben spielen die
erwähnten Phänomena auch in gewissen Spezialproblemen des modernen Röh-
renbaus und der Isoliertechnik eine Rolle. Das Ziel der vorliegenden Mono-
graphie ist eine zusammenfassende Darstellung derjenigen physikalischen
Grunderkenntnisse und Erfahrungen, welche einem tieferen Verständnis der
Wechselwirkung zwischen Gasen und Metallen auf den speziellen Gebieten ihrer
technischen Anwendung vorausgehen müssen. Diese Grunderkenntnisse sind
wiederum ein Kapitel einerseits der Physik der Grenzflächen und andererseits
der Physik der Zwei- und Mehrstoffsysteme. Die Erscheinungen auf den beiden
letztgenannten Gebieten der Physik sind letzten Endes eine Manifestation des
Wirkens zwischenmolekularer Kräfte. Deshalb ist im folgenden der Beschreibung
dieser Kräfte ein verhältnismäßig großer Platz gewidmet. Die zwischen den Metallatomen und den sorbierten Gaspartikelchen auftretenden Wechselwirkungskräfte
lassen das Metall und das Gas als das Zweistoffsystem Gas–Metall erscheinen.

Es sollen nur massive Metalle mit sich über viele Atomabstände erstreckender
Gitterstruktur zur Betrachtung zugelassen sein. Amorphe Metalle und Metallpulver werden nicht diskutiert.

ABSCHNITT B

Grenzflächen und intermolekulare Kraftwirkungen

§ I. Formale Betrachtungen über Grenzflächen

Bei der Ermittlung physikalischer Eigenschaften der Metalle und dielektrischer Substanzen und ihrer Mischungen, oder bei der Beurteilung ihrer Eignung für die Praxis spielen die Grenzflächen- und Grenzschichterscheinungen eine beachtenswerte Rolle. Diese Grenzflächen und Grenzschichten sind oft der Sitz besonderer physikalischer und chemischer Vorgänge, für deren Verlauf die Eigenschaften der Grenzschicht zwischen Metall und Dielektrikum maßgebend sind.

Betrachtet man zwei aneinandergrenzende heterogene Phasen, so ändern sich die Stoffeigenschaften zeitlich und räumlich. Wird ein bestimmter Augenblick $t = t_0$ festgehalten, so befinden sich Moleküle des Stoffes A in ihrem Ausgangsgebiet und auch jenseits der Grenzfläche (die zunächst einmal nicht streng definiert sei), und zwar um so dünner verstreut, je weiter man über die Grenzfläche hinaus in das „eigentliche" Gebiet der Phase B hineinkommt. Andererseits befinden sich Moleküle der Phase B in den ursprünglichen Gebieten der Phase A. An der Grenzfläche besteht eine Sprungstelle der Konzentration A und der Konzentration des Stoffes B (Diagramm Abbildung 1). Infolge der Wärmeenergie findet ein Austausch der Moleküle und eine Bewegung derselben statt – auch im eigentlichen Gebiet der Fremdphase. Molekularkinetisch gesehen: wäre jede Wärmebewegung der Moleküle „eingefroren", hätte man es also mit der Tempe-

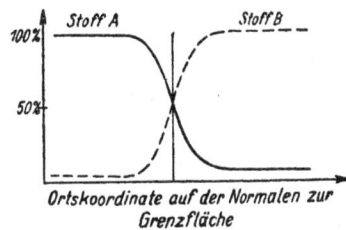

Abb. 1. Typische Konzentrationsverteilung an der Grenze zweier verschiedener Stoffe. Infolge der Wärmebewegung der Moleküle hat ein langsames gegenseitiges Durchdringen der Stoffpartner stattgefunden. Die Kurven bedeuten die Ortsabhängigkeit der Konzentration für das „eindimensionale" Problem

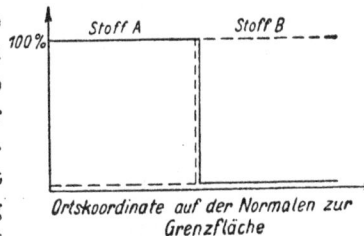

Abb. 2. Bei der Temperatur des absoluten Nullpunktes wäre die Diskontinuität an der Grenze der Phasen scharf ausgebildet

ratur des absoluten Nullpunktes zu tun, so wäre die Diskontinuität in der Konzentration der Phasen ganz scharf ausgebildet. Diesem Falle entspräche also das Diagramm Abb. 2. Die Linie der räumlichen Konzentrationsabhängigkeit zeigt einen rechteckigen Abfall.

Findet dagegen der Vorgang bei einer vom absoluten Nullpunkt verschiedenen Temperatur $T_k > T_0$ statt, so streben die beiden Stoffe nach dem Konzentrationsausgleich, welcher theoretisch nach einer genügend langen oder „unendlich" langen Zeit erreicht wird. Den einzelnen Zeitpunkten entsprechen Linien des Diagramms Abb. 3.

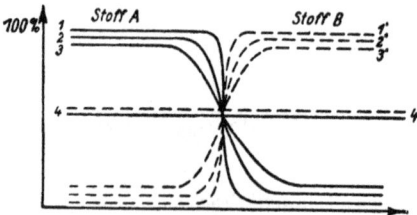

Abb. 3

Bei einer angemessenen absoluten Temperatur $T_k > T_0$ streben die beiden Stoffe dem Konzentrationsausgleich zu, der nach einer genügend langen Zeit erreicht wird. Die einzelnen Kurven bedeuten die Konzentrationen der beiden Stoffe in Abhängigkeit von den Ortskoordinaten, und zwar:

Kurve 1 und 1′ für die Zeit $t = t_1$
    „ 2 „ 2′ „   „   „ $t = t_2$
    „ 3 „ 3′ „   „   „ $t = t_3$
    „ 4 „ 4′ „   „   „ $t = t_4$
bei $T_k > T_0$, wobei $t_1 < t_2 < t_3 < t_4 = \infty$

Je höher die Temperatur, um so schneller streben die Konzentrationen dem Ausgleich zu. In jedem Zeitpunkt wird der Zustand der Grenzschicht ein anderer sein. Es besteht also nicht nur eine Abhängigkeit der Stoffkonzentrationen vom Orte, sondern auch von der Zeit. Die Moleküle des Stoffes A überschreiten die Grenzflächen und treten in den Stoff B ein und umgekehrt. Die „Grenzfläche" verliert an Schärfe; aus ihr wird eine „Grenzschicht", bestehend aus zwei „Mischschichten" beider Stoffe, die im allgemeinen nicht gleich dick zu sein brauchen. Bei der Temperatur T_0, dem absoluten Nullpunkt, wäre die Grenze zwischen den beiden Stoffkomponenten mathematisch scharf und auch von der Zeit unabhängig.

Bei einer von T_0 verschiedenen Temperatur sei nun in einem bestimmten Zeitpunkt der Zustand der Grenzschicht festgehalten.

Der Begriff der Grenzfläche läßt sich dann rein formal mit folgender Vorstellung in Verbindung bringen, wobei auch die Definition einer bestimmten „Dicke" der Grenzschicht möglich erscheint. Gegeben seien zwei Phasen A und B (Abb. 1) und es seien – wenn man das Problem eindimensional auffaßt –

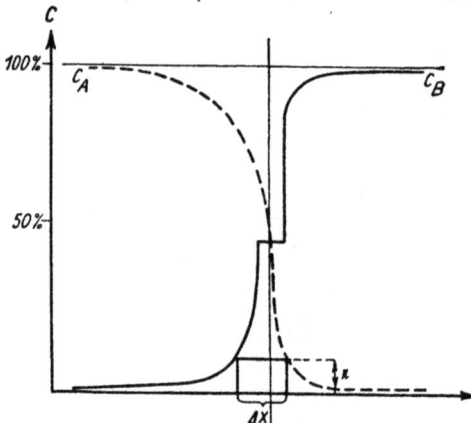

Abb. 4. Konzentrationsverteilung an der Grenze zweier Phasen. Der Abschnitt Δx definiert die „Dicke" der Grenzschicht

in Abhängigkeit von den Koordinaten des Ortes die Volumenkonzentration der beiden Stoffe C_A und C_B als Ordinaten aufgetragen. Die Konzentration des Stoffes A wird, vom Prozentwerte 100% zunächst schwach absinkend, an einer bestimmten Stelle einen sehr starken Abfall erleiden. Nachher sinkt die Konzentration wieder sehr wenig, sich asymptotisch dem Werte 0% annähernd – wir befinden uns nämlich im Bereich der Phase B, in welche nun die A-Teilchen eindringen. Ähnlich, aber in entgegengesetzter Richtung verläuft die Konzentration der Phase B. Die Konzentrationskurven brauchen nicht gegen irgendeine Gerade symmetrisch zu sein. Es kann auch eine horizontale Sprungstelle in Frage kommen. Man fasse nun in dem Diagramm Abb. 4 den kleinen Bereich Δx ins Auge, von dessen rechter Seite die Konzentration $C_A < \eta_A$ und von dessen linker Seite die Konzentration $C_B < \eta_B$. Man kann nun als „Dicke" der Grenzfläche oder der Grenzschicht denjenigen Abstand definieren, für welchen $C_B < \eta_B$ und $C_A < \eta_A$, wobei $\eta_B = \eta_A = \eta$; η ist ein sehr kleiner konventionell angenommener Wert. Außerhalb des kleinen Abschnittes Δ_x, nämlich der Dicke der Grenzschicht, folgt die Konzentration des Stoffes B in A zunächst rein phänomenalogisch in meisten Fällen den Fickschen Differentialgleichungen. Faßt man diese Bedingung als wesentlich und definiert als Dicke der Grenzschicht dasjenige Gebiet, in welchen die Diffusionsgesetze nicht gelten – aber das ist schon wieder eine Frage der Molekularkinetik –, so können in den vorhin erwähnten Ungleichungen die Werte η_A und η_B voneinander verschieden sein. (Die Vorgänge innerhalb des Grenzbereiches Δx sind besonders verwickelt und je nach den beiden Phasenpartnern verschiedenartig.) Im Sinne der rein formalen Betrachtung sei nun der Punkt X_M, in welchem die Konzentrationen gleich sind, also der Schnittpunkt der ortsabhängigen Konzentrationskurve des Stoffes A mit der entsprechenden Kurve des Stoffes B, als ein Punkt der Grenzfläche definiert. In der dreidimensionalen Betrachtung sei also die Grenzfläche als der geometrische Ort aller Punkte definiert, in welchem die Konzentrationen der beiden Komponenten gleich sind (rein formalgeometrisch gesehen, als Schnittpunkte der Konzentrationskurven im Gebiete ihres mehr oder weniger steilen Abfalls!), also der Punkte $P_M (X_M, Y_M, Z_M)$. Für den dreidimensionalen Fall ergibt sich auch sofort die Definition der Dicke der Grenzschicht Δ_X, wenn man die vorhin geführte Betrachtung auf die Normale X_N in jedem Punkte der Grenzfläche kontinuierlich überträgt. Bei veränderlichem Zeitparameter t ist natürlich die Lage des Punktes $P_K(t)$ von der Zeit abhängig, und demzufolge ändert auch die Grenzfläche Form und Lage. Auch die Dicke der Grenzschicht ist zeitabhängig. Die molekularkinetisch vertiefte Betrachtung, besonders für den hier näher interessierenden Fall, wenn zumindest eine der Komponenten ein fester Körper und speziell ein Metall ist, findet man auf dem Boden der in einem weiteren Abschnitt dieser Arbeit in ihren Grundzügen dargestellten Theorie von C. Wagner und W. Schottky sowie den weiteren Entwicklungen. An sich sind bei den beiden angrenzenden Phasen folgende Kombinationen der Aggregatzustände möglich:

1. Beide Phasen befinden sich in flüssigem Zustande! Wenn es sich um Flüssigkeiten handelt, die einander höchstens nur bis zu einer bestimmten Sättigungsgrenze auflösen, so bildet sich eine definierte Grenzschicht aus. Der Fall tritt offenbar dann ein, wenn zwischen den Potentialen der gegenseitigen Kraftwirkungen der Moleküle der mit dem Index A und B bezeichneten Flüssigkeiten die Ungleichungen bestehen:

$$\varphi_{AB} \lesseqgtr \varphi_{AA}$$

$$\varphi_{AB} \lesseqgtr \varphi_{BB},$$

das heißt, wenn die Molekularattraktion zwischen zwei gleichen Teilchen der Flüssigkeit A bzw. der Flüssigkeit B größer ist als zwischen den verschiedenen A und B gehörigen Molekeln. Es bildet sich in diesem Falle eine Grenzflächenspannung aus. Allgemein bildet sich die Oberflächenspannung α bei angrenzenden Phasen immer dann aus, wenn mindestens eine davon eine Flüssigkeit ist. Sie wirkt senkrecht zur Oberfläche der Flüssigkeit und ist bestrebt, der Oberfläche einen möglichst kleinen Wert zu geben. Als Maß für die Oberflächenspannung dient diejenige mechanische Arbeit, welche zur Bildung von 1 cm² Oberfläche einer bestimmten angrenzenden Phase gegenüber anzuwenden ist[1]). Die Dimension ist also Arbeit : Oberfläche. Für Wasser gegen Luft ist also z. B. $\alpha = 73$ erg cm^{-2}. Die Oberflächenspannung einer Flüssigkeit ist abhängig von der Art des Nachbarmediums; sie ändert sich auch, sobald fremde Molekeln in die Flüssigkeit eindringen. Die Grenzflächenspannung für die Partner Wasser–Benzol ist z. B. $\alpha = 36,6$; für Wasser–Äther $\alpha = 9,69$ (bei 20° C). Demgegenüber steigt die Oberflächenspannung des Wasser von $\alpha = 73$ gegen Luft auf 74 für eine 1 mol wässerige Na Cl-Lösung.

2. Die Wechselwirkung zwischen einer Flüssigkeit und einem Gase wird vor allem durch das Vorhandensein einer Adsorptionsschicht von Gaspartikelchen auf der Flüssigkeitsoberfläche charakterisiert. Die Adsorptionsschicht beeinflußt die Oberflächenspannung der Flüssigkeit. Diese Zusammenhänge werden ebenso wie in dem vorhin erwähnten Falle zweier Flüssigkeiten theoretisch durch den aus thermodynamischen Überlegungen gewonnenen Satz von Gibbs erfaßt.

3. Beide Phasen befinden sich in festem Zustande: Hier stehen die sogenannten Platzwechselvorgänge (Diffusion und chemische Reaktion in festen Stoffen, z. B. die Diffusion von Kohlenstoff in Eisen) zur Diskussion, deren Untersuchung und theoretische Deutung erst in den letzten zwei Jahrzehnten systematisch versucht worden ist[2]). Außerdem gehören in dieses Gebiet Fragen der Adhäsion und der elektrischen Kontakte[3]).

4. Bei der Kombination fest–flüssig ist die vor allem in die Augen springende Erscheinung die Benetzung. Weiter ist besonders bemerkenswert die Adsorption gelöster Stoffe und die Adsorption von Ionen. In diesem Zusammenhange interessieren auch die elektrochemischen Vorgänge, die sich zeigen, wenn die Flüssigkeit ein Elektrolyt ist, und die elektrischen Eigenschaften isolierender Flüssigkeiten[4]).

5. Bei der Betrachtung der Kombination fest–gasförmig findet zunächst die eigentümliche Verdichtung des Gases an der Grenzfläche, die sogenannte Adsorption, nähere Aufmerksamkeit. Nach erfolgter Adsorption ist besonders in Metallen ein Eindringen von Gasatomen in das Kristallgefüge des festen Kör-

---

[1]) Eine Besprechung von Formeln verschiedener Autoren ist zu finden bei: P. Bogdan, Die Oberflächenspannung bei flüssigen Körpern, Bull. Sect. Sci. Acad. Roum. *25*, 318–26, 1943.

[2]) W. Jost, Diffusion und chemische Reaktion in festen Stoffen, Dresden und Leipzig 1937. Siehe auch: J. Cichocki, Etude théoretique de la diffusion des solides. Journ. Phys. et le Radium. 7 (7), 420, 1936.

[3]) R. Holm, Die technische Physik elektrischer Kontakte, Berlin 1941.

[4]) A. Nikuradse, Das flüssige Dielektrikum, Berlin 1934.

pers, die Lösung möglich. Beide Erscheinungen beruhen auf der Wirkung intermolekularer Kräfte.

Beim Studium der Adsorption müssen die allgemeinen thermodynamischen Beziehungen (Adsorptionsgleichgewicht, Adsorptionswärme, Adsorptionsisotherme usw.) betrachtet werden. Dann muß zwischen der physikalischen oder ungehemmten Adsorption und der chemischen oder aktiven Adsorption unterschieden werden. Bei der physikalischen Adsorption wirken zwischen dem festen Körper und dem Gas vornehmlich folgende Arten von Bindungen:

Die van der Waalssche Bindung, die bei der Adsorption an nichtmetallischen Flächen eine ausschlaggebende Rolle spielt, die aber gewöhnlich im Zusammenwirken mit anderen Kräften auftritt;

Elektrostatische Kraftwirkungen, die vor allem für den Fall, wenn die adsorbierten Teilchen Träger eines permanenten Dipols sind, Bedeutung haben.

Die sogenanten Bildkräfte, im wesentlichen Kräfte elektrostatischer Natur, wirken entscheidend bei der Adsorption an Metallflächen.

Bei der aktiven Adsorption handelt es sich um die Wirkung chemischer Valenzkräfte, und zwar können sowohl polare Valenzkräfte als auch unpolare, die auf Elektronenaustausch beruhen, zur Wirkung kommen.

Bei manchen festen Körpern, zumal bei Metallen, können Gasteilchen auch in das Gefüge des Kristallgitters eindringen und eine sogenannte feste Lösung bilden. Die beste theoretische Erfassung dieser Erscheinungen im Metall ist bisher der auf wellenmechanischen Ansätzen fußenden Elektronentheorie der Metalle gelungen.

Die weitere Betrachtung sei nun auf das Verhältnis der Gase und Metalle beschränkt, und zwar nur auf die Adsorption und auf das Eindringen von Gasteilchen in das Metall. Der konträre Fall, das Verdampfen der Metallatome in die Gasphase, soll dagegen nicht betrachtet werden.

§ 2. Zusammenhang zwischen Grenzschicht und intermolekularen Kräften

Um einen tieferen Einblick in die Grenzschichterscheinungen zu gewinnen, wollen wir die Kräfte, die zur Bildung einer Grenzschicht führen, einer näheren Betrachtung unterziehen.

Die an der Grenzfläche bzw. in der Grenzschicht zweier Substanzen A und B wirksamen Kräfte stammen sowohl von der einen als auch von der anderen Substanz. Liegt nun ein System Metall–Gas (Dampf) oder Metall–Flüssigkeit vor, so treten einerseits die Gitterkräfte des Metallkristalls und andererseits die Molekülkräfte (Atomkräfte des Gases [Dampfes] bzw. der Flüssigkeit) in Wirksamkeit.

Ein Metallgitter ist aus Atomen oder, genau gesehen, aus „Atomrümpfen" und „freien" Elektronen aufgebaut. Demzufolge treten an der Oberfläche des Gitters starke elektrische Felder auf. Sie sind in der Lage, die der Metalloberfläche benachbarten Moleküle zu polarisieren und so die Adsorption einzuleiten.

Auch von der Seite des Dielektrikums werden Kräfte ausgeübt. Besteht das Dielektrikum aus dipollosen Molekülen, so wirkt zwischen ihnen und der Metallwand die sogenannte van der Waalssche Anziehung. Nach London klingt diese Anziehungskraft mit der 7. Potenz des reziproken Abstandes ab. In unmittelbarster Nähe der Metalloberfläche kann sie sehr große Werte erreichen, ihre räumliche Reichweite jedoch ist begrenzt. Wird das Dielektrikum aus Dipolmolekülen gebildet, oder wird ein dipolloses Molekül durch elektrische Felder des Metallgitters polarisiert, so tritt zwischen den Molekülen und der Metalloberfläche Coulombsche Anziehung auf. Die Wirksamkeit dieser Kraft beschränkt sich auf eine Schichtdicke, die unterhalb der Größe eines Dipols liegt. Auch die Wirkung der elektrischen Anziehungskräfte der permanenten Dipole bzw. der polarisierten Moleküle besitzt eine eng eingegrenzte Reichweite. Befindet sich jedoch in der Nähe der Wand ein elektrisch geladenes Molekül, ein Ion, so wirkt zwischen ihm und der Wand elektrostatische Kraft, die nach dem Coulombschen Gesetz mit der 2. Potenz des reziproken Abstandes abfällt. Wir erkennen, daß die Reichweite dieser Kräfte verhältnismäßig groß ist. In Wirklichkeit wirken diese drei Arten von Anziehungskräften oft zusammen; bei kleinen Schichtdicken sind dann die van der Waalsschen und die Dipolkräfte – und in weiter von der Metallwand entfernten Schichten die von den Ionen herrührenden Coulombschen Kräfte maßgebend. Ist außerdem die Elektronenaffinität des Metalls größer als die Ionisierungsarbeit des Dielektrikums, so gibt das Molekül, das sich in der Nähe des Metalls befindet, ein Elektron an das Metall ab und bleibt als ein positives Ion zurück. Oder es kann auch der umgekehrte Fall auftreten: die Elektronenaffinität der Moleküle des Dielektrikums ist größer als die Elektronenaustrittsarbeit des Metalls (dieses ist zu erwarten, wenn beispielsweise elektronengierige Chloratome im Dielektrikum vorhanden sind); jetzt treten Elektronen aus dem Metall heraus und bilden infolge der Anlagerung mit Molekülen des Dielektrikums negative Ionen. So können zwischen den Molekülen eines Dielektrikums und einer metallischen Wand Kräfte elektrostatischer Art entstehen.

Zwischen den Metallatomen und dem Dielektrikum bzw. den Atomen der Moleküle des Dielektrikums und dem Metall können so große Bindungskräfte auftreten, daß die Metallatome sich vom Metall lösen und ins Dielektrikum eintreten (elektrisch geladen oder neutral), bzw. Atome von Gas-, Dampf- oder Flüssigkeitsmolekülen sich von ihnen trennen und in das Metallgitter eintreten (ebenfalls elektrisch geladen oder neutral). Die hier auftretenden Bindungsenergien sind viel höher als beispielsweise die van der Waalsschen.

Diese hohen Bindungskräfte verdanken ihre Existenz den sogenannten Valenzkräften, die ihrerseits mit dem Bau der Elektronenschalen der beteiligten Atome zusammenhängen. Sie treten immer dann zwischen zwei Atomen in Wirkung, wenn die Elektronenkonfiguration des zu bildenden Moleküls energetisch günstiger ist als die der beiden Atome in dem Verbande, in dem sie sich befinden. Die Bindungskräfte infolge der Valenz betragen etwa

$$E_{val} = 100 \ \text{Kcal/mol.}$$

und die Bindungsenergien infolge der van der Waalsschen Kräfte betragen etwa

$$E_{v.d.w.} = 10 \ \text{Kcal/mol.}$$

Alle diese Kräfte können wir in drei Gruppen zusammenfassen:

1. Die elektrostatischen (Coulombschen) Anziehungskräfte,
2. die van der Waalsschen Anziehungskräfte und
3. die Valenzkräfte.

Wir werden deshalb im folgenden Abschnitt, bevor wir uns den eigentlichen Erscheinungen an der Grenzfläche der beiden Phasen und im Innern des Metallgitters zuwenden, zunächst diese intermolekularen Kräfte einer Betrachtung unterziehen.

§ 3. Die intermolekularen Kräfte

a) Die elektrostatischen (Coulombschen) Kräfte

Es ist bekannt, daß die Elektronenzahl eines Atoms gleich seiner Kernladungszahl Z ist. Ein solches Atom erscheint nach außen hin elektrisch neutral. Sind ihm aber durch Ionisierung n_1 Elektronen entfernt, so erscheint es elektrisch geladen, also als ein positives Ion mit n_1-Ladungszahl, seine Ladung ist demnach:

$$q_1 = n_1 e,$$

wo e die elektrische Elementarladung bedeutet.

Ein neutrales Atom bzw. Molekül (Molekülkomplex) kann auch dank seiner Elektronenaffinität freie Elektronen an sich binden (Elektronenlagerung) und so ein negatives Ion bilden mit der Ladung

$$q_2 = n_2 e,$$

wenn n_2 die Zahl der angelagerten Elektronen bedeutet.

Befindet sich also ein Atom bzw. Molekül im Ionenzustand, so weicht seine Elektronenzahl n von der Kernladungszahl Z ab.

Zwischen solchen zwei Ionen treten Anziehungskräfte K auf. Sie sind gegeben durch den Ausdruck:

$$K = \frac{e^2 n_1 n_2}{4 \pi \varepsilon_0 r^2} \, \text{dyn} \tag{1}$$

wenn n_1 und n_2 die Ionisierungsgrade (Abweichungen der Elektronenzahl von Z) und r den Abstand der beiden Atome bedeuten, während ε_0 die absolute Dielektrizitätskonstante ist. Das Vorzeichen dieser Kraft hängt naturgemäß davon ab, ob die Ladungen der beiden Ionen gleiches oder entgegengesetztes Vorzeichen tragen.

Die bei ungleichnamigen Ladungen der beiden Ionen auftretende Anziehungskraft würde bestrebt sein, die Ladungsträger einander zu nähern, bis sich ihre Elektronenbahnen so weit durchdrungen haben, daß die Abstoßung der beiden gleichnamig geladenen Kerne eine weitere Annäherung unmöglich macht. Ob hierbei eine chemische Vereinigung der beiden Atome zu einem Molekül stattfindet, hängt von den jeweiligen energetischen Verhältnissen ab.

Befindet sich ein Ion in der Nähe einer ungeladenen, leitenden Wand, so influenziert es im Metall eine ungleichnamige Ladung von derselben Ladungszahl, die es selber trägt. Diese influenzierte Ladung stellt man sich hinter der Wand ebensoweit entfernt wie das Ion vor.

Das Ion wird infolgedessen von der Wand mit einer Kraft angezogen, die man nach Gleichung (1) berechnen kann, wenn man $2\,d = r$ setzt. Kann das Ion dieser Kraft folgen, so wird eine Energie frei, die gleich ist

$$E = \frac{(ne)^2}{4\,\pi\,\varepsilon_0} \int_{r_0}^{\infty} \frac{1}{r^2}\,d\,r \quad \text{erg.} \tag{2}$$

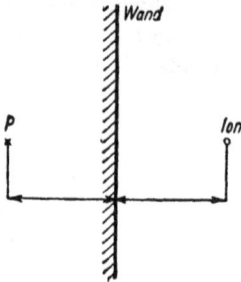

Als Unbekannte tritt hier r_0 auf, das ist der kleinste Abstand, bis zu dem sich das Ion der Wand nähern kann. Man kann diesen Abstand bestimmen, in dem man etwa die Energie mißt, die bei der Anlagerung des Ions an die Wand frei wird.

Abb. 5. Ion in der Nähe einer Wand und die von ihm influenzierte Ladung P

Eine ähnliche elektrostatische Anziehungskraft erzeugen auch die Dipolmoleküle. Der Raum in der nächsten Umgebung eines Dipols ist von elektrischen Kraftlinien erfüllt. Die Dipolmomente dieser Moleculardipole liegen in der Größenordnung von 10^{-18} e.s.E. $= 3 \cdot 10^{-28}$ Coulomb.cm. In einem inhomogenen elektrischen Feld wirkt auf einen solchen Dipol eine Kraft

$$K = \frac{d\,\mathfrak{E}}{d\,r} = \operatorname{grad}\mathfrak{E}, \tag{3}$$

wenn das Dipolmoment und $\mathfrak{E}$ die Feldstärke bedeuten. Da jeder Dipol von einem inhomogenen Feld umgeben ist, werden die Dipolmoleküle Anziehungskräfte aufeinander ausüben und sich in irgendeiner Weise aneinander lagern.

Ist ein Dipolmolekül der Wand sehr nahe, so daß die von ihm ausgehenden Kraftlinien in nennenswerter Zahl in die Wand einmünden können, dann übt es auf das Metall – ähnlich wie ein Ion – eine elektrische Kraft aus und induziert im Metall eine Ladung.

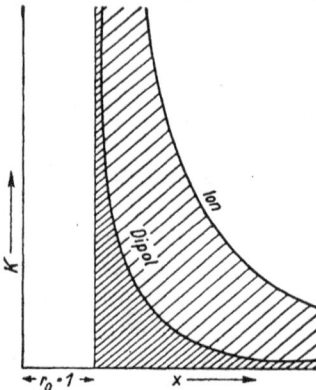

Hieraus ergibt sich, daß die Anziehungskraft zwischen Dipolmolekül und der Wand wesentlich kleiner und auch nur auf geringere Entfernung wirksam ist als die Kraft zwischen Ion und Wand. Diese Verhältnisse sind in Abb. 6 dargestellt. Die Kurven geben den Verlauf der Anziehungskraft, die schraffierten Flächen die bei der Anlagerung frei werdenden Energien wieder. Man sieht, daß bei der Anlagerung eines Dipolmoleküls eine wesentlich kleinere Energie frei wird als bei derjenigen eines Ions.

Abb. 6. Kraft zwischen Ion bzw. Dipolmolekül und Wand. Ordinate: Kraft. Abszisse: Abstand von der Wand

Sind die Moleküle des Dielektrikums dipolfrei, sind sie also symmetrisch gebaut, so können sie in der Wandnähe unter der Wirkung der elektrischen Felder, die vom Metallgitter stammen, polarisiert werden. Das Dipolmoment dieser Moleküle ist eine vom äußeren Feld abhängige und der Feldstärke proportionale Größe. Man bezeichnet das Verhältnis dieses Dipolmomentes zur erregenden Feldstärke als Polarisierbarkeit

$$\alpha = \frac{\mu}{F} \quad \frac{(\text{As cm}^2)}{\text{V}} . \tag{4}$$

Die Feldstärke F kennzeichnet das unmittelbar auf das Molekül wirkende Feld, sie unterscheidet sich von dem außen angelegten Feld E durch den zusätzlichen Anteil, der durch die Polarisation des Dielektrikums bedingt ist:

$$F = E + \frac{4}{3} \frac{\pi}{\varepsilon_0} I \quad (\text{V cm}). \tag{5}$$

Für die Volumenpolarisation I, die gleich dem Produkt aus dem Dipolmoment eines Moleküls und der Anzahl n der Moleküle im cm³ ist, kann man demzufolge schreiben

$$I = \mu n = n \alpha F = n \alpha \left(E + \frac{4}{3} \frac{\pi}{\varepsilon_0} I \right) \quad (\text{As cm}^2). \tag{6}$$

Zwischen der Polarisierbarkeit α und der relativen Dielektrizitätskonstante ε muß, da ja die Polarisierbarkeit das Verhalten eines Dielektrikums im elektrischen Feld kennzeichnet, ein Zusammenhang bestehen. Man kann zunächst für die Verschiebungsdichte D schreiben

$$D = \varepsilon \varepsilon_0 E = \varepsilon_0 E + 4 \pi I \quad (\text{As cm}^2) \tag{7}$$

und erhält hieraus

$$I = \varepsilon_0 \frac{E (\varepsilon - 1)}{4} \quad (\text{As cm}^2). \tag{8}$$

Durch Einsetzen von (8) in (6) erhält man dann den gesuchten Zusammenhang, das Clausius-Mosottische Gesetz:

$$\varepsilon_0 \frac{\varepsilon - 1}{\varepsilon + 2} = n \alpha \frac{4 \pi}{3} \quad (\text{As cm}^2). \tag{9}$$

Diese Gleichung gibt die reinen Molekulareigenschaften noch nicht wieder, weil in ihr n, die Anzahl der Atome in cm³, auftritt. Es besteht also noch eine Abhängigkeit von der Dichte. Man pflegt n dadurch zu eliminieren, daß man beide Seiten der Gl. (9) mit $M \varrho$ dem Quotienten aus Molekulargewicht und Dichte, multipliziert, und man erhält:

$$\varepsilon_0 \frac{\varepsilon - 1}{\varepsilon + 2} \cdot \frac{M}{\varrho} = \frac{4 \pi}{3} N \alpha = P \quad \frac{(\text{As cm}^2)}{V} . \tag{10}$$

Die Größe P ist jetzt eine reine Molekulareigenschaft, die das Verhalten eines Körpers im elektrischen Felde kennzeichnet.

Wie wir jedoch im nächsten Abschnitt sehen werden, spielen bei der gegenseitigen Beeinflussung der Moleküle nicht nur statische Felder eine Rolle, sondern man hat es, sogar in den meisten Fällen, mit hochfrequenten Wechselfeldern zu tun. Es ist also in unserem Falle wichtig, die Dispersion der Elektrizitätskonstante zu berücksichtigen. Wir tun dies in einfacher Weise, indem wir von der Beziehung zwischen relativer Dielektrizitätskonstante ε und Brechungsindex b

$$\varepsilon = b^2 \tag{11}$$

Gebrauch machen. Durch Einsetzen von (11) in (10) erhalten wir

$$\varepsilon_0 \frac{b^2-1}{b^2+2} \cdot \frac{M}{\varrho} = \frac{4\pi}{3} N\alpha = P'. \tag{12}$$

Man bezeichnet P' als Molekularfraktion. Bei Angabe von Zahlenwerten muß natürlich stets die Frequenz mit angegeben werden.

Rechnet man im elektrostatischen Maßsystem, so fällt in den Gln. (4)ff. der Faktor ε_0 fort, so daß sich andere Dimensionen, z. B. cm³ für α und P, ergeben.

Man ersieht aus Vorstehendem, daß zunächst einmal inhomogene statische Felder, wie sie sich beispielsweise nahe der Oberfläche eines Ionenkristallgitters finden, auf normale Moleküle infolge der Polarisierbarkeit eine Kraft ausüben können, die zu einer Adsorption der Moleküle an der Kristallfläche führen kann.

b) Die van der Waalsschen Kräfte

Das Verhalten eines idealen Gases, d. h. eines Gases mit vernachlässigbaren intermolekularen Kräften, ist bekanntlich durch das *Boyle-Gay-Lussac*sche Gesetz

$$p \cdot v = n \cdot R \cdot T \tag{13}$$

bestimmt, worin p den Druck, v das Volumen, T die Temperatur und n die beteiligte Gasmenge (ausgedrückt in Molen) bedeuten, während R die Gaskonstante ist. Während bei hohen Temperaturen alle Gase die Gl. (13) gut erfüllen, ergeben sich bei tieferen Temperaturen, etwa in der Nähe oder gar unterhalb der kritischen Temperatur Abweichungen, die auf das Wirksamwerden von intermolekularen Kräften zurückzuführen sind. Man kann das Verhalten der Gase in diesen Temperaturgebieten durch die *van der Waals*sche Zustandsgleichung

$$(v-b)(p+a/v^2) = n \cdot R \cdot T \tag{14}$$

beschreiben, worin b das unzusammendrückbare Eigenvolumen der Moleküle, a hingegen ein Maß für die intermolekularen Anziehungskräfte darstellt. Man nennt daher diese Kraftwirkungen van der Waalssche Kräfte. Sie bewirken die Kondensation von Gasen sowie die Kohäsion von Flüssigkeiten und von festen Körpern. Man muß aus ihrem Verhalten folgende Schlüsse ziehen:

Erstens muß die Reichweite der Kräfte ziemlich gering sein, d. h. ihre Intensität muß mit der Entfernung rasch abnehmen. Zweitens hat man es mit reinen Anziehungskräften zu tun, so daß eine Erklärung dieser Kraftwirkungen etwa durch *Coulomb*sche Kräfte wegen der Dualität der elektrischen Ladungen nicht möglich erscheint. Trotzdem sind, wie wir sehen werden, die *van der Waals*schen Kräfte letzten Endes durch elektrostatische Kraftwirkungen bestimmt, wenn auch quantenmechanische Effekte eine gewisse Rolle spielen.

Das in dem vorigen Absatz Gesagte gilt aber nur, solange die Moleküle eine gewisse Entfernung r_0 voneinander nicht unterschreiten. Von dieser Entfernung an übertreffen mit weiterer Annäherung außerordentlich rasch ansteigende Abstoßungskräfte die Anziehungskräfte der Moleküle. Weil – wie wir sehen werden – die Anziehungskräfte mit dem reziproken Wert ziemlich hoher Potenzen der Entfernung ansteigen, ist zu erwarten, daß der Anstieg der Abstoßungskräfte einem Exponentialgesetz folgt. Das Vorhandensein auch der Abstoßungskräfte wird schon durch eine überschlagsmäßige Überlegung gefordert, weil ja trotz des Wirkens einer Anziehung die Moleküle schließlich in einer sehr kleinen Entfernung voneinander in bestimmte Gleichgewichtslagen gelangen; es muß also ein Potentialminimum zustande kommen. Will man also über die Gesamtheit derjenigen zwischenmolekularen Kräfte, die man gewöhnlich als *van der Waals*sche Kräfte zu bezeichnen pflegt, einen Überblick gewinnen, so muß man zunächst die Abstoßungskräfte von den Anziehungskräften unterscheiden.

Die Anziehungskräfte können je nach der Art der Moleküle verschiedene Ursachen haben und aus verschiedenen Komponenten zusammengesetzt sein.

Handelt es sich um Teilchen mit permanenten Dipolen, so wird zwischen zwei Teilchen je nach ihrer gegenseitigen Lage eine bestimmte potentielle Energie bestehen. Nach dem *Maxwell-Boltzmann*schen Gesetz kann man ausrechnen, daß eine gegenseitige Orientierung der Moleküle mit dem Minimum der potentiellen Energie am häufigsten vorkommen wird. Deshalb wird die Anziehungskraft statistisch überwiegen, deren Potential nach *W. H. Keesom* die Form hat[1]):

$$E_R = -\frac{2}{3} \frac{\mu^2_1 \mu^2_2}{k\,T} \cdot \frac{1}{r^6}, \tag{15}$$

in welcher μ_1 und μ_2 die Dipolmomente, r den Abstand der Moleküle und k, T bzw. die *Boltzmann*sche Konstante und die absolute Temperatur bedeuten. Die so entstehende Anziehung pflegt man den Richteffekt zu nennen. Dieser verschwindet mit $1/T$, aber trotzdem wird auch bei höheren Temperaturen eine beachtliche Anziehung zwischen den Molekülen beobachtet. Außerdem reicht aus anderen Gründen der Effekt nicht hin, um bei einatomigen Molekülen die Anziehung zu erklären[2]).

P. Debye[3]) nahm deshalb an, daß noch eine andere Kraft zwischen den Molekülen wirksam sein müsse. Nach seinen Überlegungen wird in einem neutralen Teilchen durch ein in der Nähe befindliches geladenes Molekül ein Dipol induziert: es findet eine Polarisation des Teilchens statt. Das entstandene Dipolmoment ist proportional der induzierenden Feldstärke:

$$\mu = \alpha \cdot |\mathfrak{E}|.$$

---

[1]) W. H. Keesom, Physik. Z. *22*, 129. 643 (1921).
[2]) Geiger und Scheel, Handbuch der Physik XXIV/2. Artikel von Herzfeld S. 184.
[3]) P. Debye, Physik. Z. *21*, S. 178, 1920.

In dem hier angedeuteten **Induktionseffekt** hat die gegenseitige Kraftwirkung zweier Moleküle mit den Dipolmomenten und den Polarisierbarkeiten α_1, α_2 das Potential

$$E_{\mathrm{I}} = -\frac{\alpha_1\,\mu^2_2 + \alpha_2\,\mu^2_1}{r^6},\tag{16}$$

welches für den Fall zweier gleichartiger Moleküle den Wert hat:

$$E_{\mathrm{I}} = -\frac{2\,\alpha\,\mu^2}{r^6}.\tag{17}$$

Weil aber Kraftwirkungen zwischen Molekülen, die keinen Dipolcharakter haben, beobachtet werden, hat *Debye* seine Rechnungen auch auf Quadrupole ausgedehnt, doch ergaben sich daraus viel zu kleine Kraftwerte, als daß sie die wirklich beobachtete Wechselwirkung zwischen den Molekülen erklären könnten; freilich blieb außerdem noch die Frage offen, ob tatsächlich alle Moleküle ohne beobachtbares Dipolmoment, Quadrupole oder überhaupt Multipole höherer Ordnung sind. Auf alle Fälle können nach den Erkenntnissen der neueren Quantenmechanik Teilchen mit Edelgaskonfiguration nur genau kugelsymmetrische Struktur haben, aber auch bei diesen findet ja eine gegenseitige Anziehung statt.

Das Problem der Anziehung elektrisch neutraler, kugelsymmetrisch gebauter Moleküle ist erst von der Wellenmechanik, und zwar durch die Rechnungen von *London* erfolgreich angegriffen worden.

Die *London*schen Überlegungen beruhen auf einer Anwendung der wellenmechanischen Störungsrechnung auf das Problem zweier Atome. Das erste von *Heitler* und *London* angegriffene Problem war das des Zusammentretens zweier H-Atome zu einem H_2-Molekül. In den Londonschen Rechnungen treten für die Energie der Wechselwirkung zwischen zwei Teilchen zwei Integrale auf, von denen sich das eine als Wirkung der Coulombkräfte zwischen den Teilchen interpretieren läßt, während das andere eine Deutung in der Sprache der klassischen Physik ausschließt. Dieses letztere Integral hat aber jedenfalls die Dimensionen der Energie, es muß sich also daraus eine Kraftwirkung ableiten lassen, deren Potential es ist. Dieses sogenannte Austauschintegral ist das Symbol für einen rein quantenmechanischen Effekt, der sich nur innerhalb des entsprechenden Begriffssystems verstehen läßt und der – streng genommen – modellmäßigen Deutungsversuchen unzugänglich bleiben muß. Die wellenmechanische Störungsrechnung kann den Effekt erster Näherung und den zweiter Näherung berücksichtigen. In erster Näherung handelt es sich um Kräfte, die – wenn sie durch die sogenannte Austauschentartung entstehen – die homöopolare Valenz hervorrufen. Die Kräfte zweiter Näherung fallen weniger steil mit der Entfernung ab und können an Stellen wirksam sein, wo die Kräfte erster Näherung bereits verschwunden sind: es sind das die *van der Waals*schen Anziehungskräfte. Die homöopolaren Valenzkräfte und die van der Waalsschen Kräfte zwischen vollkommen symmetrisch gebauten Teilchen lassen sich so von dem einheitlichen Standpunkt der wellenmechanischen Betrachtung verstehen.

Im Zuge dieser Darstellung sollen zunächst die van der Waalsschen Kräfte gestreift werden, die homöopolaren Valenzkräfte seien einem weiteren Paragraphen vorbehalten. Und zwar wollen wir uns lediglich mit einer Kenntnisnahme der angenäherten Resultate der Londonschen Rechnungen begnügen mit einem Hinweis auf die modellmäßigen Deutungsversuche, die ja nur einen gewissen instruktiven Wert haben können und dementsprechend zu bewerten sind. Vorher sei noch bemerkt, daß *London* seine Rechnungen nur für die allereinfachsten Moleküle wirklich durchgeführt hat, während allgemein das Vorhaben wegen Unkenntnis der entsprechenden Eigenfunktionen der *Schrödinger*-Gleichung scheitert. Durch die Londonschen Rechnungen ist aber jedenfalls die grundsätzliche Möglichkeit nachgewiesen, die Kraftwirkung zwischen zwei symmetrisch gebauten Teilchen zu verstehen. Die aus der störungstheoretischen Diskussion der Schrödinger-Gleichung abgeleiteten Kräfte sind im allgemeinen Sinne letzten Endes als Kräfte elektrostatischer Natur, wenn auch nicht als Coulombkräfte anzusehen, denn zu ihrer Ermittlung sind ja elektrostatische Potentiale in die Schrödinger-Gleichung eingegangen.

Um eine modellmäßige Vorstellung zu gewinnen[1]), ersetzt man jede Partikel durch ein System von virtuellen Oszillatoren, deren Wechselwirkung das Zustandekommen der zwischen den Teilchen wirkenden Kräfte erklären soll. Wenn die Teilchen bzw. die Oszillatoren sich isoliert voneinander befinden, habe jeder die Eigenfrequenz ν_0. Wenn dagegen ein Aufeinanderwirken zweier gleicher Oszillatoren zugelassen wird, so „verstimmen" sie einander, und es entstehen Koppelungsfrequenzen. Die Gesamtenergie der beiden in Wechselwirkung stehenden Oszillatoren ist gegenüber der beiden unverstimmten verändert. Die Energiedifferenz liefert die Energie der Wechselwirkung. Man braucht jedes Molekül nur durch einen einzigen Oszillator zu ersetzen und hat die Berechnung der verstimmten Frequenzen durchzuführen, deren sich dann folgende ergeben:

$$\nu^+{}_x = \nu^+{}_y = \nu_0 \sqrt{1 + \frac{\alpha}{r^3}} \qquad \nu^-{}_x = \nu^-{}_y = \nu_0 \sqrt{1 - \frac{\alpha}{r^3}}$$

$$\nu^+{}_z = \nu_0 \sqrt{1 - 2\frac{\alpha}{r^3}} \qquad \nu^-{}_z = \nu_0 \sqrt{1 + 2\frac{\alpha}{r^3}},$$

wobei $\nu_0 = \frac{1}{2\pi} \sqrt{\frac{e^2_0}{\alpha M_r}}$ die unverstimmte Frequenz bedeutet; hierbei ist α Polarisierbarkeit und M_r die reduzierte Masse der Moleküle. Die Gesamtenergie des aus den beiden Oszillatoren bestehenden Systems ist:

$$E_{\text{ges}} = \frac{1}{2} [h\nu^+{}_x + h\nu^+{}_y + h\nu^+{}_z + h\nu^-{}_x + h\nu^-{}_y + h\nu^-{}_z].$$

Die Reihenentwicklung dieses Ausdrucks nach Potenzen von $\frac{\alpha}{r^3}$ ergibt:

$$E_{\text{ges}} = 3h\nu_0 - 6\frac{h\nu_0}{8}\frac{\alpha^2}{r^6} + \ldots$$

---

[1]) F. London, Z. Phys. Chem. (B) *11*, 222, (1931).

Die Wechselwirkungsenergie ist die Differenz zwischen der Energie der beiden in Wechselwirkung stehenden

Oszillatoren E_{ges} und der Energie $E_{isol} = 2 \cdot 3 \cdot \dfrac{1}{2} \, h \, \nu_0 = 3 \, h \, \nu_0$

derselben isoliert schwingenden Oszillatoren:

$$E_W = E_{ges} - E_{isol} = -\frac{3}{4} \, h \, \nu_0 \, \frac{\alpha^2}{r^6} + \ldots$$

Es ist also die Wechselwirkungsenergie zwischen den zwei Oszillatoren bzw. zwischen den beiden Teilchen unter Vernachlässigung der höheren Glieder der Reihenentwicklung:

$$E_D = E_W = -\frac{3}{4} \, h \, \nu_0 \, \frac{\alpha^2}{r^6}, \qquad (18)$$

und die entsprechende Kraftwirkung wird durch Differentiation nach r abgeleitet:

$$K = \frac{9}{2} \, \frac{h \, \nu_0 \cdot \alpha^2}{r^7}. \qquad (19)$$

Die in dieser Formel vorkommende Eigenfrequenz ν_0 des Moleküls ist dieselbe, die in der *Drude*schen Lichtdispersionsformel auftritt:

$$r - 1 = \frac{\gamma}{\nu_0^2 - \nu^2}$$

und kann auch direkt für die Berechnung daraus übernommen werden.
Wegen dieses Zusammenhanges wird die soeben besprochene Art der van der Waalsschen Kraft als Dispersionskraft bezeichnet und das entsprechende Potential $E_W = E_D$ wird Dispersionspotential genannt. Nach einer Bemerkung von *London*[1]) ist die aus der Drudeschen Dispersionsformel ermittelbare Energie $h \, \nu_0$ etwa gleich dem Ionisationspotential der entsprechenden Teilchen, was an Hand einiger Beispiele dargelegt sei:

Tabelle I

Ionisationspotentiale und Eigenfrequenzenergie einiger Gase

Gas	Ionisationspotential E_i in eV	$h \, \nu_0$ in eV	$\alpha \cdot 10^{24}$
He	24,5	25,5	0,20
Ne	21,5	25,7	0,39
N_2	17,0	17,2	0,81
O_2	13,0	14,7	1,74

Man kann also in erster Näherung überhaupt statt $h \, \nu_0$ einfach das Ionisationspotential setzen. Um die Richtigkeit der so erhaltenen Resultate zu prüfen, kann man auf ihrer Grundlage die Konstante α der *van der Waals*schen Glei-

---

[1]) F. London, Trans. Far. Soc. *33*, 8 (1937).

chung berechnen, die ja die gegenseitigen Anziehungskräfte der Gasmoleküle charakterisiert, und mit den aus den kritischen Daten erhaltenen Werten vergleichen. *London* leitet für a die Formel ab:

$$a = \frac{\pi^2 \, N^3 \, h\nu_0 \cdot \alpha^2}{3 \cdot b} = \frac{\pi^2 \, N^3 \, E_i \, \alpha^2}{3 \, b},$$

in welcher N die *Loschmidt*sche Zahl, b die Kovolumenkonstante aus der van der Waalsschen Gleichung und E_i das Ionisationspotential bedeuten. Nimmt man z. B. für Helium $E_i = 24{,}5$ eV, $b = 24$ cm^3/Mol und $\alpha = 2 \cdot 10^{-25}$ cm^3, so folgt daraus:

$$a = \frac{3{,}14^2 \cdot 216 \cdot 10^{69} \cdot 4 \cdot 10^{-50} \cdot 24 \cdot 5 \cdot 1{,}6 \cdot 10^{-12}}{3 \cdot 24 \cdot 1{,}013 \cdot 106} = 4{,}8 \cdot 10^4 \text{ atm cm}^6.$$

Der aus den kritischen Daten gefundene Wert beträgt $a = 3{,}5 \cdot 10^4$ atmcm^6. Man erhält also eine immerhin größenordnungsmäßig richtige Übereinstimmung. Von den Dispersionskräften hat *London* noch bewiesen, daß sie additiv sind. Im Hinblick darauf, daß der Abfall mit r^7 auch ihre sehr geringe Reichweite erklärt, sind damit ihre wichtigsten beobachtbaren Eigenschaften aus den Londonschen Ansätzen abgeleitet. Die Dispersionskräfte wirken also, wie vorausgesetzt, zwischen symmetrisch gebauten, eine Edelgaskonfiguration aufweisenden Molekülen. Handelt es sich um unsymmetrisch gebaute, d. h. ein Dipolmoment aufweisende Moleküle, so kommt noch der Richteffekt und der Induktionseffekt hinzu, und das Kräftepotential ist die Summe auf Grund von (15), (16) und (18):

$$E_{\text{Attr}} = E_D + E_R + E_I = -\frac{1}{r^6}\left[\frac{2}{3}\frac{\mu^4}{kT} + 2\mu^2\alpha + \frac{3}{4}h\nu_0 \cdot \alpha^2\right]. \quad (18\text{a})$$

Wie verteilt sich nun die gesamte Wechselwirkungsenergie auf die drei Anteile des Potentials? Bei gegenseitiger Einwirkung von Edelgasatomen wird natürlich nur das Dispersionspotential vorhanden sein, während die beiden anderen Anteile verschwinden. Bei den meisten übrigen Molekülen überwiegt das Dispersionspotential, während der Richtpotential und das Induktionspotential klein bleibt. Bei Teilchen mit sehr großem permanenten Dipolmoment erst wird das Richtpotential ausschlaggebend. Die Verhältnisse beleuchten einige von *London*[1]) angegebene Beispiele.

Tabelle II. Van der Waals-Potentiale zwischen Teilchen einiger Gase

Gas	$\mu \cdot 10^{18}$ dyn$^{1/2}$ cm^2	$\alpha \cdot 10^{24}$ cm^3	E_R erg cm^6	E_I erg cm^6	E_D erg cm^6
CO	0,12	1,99	0,0034	0,057	67,5
HI	0,38	5,4	0,35	1,68	382
HBr	0,78	3,58	6,2	4,05	176
NH$_2$	1,5	2,21	84	10	93
H$_2$O	1,84	1,48	190	10	47

[1]) F. London, Trans. Far. Soc. **33**, 8 (1937).

Nach dieser kurzen Besprechung der drei Arten *van der Waals*scher Kräfte, welche die Anziehung bewirken, seien jetzt die abstoßenden Kräfte in Betracht gezogen. Diese müssen, damit die Moleküle gegeneinander überhaupt in eine Gleichgewichtslage kommen, und ein Potentialminimum entsteht, in einer bestimmten Entfernung den gleichen Betrag wie die Anziehungskraft haben. Damit das möglich ist, muß die Abstoßungskraft mit einer noch höheren Potenz des Abstandes als die Attraktionskräfte abnehmen oder nach einer exponentiellen Gesetzmäßigkeit, was tatsächlich der Fall ist. Allerdings hat man früher den Abfall der abstoßenden Kräfte mit r^{12} angenommen, doch haben quantenmechanische Überlegungen den exponentiellen Ansatz für das Abstoßungspotential einwandfrei begründet. Es gilt also das Abstoßungspotential:

$$E_{Rep} = B_e{}^{-qr}, \qquad (18\,b)$$

wobei q und B experimentell festzulegende Konstanten sind.

Das Gesamtpotential der van der Waalsschen Kräfte lautet also endgültig nach (18a) und (18b):

$$E_{ges} = E_{Attr} + E_{Rep} = B_e{}^{-qr} - \frac{1}{r^6} \left[\frac{2}{3} \frac{\mu^4}{kT} + 2\mu^2\alpha + \frac{3}{4} h\nu_0 \cdot \alpha^2 \right]. \qquad (20)$$

Für symmetrisch gebaute Moleküle fällt das Richtpotential und das Induktionspotential weg, es verbleibt nur das Dispersionspotential. Die van der Waalsschen Kräfte wurden hier eingehender besprochen, weil nach den neuen Anschauungen diese für das Entstehen der Adsorption in der Hauptsache verantwortlich sind.

c) Die Valenzkräfte

Die chemischen Valenzkräfte bewirken die stärksten Bindungen, die zwischen Atomen überhaupt möglich sind. Entsprechend der Tatsache, daß sowohl elektrostatische wie auch Austauschkräfte als Ursache der Valenzerscheinungen auftreten können, spricht man von polarer und unpolarer Valenz.

Es sei zunächst als Beispiel für eine polare Bindung das Kochsalz NaCl beschrieben. Das Natriumatom besitzt außer einer abgeschlossenen K- und L-Schale noch ein einzelnes Elektron in der M-Schale. Da ein abgeschlossener Schalenaufbau energetisch besonders günstig ist, genügt bereits ein geringer Energieaufwand, um das M-Elektron abzutrennen, d. h. das neutrale Natriumatom in ein Na^--Ion zu verwandeln. Beim Chlor liegen die Verhältnisse entgegengesetzt, hier laufen auf der p-Bahn der M-Schale nur fünf Elektronen, es fehlt nur noch eine um der p-Bahn die volle Elektronenzahl und damit der M-Schale die energetisch günstige Zahl von acht Elektronen zu geben. Das Chloratom nimmt daher leicht noch ein zusätzliches Atom auf und wird dadurch zum Cl^--Ion. Das NaCl-Molekül erhält nun dadurch seinen Zusammenhang, daß das Na-Atom sein überschüssiges Elektron an das Cl-Atom abgibt, so daß zwei entgegengesetzt geladene Ionen entstehen, die sich gegenseitig anziehen. Derartige Bindungsmechanismen beobachtet man bei allen Salzen. Es ist demnach ein Charakteristikum für eine polare Bindung, daß sämtliche Va-

lenzelektronen (d. s. die Elektronen der äußersten, unvollendeten Schale) von
einem Atom auf das andere hinüberwandern. Natürlich haben solche Moleküle
ein starkes statisches Dipolmoment. Aus dem elektrostatischen Charakter der
Bindung folgt weiter, daß eine Absättigung hier nicht eintritt, beispielsweise
ist die Verbindung $NaCl_2$ als negatives Molekülion existenzfähig. Ebenso folgt
hieraus eine starke Einwirkung der Moleküle aufeinander, so daß Substanzen,
deren Moleküle durch polare Bindungen zusammengehalten werden, wenig
flüchtig sind.
Die unpolaren Bindungen sind dadurch gekennzeichnet, daß eine dauernde
Ladungsverschiedenheit der am Molekülaufbau beteiligten Atome nicht besteht,
sondern daß die Valenzelektronen allen Atomen gemeinsam angehören, bzw.
zwischen diesen ausgetauscht werden. Als einfachstes Beispiel einer solchen unpolaren Bindung sei das H_2-Molekül betrachtet. Der Zusammenhalt eines solchen
Moleküls ist mit den klassischen Gesetzen nicht zu erklären, man kommt hier, wie
Heitler und *London*[1]) zeigten, jedoch durch wellenmechanische Überlegungen
zum Ziel.
Wie bereits auf S. 22 angedeutet wurde, läßt sich die Entstehung von Wechsel-
wirkungskräften zwischen zwei unpolaren Molekülen durch Anwendung der
wellenmechanischen Störungsrechnung auf das Problem zweier Atome verstehen; in zweiter Näherung erhält man die sogenannten van der Waalsschen
Dispersionskräfte und in erster Näherung unter bestimmten Umständen die
homöopolaren Valenzkräfte. Im Falle des H_2-Moleküls wird die Störungsrechnung auf das Problem der Bewegung zweier Elektronen um zwei positive Kerne
angewandt, wobei sozusagen beide Elektronen beiden Kernen angehören, d. h.
die beiden Atome, die Elektronen dauernd untereinander austauschen. Das
Entstehen der Kraftwirkung zwischen den beiden Atomen wird durch die Existenz des Austauschintegrals symbolisiert. Damit eine anziehende Kraft in
erster Näherung zustande kommt, müssen die Eigenfunktionen der dem Problem entsprechenden Schrödinger-Gleichung gewisse Symmetrie-Bedingungen
erfüllen. Ein Symptom für das Erfülltsein dieser Bedingungen ist die Tatsache,
daß die Elektronen der beiden H-Atome entgegengesetzten Spin- oder Drehimpuls haben. Der entgegengesetzte Drehimpuls der Elektronen oder, wie man
zu sagen pflegt, die Absättigung des Spins ist also ein Symptom und nicht die
Ursache für das Zustandekommen der homöopolaren Valenzkräfte. Sind die
Elektronenspins parallel, so findet eine Abstoßung zwischen den Atomen statt.
– Wenn man die Resultate der wellenmechanischen Überlegungen in das Bild
des Bohrschen Modells übersetzt, so erklärt sich die Wirkung der Bindekräfte
zwischen zwei ein Molekül bildenden Wasserstoffatomen dadurch, daß die beiden Atome dauernd ihre Elektronen miteinander austauschen. Man nennt die
so entstehenden Kräfte auch Austauschkräfte. Hierbei ist nicht genau bestimmt, welchem Atom jedes Elektron angehört; jedes Elektron gehört eben
beiden Atomen an, es ist zugleich an beide Kerne gebunden. Zwei H-Atome
vereinigen sich zu einem H_2-Molekül, wobei die entgegengesetzt gerichteten

[1]) W. Heitler und F. London, Z. Phys. *44*, 445 (1927).

Spins einander „absättigen". Etwas allgemeiner ausgedrückt, besteht die chemische Valenz in folgendem: Die Elektronen eines Atoms können in ihrem Energiezustand durch die drei Quantenzahlen n, l, m charakterisiert werden. Nun kann nach dem *Pauli*-Prinzip jeder Energiezustand nur durch ein einziges Elektron besetzt sein; wenn man aber noch die an sich möglichen zwei einander entgegengesetzten Richtungen des Spins berücksichtigt, so können auf jedem durch ein Tripel von Quantenzahlen ·charakterisierten Energiezustande sich zwei Elektronen voneinander entgegengesetztem Spin befinden. Ein Energiezustand, der beide Elektronen von entgegengesetzt gerichtetem Spin bereits enthält, kann nicht mehr durch weitere Elektronen besetzt werden: seine Besetzungszahl ist erschöpft, die beiden Elektronenspins sättigen einander ab. Wenn aber in dem betreffenden Quantenzustande der Energie sich nur ein einziges Elektron befindet, dem ja ein Partner von entgegengesetztem Spin fehlt, so wird dieses eine Elektron zum Träger der chemischen Valenz, indem es nach Absättigung mit einem Elektron entgegengesetzten Spins strebt, das es vom Elektronenverbande eines anderen Atoms herüberzieht. Ein Atom hat so viele Valenzen, wie viele Elektronen mit unabgesättigten Spin es enthält. Die Atome eines Moleküls halten dadurch zusammen, daß die im Einzelatom unabgesättigten Elektronen einander im Atomverbande des Moleküls absättigen und zugleich zu den „Rümpfen" beider Atome gehören: die Atome tauschen ihre Elektronen aus. Haben alle Elektronen eines Atoms ihren Spinpartner gefunden, so sind alle seine Valenzen abgesättigt. Edelgasatome haben geschlossene Schalen, in denen alle Elektronen im Grundzustande schon abgesättigt sind, sie können deshalb in keine chemische Verbindung mit anderen eingehen, weil sie über keine freie Valenz verfügen. Man kann auch - ähnlich wie bei den van der Waalsschen Kräften angedeutet worden ist -, sich eines auf der Wellenvorstellung beruhenden Modells bedienend, die Atome durch Schwingungssysteme symbolisieren und diese unter Erzeugung von Koppelungsschwingungen aufeinander einwirken lassen.

Durch diese Koppelschwingungen werden die ursprünglich vorhandenen Schwingungsfrequenzen verstimmt, indem an Stelle der einen ursprünglichen eine höhere und eine niedrigere Frequenz tritt. Im Gegensatz zur Makromechanik treten hier die beiden Frequenzen nicht gleichzeitig in demselben System auf, sondern die eine Frequenz tritt bei der einen Hälfte der Atompaare, die andere bei der anderen Hälfte auf. Diese Frequenzdifferenz der „Schrödingerwellen entspricht einer Impuls-Differenz der Elektronenbewegung. Es läßt sich zeigen, daß Atome mit verschiedenem Bahnimpuls, also z. B. antiparallelem Elektronenspin, einander anziehen, solange der gegenseitige Abstand groß ist, und sich erst bei sehr kleinem Abstand abzustoßen beginnen, während Atome mit parallelem Spin sich dauernd abstoßen (Abb. 7). In dieser Abbildung ist als Ordinate das Potential, als Abszisse der gegenseitige Abstand der Atome aufgetragen. Man sieht, daß die Kurve für parallelen Spin ein Potentialminimum durchläuft, in dem sich ein Atom stabil aufhalten kann. Die Größe q_p ist dann diejenige Potentialdifferenz, die der Dissoziationsenergie entspricht. Berechnet man charakteristische Daten des Wasserstoffmoleküls, z. B. die Dissoziationswärme, das Trägheitsmoment oder den Atomabstand nach der Theorie von *Heitler* und *London*, so erhält man zunächst eine verhältnismäßig geringe Übereinstimmung mit der Erfahrung (Abweichungen bis 40%). Es lassen sich jedoch, wie *Sugiura*[1]), Wang[2]) u. a. zeigten, durch Verfeinerung der Theorie Korrekturen anbringen, die die Diskrepanz zwischen Theorie und Experiment beseitigen.

Die Abb. 8 und 9 zeigen die Ladungsdichteverteilungen (d. h. die Aufenthaltswahrscheinlichkeiten der Bahnelektronen) in der Umgebung zweier benachbarter Wasserstoffatome. Die Einheiten sind willkürlich. In Abb. 8 sind die Spins parallel, die Atome stoßen sich ab, wohingegen in Abb. 9 bei antiparallelen Spins die Atome einander anziehen. Irgendwelche quantitativen Angaben lassen sich aus diesen Kurvenbildern nicht gewinnen, sie sollen lediglich ein anschauliches Bild vermitteln.

Im Gegensatz zu den polaren Bindungen tritt bei völlig unpolarer Bindung niemals ein statisches Dipolmoment auf, da ja sämtliche Valenzelektronen beiden Atomen gemeinsam angehören.

Abb. 7. Potential als Funktion des Abstandes zwischen zwei gleichen Atomen mit antiparallelem Elektronenspin (,,symmetrisch") und parallelem Elektronenspin (,,antimetrisch"). Ordinate: Potential. Abszisse: Abstand (Nach Heitler und London)

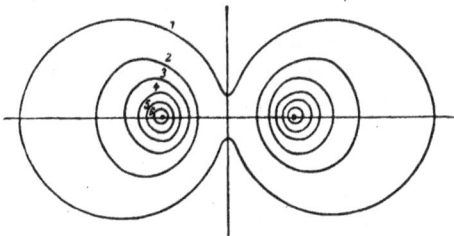

Auf Grund der Vorstellung einer wellenmechanischen Resonanz zwischen den beteiligten Atomen wird es verständlich, daß eine derartige Bindung absättigbar ist, denn das Molekül ist durch die ,,Kopplungsfrequenzen" ,,verstimmt" und kann daher mit einem einzelnen Fremdatom nicht mehr in Wechselwirkung treten. Auch die Tatsache, daß die Valenzelektronen beiden Atomen gemeinsam angehören, läßt vermuten,

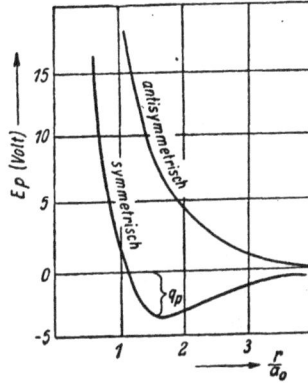

Abb. 8. Ladungsdichte-Verteilung (Aufenthaltswahrscheinlichkeit der Elektronen) in der Umgebung zweier Wasserstoffatome mit parallelem Spin.

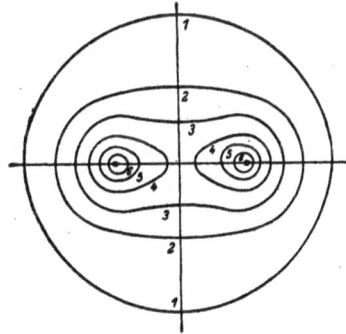

Abb. 9. Ladungsdichte-Verteilung in der Umgebung zweier Wasserstoffatome mit antiparallelem Spin.

daß eine etwa vorhandene Einwirkung des Moleküls auf freie Atome im Außenraum nicht stark sein kann. Die Kraftwirkungen zwischen den Molekülen sind

[1]) Sugiura, Z. Phys. *45*, 484 (1928).
[2]) Wang, Physic. Rev. *31*, 579 (1928).

bei Stoffen mit unpolarer Bindung ebenfalls gering, so daß diese Stoffe meist sehr flüchtig sind.

Es existieren keineswegs nur polare oder unpolare Bindungen, sondern es kommen zahlreiche Zwischenstufen vor, besonders bei den aus mehr als zwei Atomen bestehenden Molekülen. Eine solche Zwischenstufe (z. B. H_2O, organische Verbindungen) zeichnet sich dadurch aus, daß die Valenzelektronen weder einem der Atome allein, noch sämtlichen Atomen des Moleküls angehören, sondern daß sie etwa bestimmten Atomen im Mittel näher sind als anderen. Solche Moleküle zeigen dann auch statische Dipolmomente.

Die Zahl der freien Valenzen eines Atoms ergibt sich aus der Zahl der Valenzelektronen. Da acht Elektronen in einer Schale stets einen besonders stabilen Aufbau ergeben, ist die Summe der negativen und positiven Maximalvalenzen eines Aufbaues immer gleich acht. Ein Atom mit n Valenzelektronen hat daher eine positive Maximalvalenz n und eine negative Maximalvalenz $(8 - n)$. Beispielsweise hat das Chloratom sieben Valenzelektronen in der M-Schale, seine positive Maximalvalenz ist demnach gleich sieben (Cl_2O_7), während seine negative Maximalvalenz gleich eins (HCl) ist.

Wie aus vorstehendem sich ergibt, sind die Valenzkräfte als die stärksten interatomaren Kräfte durch dieselben Ursachen bedingt wie die in den Abschnitten a) und b) beschriebenen Kräfte. Sie wirken sich nur deswegen besonders stark aus, weil infolge günstiger Energieverhältnisse in den Elektronenschalen der beteiligten Atome eine große gegenseitige Annäherung und damit ein Wirksamwerden der bei kleiner werdendem Abstand sehr rasch anwachsenden Attraktionskräfte ermöglich wird.

§ 4. Die intermolekularen Kraftwirkungen und die Kristallstrukturen

Die soeben besprochenen intermolekularen Kräfte bewirken auch im wesentlichen das Zustandekommen des Kristallgitters in festen Körpern. Es seien nun die Kristallarten, je nach der Art der Kraftwirkung, welche für ihr Zusammenhalten verantwortlich ist, kurz besprochen. Die charakteristischen Eigenarten der entstehenden Klassen von Kristallen sind in der Art der bereits skizzierten Bindekräfte verwurzelt. Außer den bereits besprochenen intermolekularen Kräften: der polaren und unpolaren Valenz sowie der van der Waalsschen Kraft, kommt noch als vierte die metallische Bindung hinzu. Die einzelnen Typen der Kraftwirkungen kommen in reiner Form nur selten vor, die Zwischengrenzen sind verwischt. Zumeist handelt es sich um Kristallbildungen, die durch Zusammenwirken verschiedenartiger Kräfte zustande kommen.

Für die unpolare Valenzkraft ist in diesem Zusammenhange besonders die Tatsache bedeutsvoll, daß sie absättigbar ist und bestimmte Valenzrichtungen hat. Ein Atom kann sich nur mit einem oder mit einer ganz bestimmten kleinen Anzahl von Atomen gleicher Art verbinden. Die Anziehung geht auf Austauschkräfte zurück, welche mit der Elektronenspinkonfiguration im Zusammenhange stehen[1]. (Aber nicht von dieser „verursacht" werden.) Der Ab-

---

[1] Heitler und London, Z. Phys. *44*, 455 (1927).

stand zwischen den Minimen der Austauschenergie wird als Kernabstand der
benachbarten Atome angesehen. Reine Valenzgitter treten nur selten auf. Das
Beispiel eines reinen unpolaren Gitters liefert eigentlich nur der Diamant.
Wenn es sich um Atome verschiedener Art handelt, tritt an Stelle der unpolaren
Valenz die polare Valenzkraft, die eigentlich mit der Coulomb-Wirkung
identisch ist. Im Gegensatz zur unpolaren Bindekraft hat die polare Valenz
keine Vorzugsrichtungen: sie ist eine Zentralkraft. Es findet auch keine Ab-
sättigung statt, obwohl eine solche durch die Wirkung benachbarter geladener
Gitterpunkte vorgetäuscht wird. Die Gitterpunkte des Kristalls werden von
Ionen gebildet (Ionenkristall!). Das bekannteste Beispiel ist NaCl.
Die van der Waalsschen Bindekräfte, die durch elektrische Polarisation
der Partikelchen entstehen, können auch zwischen gleichartigen ungeladenen
Teilchen wirken. Die van der Waalssche Bindekraft ist nicht absättigbar, hat
auch keine Valenzrichtungen: sie ist eine Zentralkraft, sofern sie zwischen
Atomen wirkt. Das Beispiel eines Atomgitters, welches nur auf der Wirkung
der van der Waalsschen Bindekräfte beruht, geben lediglich die festen Edelgase. Wenn die Gitterpunkte nicht mehr Atome, sondern Molekeln sind (Molekülgitter), können die zusammenwaltenden van der Waalsschen Kräfte nicht
mehr als kugelsymmetrisch angesehen werden. Es treten bestimmte Vorzugsrichtungen auf. Die Situation ist hierbei sehr verwickelt.
Die meisten nichtmetallischen festen Körper und Flüssigkeiten, die aus neutralen Molekülen aufgebaut sind, geben ein Beispiel für die van der Waalssche
Bindung.
Empirisch unterscheidet sich von diesen drei Bindungsarten recht auffallend
die metallische Bindung. Die Ansätze zur mathematisch-theoretischen Erfassung des metallischen Zustandes und speziell der metallischen Bindung sind
bisher am erfolgreichsten auf quantentheoretischer und wellenmechanischer
Grundlage gemacht worden[1]). Die Ergebnisse der Rechnungen weichen mehr
oder weniger von den experimentellen Daten ab, eine vollauf befriedigende
Theorie des metallischen Zustandes scheint es heute noch nicht zu geben. Am
bekanntesten sind die Arbeiten von *Wigner* und *Seitz*[2]) geworden, deren Gedankengänge von bedeutenden Vereinfachungen in den Grundannahmen im
Vergleich mit den wirklichen Verhältnissen ausgehen. Es handelt sich hierbei
um das Ausfindigmachen einer Lösung der Schrödingerschen Gleichung unter
Annahme entsprechender Randbedingungen; die „Eigenfunktionen" werden
nach der Methode von *Hartree*[3]) numerisch bestimmt. Auf eine auch nur skiz-
zenhafte Darstellung der erwähnten Ansätze und Rechenmethoden muß in
diesem Rahmen verzichtet werden, es sollen aber die Eigenarten der metallischen Bindung kurz charakterisiert werden.
Die metallische Bindung ist zwar keine Zentralkraft, sie ist aber auch nicht
absättigbar. Größenordnungsmäßig ist sie etwa den Valenzkräften gleich. Im

---

[1]) Literaturangaben zur Theorie des metallischen Zustandes befinden sich auf
S. 117.
[2]) E. Wigner und F. Seitz, Phys. Rev. *43.* 804 (1933); *46,* 509 (1934).
[3]) R. D. Hartree, Proc. Cambridge philos. Soc. *24,* 89, 111, 426 (1928).

typischen Metallgitter sind alle Atome gleichwertig. Die Bausteine des Metallgitters sind also die Metalla t o m e ; im Gegensatz dazu haben die meisten Nichtmetalle ein Molekülgitter. Dementsprechend bilden die Metalloide im gasförmigen Zustand Moleküle, während die Metalldämpfe ähnlich wie die Edelgase aus Atomen bestehen. Der wesentliche Unterschied zwischen einem Metall und einem Edelgas besteht jedoch darin, daß die Atome des Metalls – neben der Abneigung zur Molekülbildung – in den äußeren Schalen nur eine kleine Anzahl von Elektronen, die sogenannten Valenzelektronen, haben können. Doch können im metallischen Gitter die Valenzelektronen keinen bestimmten Atomrümpfen zugeordnet werden. Auf ein Atom kommt keine bestimmte Anzahl von „freien" Elektronen, welche das sogenannte „Elektronengas" bilden und die in den Gitterpunkten sitzenden Atomrümpfe umschwärmen. Auf diese „freien" Elektronen wird auch die ausgeprägte elektrische Leitfähigkeit der Metalle zurückgeführt.

Nach Arbeiten von *E. Justi* und *H. Scheffers* muß die Vorstellung eines „freien" und isotropen Elektronengases noch modifiziert werden, indem man die Anisotropie des elektrostatischen Potentialfeldes des Metallgitters berücksichtigt.

Eine Eigenart des metallischen Gitters ist die von einer stöchiometrischen Formel abweichende Zusammensetzung intermetallischer Verbindungen. Im Zusammenhange damit steht die bemerkenswerte Tatsache, daß die Atomrümpfe eines Metalls durch die eines anderen ohne grundsätzliche Eingriffe in die Struktur des Gitters ersetzt werden können. So entstehen die sogenannten Legierungen. Ein bezeichnender Hinweis darauf, wie ganz andere Verhältnisse bei diesen intermetallischen Verbindungen als in den sonst von der üblichen Valenzlehre beherrschten Gebieten vorliegen, ist die sogenannte Hume-Rotherysche Regel, die allerdings nicht allgemeingültig ist, und für die bisher eine Theorie fehlte. Diese Regel lautet: Ist bei einer metallischen Verbindung *a* die Anzahl der teilnehmenden Atome, *v* die Anzahl der im ganzen vorhandenen Valenzelektronen, so bevorzugt das Verhältnis $v : a$ die Zahlen: 21 : 14, 21 : 13 und 21 : 12. Wir werden sehen, daß ein Metall nicht nur mit einem anderen in eine metallische Verbindung oder Legierung eingehen kann, sondern auch mit einem Gas, also z. B. mit Wasserstoff eine Legierung bildet.

Da die metallische Bindung den Begriff der Absättigung einer Valenz nicht kennt, kann ein Atom beliebig viele Nachbarn haben und strebt danach, den Raum möglichst dicht mit den die Atome symbolisierenden Kugeln auszufüllen. Diese dichteste Ausfüllung des Raumes ist möglich bei der kubisch dichtesten Kugelpackung (flächenzentriert kubisches Gitter, Koordinationszahl 12, d. h. jede Kugel hat zwölf nächste Nachbarn), bei der hexagonal dichtesten Kugelpackung (Koordinationszahl 12) und beim kubisch-raumzentrierten Gitter (Koordinationszahl 8). Wenn man, nach Laves[1]) den Begriff der Koordinationszahl erweiternd, als Nachbarn nicht nur diejenigen in gleichem, sondern auch diejenigen in „annähernd" gleichem Abstand befindlichen Gitterpunkte auffaßt, so kann man feststellen, daß von den 78 Metallstrukturen 55 die Koordi-

---

[1]) F. Laves, Kristallographie der Legierungen. Die Naturwiss. *27*, 65 (1939).

nationszahl 12, 16 Metallstrukturen die Koordinationszahl 8 und 7 Strukturen
kleinere Koordinationszahlen als 8 haben. Am dichtesten ist der Raum mit
Kugeln bei den Strukturen mit der Koordinationszahl 12 erfüllt. Es ist also in
Anbetracht dessen, daß diese Koordinationszahl von den 78 Metallstrukturen 55 beherrscht, klar, daß die Tendenz zur dichtesten Raumerfüllung vor-
herrscht.

Kräftepotential Molekül – Metallwand

Im Zusammenhange der vorliegenden Schrift interessiert im besonderen die
Wechselwirkung zwischen Gasmolekülen und einer Metallfläche, denn auf einer
solchen Wechselwirkung beruht der Elementarmechanismus der Adsorption von
Gasen an Metallen. Die hierbei auftretenden Kräfte können nur den drei Arten
der zwischenmolekularen Kräfte angehören, die wir auf den vorangehenden Seiten
kennengelernt haben, nämlich: den Coulombkräften, die bei der Anlagerung von
Ionen und permanenten Dipolmolekülen entscheidend sind, den van der Waalsschen Kräften, die überhaupt bei der sogenannten physikalischen Adsorption die
wesentliche Rolle spielen, und den Valenzkräften, die der sogenannten aktivierten Adsorption – wie wir noch sehen werden – ihre Eigenart geben.
Befindet sich ein Ion von der Ladung e in der Entfernung r von einer ebenen
Metallwand, so entsteht zwischen diesem und der Wand bekanntlich eine elektrostatische Bildkraft:

$$K = \frac{e^2}{(2\,r)^2},$$

deren Potential den Wert

$$E_{\text{Ion}} = -\frac{e^2}{4\,r} \qquad (21)$$

hat. Das Potential der Bildkraft zwischen Wand und einem Gasmolekül mit
dem Dipolmoment μ beträgt bei tiefen Temperaturen:

$$E_{\text{Dip}} = -\frac{\mu^2}{8\,r^3}. \qquad (22)$$

Bei Anwendung der für die Bildkraft abgeleiteten Gleichungen ist nicht zu
vergessen, daß diese eigentlich das Metall als Kontinuum voraussetzen, und
daß ja an sich die Frage besteht, ob sie bei realen Metallen bis auf Abstände
von der Größenordnung eines Moleküldurchmessers gültig bleibt. Gewöhnlich
wird die Anwendbarkeit der Gleichungen auch für so kleine Abstände von der
Oberfläche postuliert. Allerdings ist nach *W. Schottky*[1]) das Bildkraftpotential
in Entfernungen von der Größenordnung der Atomabstände kleiner, als wie es
die Gleichung (22) angibt.
Es hat sich aber erwiesen, daß die elektrostatischen Kräfte nicht ausreichen,
um die Größe der Adsorptionswärme, d. h. der Adsorptionsenergie zu erklären.
Man hat deshalb die Wirkung zwischen Dipolmolekül und Metallwand unter
Zugrundelegung der *van der Waals*schen Kräfte zu ermitteln versucht. Nun
können ja van der Waalssche Kräfte von dreierlei Arten auftreten: die auf dem

---

[1]) W. Schottky, Z. Phys. *14*, 67 (1923).

Richteffekt beruhenden, dann die sich aus dem Induktionseffekt ergebenden und schließlich die Dispersionskräfte.

Das von *E. Jaquet*[1]) abgeleitete allgemeine Potential der Kraftwirkung zwischen einem über ein induzierbares Dipolmoment verfügenden Molekül und Metallwand unter Berücksichtigung lediglich des Richt- und des Induktionseffektes lautet:

$$E = - \frac{\mu^2}{8\,r^3} \left[\frac{1}{1-2\,\eta}\cos^2\beta + \frac{1}{1-\eta}\sin^2\beta \right], \tag{23}$$

wobei $\eta = \dfrac{\alpha}{8\,r^3}$ und α die Polarisierbarkeit des Gasmoleküls, η das permanente Dipolmoment, β der Winkel zwischen Dipolachse und der durch deren Mittelpunkt zur Metallfläche gefüllten Normale bedeutet. Dieser allgemeine Ausdruck enthält drei Spezialfälle, und zwar:

Wenn man annimmt, daß das Teilchen kein induzierbares Dipolmoment hat, also $\alpha = 0$, dann ist

$$E = - \frac{\mu^2}{(2\,r)^3}\,(\cos^2\beta + 1).$$

Wenn noch hinzukommt, daß bei Aufhören der thermischen Bewegungen im Bereich tiefer Temperaturen alle Gasmoleküle orientiert sind, also bei $\beta = 0$, folgt daraus, wie die Formel (22)

$$E = - \frac{\mu^2}{(2\,r)^3}.$$

Wenn bei tiefen Temperaturen eine Polarisierbarkeit vorhanden ist, also $\alpha \neq 0$, erhält man:

$$E = - \frac{\mu^2}{(2\,r)^3}\,\frac{1}{1-2\,\eta}.$$

Jaquet hat seine Berechnungen auch für Quadrupole fortgesetzt, doch gehen wir hier darauf nicht ein.

Mit Rücksicht darauf, daß der Dispersionseffekt bei der Entstehung der van der Waalsschen Kräfte den größten Anteil hat und nur bei den Teilchen mit extrem großem Dipolmoment der Richteffekt eine gleichwertige Rolle spielt, ist auch für die Kraftwirkung zwischen Molekül und Metallwand von jenem eine verhältnismäßig große Wirkung zu erwarten.

Lennard-Jones[2]) griff das Problem zuerst auf, und zwar nach einer halb klassischen und halb quantentheoretischen Methode, indem er annahm, daß die Einwirkung des Metalls auf das Molekül durch Vermittlung der Bildkraft (vgl. S. 33) geschieht, dagegen das Gasmolekül als quantenhaft bestimmte Störung auf das Bildpotential einwirkt. Der von Lennard-Jones gefundene Ausdruck für das Kraftpotential zwischen Molekül und Wand lautet

$$E_{\mathrm{W}} = - \frac{\overline{\mu}^2}{6\,r^3} = - \frac{\varphi}{r^3},$$

wobei $\overline{\mu}^2$ das mittlere Quadrat des Molekül-Dipolmoments ist.

---

[1]) E. Jaquet, Fortschr. Chem. Phys. phys. Chem. B *18*, 117 (1925).
[2]) J. E. Lennard-Jones, Trans. Far. Soc. *28*, 333 (1932).

Es ist noch eine andere Form für das Potential zwischen Gasmolekül und Wand möglich[1]):

$$E_W = \frac{m_0\,c^2\,\chi}{N\,r^3} = -\frac{\varphi}{r^3},$$

in welcher m_0 die Elektronenmasse, c die Lichtgeschwindigkeit und χ die magnetische Suszeptibilität des Gases bedeutet.

Bardeen[2]) erhielt durch eine streng quantentheoretische Betrachtungsweise folgenden Ausdruck für das Potential der Kraftwirkung zwischen Gasmolekül und Metallwand:

$$E_W = -\frac{\overline{\mu}^2}{6\,r^3}\,\frac{C\cdot e^2\,2\,\varrho\,h\,\nu_0}{1 + C\cdot e^2\,2\,\varrho\,h\,\nu_0}, \tag{24}$$

wobei C eine reine Zahl – etwa 2,5 – bedeutet und ϱ den Radius einer ein Elektron des freien metallischen Elektronengases enthaltenden Kugel. Die für ein Gas charakteristische Energie $h\,\nu_0$ kann auch hier angenähert durch das Ionisationspotential ersetzt werden. (Vgl. S. 24.)

Berücksichtigt man, daß in den meisten Fällen der Ausdruck $C\,e^2\,2\,\varrho\,h\,\nu_0$ etwa den Wert 1 hat, so ergibt sich, daß nach den rein quantentheoretischen Rechnungen von Bardeen das Potential der Kraftwirkung zwischen Metallwand und Gasmolekül etwa die Hälfte des von Lennard-Jones beträgt.

Die Formeln von Lennard-Jones und Bardeen unterscheiden sich dadurch, daß die erste eigentümlicherweise keine Materialkonstante für das Metall enthält; es besteht nur die Möglichkeit, für jedes Metall einen anderen Abstand r zu nehmen; abgesehen davon aber ist der Wert φ für ein bestimmtes Gas ganz unabhängig davon, von welchem Metall es adsorbiert wird. In der Formel von Bardeen figuriert als Materialkonstante des Metalls der Radius ϱ der Kugel, die kein Elektron enthält. Beiden Formeln ist gemeinsam, daß das Dispersionspotential eines Gasmoleküls gegen Metallwand dem reziproken Wert der dritten Potenz des Abstandes proportional ist. Prosen, Sachs und Teller[3]) haben diskutiert, wann dieses Ergebnis gelten kann. Sie glauben nämlich, daß nach ihren Rechnungen die Proportionalität mit $\dfrac{1}{r^3}$ nur für große Abstände gelte. Die Frage, ein wie großes r einzusetzen sei, macht die Formeln überhaupt unsicher, und deshalb ist gerade dieser Punkt ein Gegenstand vieler Debatten. Die von Lennard-Jones errechneten Werte für das Potential scheinen jedenfalls zu hoch zu sein. An der Unsicherheit darüber, welche Werte überhaupt für r einzusetzen sind, mißlingt der Versuch, die Zuverlässigkeit der beiden Formeln abzuschätzen und sie miteinander zu vergleichen[4]).

---

[1]) Siehe A. Eucken, Lehrb. d. Chem. Physik II, 1, S. 405ff. Leipzig 1944.

[2]) J. Bardeen, Phys. Rev. *58*, 727 (1940).

[3]) E. J. R. Prosen, R. G. Sachs und E. Teller, Phys. Rev. *57*, 1066 (1940).

[4]) Die Frage, inwiefern überhaupt der Faktor $\dfrac{1}{r^3}$ berechtigt ist, wurde behandelt von E. J. R. Prosen, R. G. Sachs und E. Teller, Phys. Rev. *57*, 1066 (1940).

3*

ABSCHNITT C

Gase an der Metalloberfläche

§ 5. Die Adsorptionsisothermen. Die Adsorptionswärmen
Die adsorbierende Oberfläche und die adsorbierte Schicht

Aus der Tatsache, daß die molekularen Bindungskräfte eines Körpers an dessen Oberfläche nur teilweise abgesättigt sind, folgt, daß jeder Körper auf einen ihm unmittelbar benachbarten Körper eine Anziehungskraft auszuüben vermag, die jedoch, im Gegensatz etwa zur Gravitation, mit der Entfernung sehr rasch abnimmt. Diese Erscheinung ist als Adhäsion allgemein bekannt. Es handelt sich hier um ein Wirksamwerden vor allem der *van der Waals* schen Kräfte. Der Verlauf dieser Kraft als Funktion des Abstandes von der Oberfläche ist aus Abb. 11 zu ersehen.

Es überlagern sich hier eine Anziehungskraft (*van der Waals*sche Kraft) und eine Abstoßungskraft, die ihre Ursache in den gleichnamigen Ladungen der Atomkerne hat. Der tatsächliche Kraftverlauf ist die Resultierende dieser beiden Kräfte. Man sieht, wie bei größerem Abstand die Anziehungskraft überwiegt, sie durchläuft im Abstand R von der Oberfläche ein Maximum und wird bei noch kleineren Abständen von der Abstoßungskraft kompensiert. Der Kurvenverlauf entspricht demjenigen in Abb. 11. Ein einzelnes Molekül ohne eigene Energie, das in die Nähe der Oberfläche gerät, wird der Anziehungskraft folgen und in die Potentialmulde bei R sozusagen „hineinfallen", d. h. es wird sich im Abstand R von der Oberfläche in stabiler Lage halten

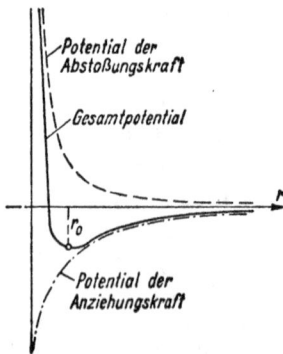

Abb. 11. Potentialverlauf in der Nähe der Oberfläche eines Körpers. Ordinate: Potential. Abszisse: Abstand von der Oberfläche

können. Die Tiefe der Mulde (W) ist hierbei ein Maß für die Energie, mit der das Molekül festgehalten wird.

Betrachten wir nun einmal den Fall, daß sich die Oberfläche eines festen oder flüssigen Körpers in einer Gasatmosphäre befindet. Die Gasmoleküle prallen mit ihrer thermischen Energie $3\,k\,T/2$ auf die Oberfläche auf, werden jedoch nicht einfach elastisch reflektiert, sondern bleiben infolge der Oberflächenkräfte eine mehr oder minder lange Zeit haften. Der Logarithmus der Verweilzeit ist dem Verhältnis der thermischen Energie zur Bindungsenergie W umgekehrt proportional, so daß bei hohen Temperaturen die Verweilzeit kurz, bei tieferen Temperaturen länger ist. Ist $W > 3\,k\,T/2$, so wird die Verweilzeit sehr lang. In den praktisch vorkommenden Fällen ist $3\,k\,T/2$ immer klein gegen W; beispielsweise würde, wenn $W = 10$ kcal/mol ist, eine Gleichheit beider Werte erst bei $T = 3400°\,K$ eintreten. Als Folgeerscheinung dieses Verweilens der Gasmoleküle an der Oberfläche ergibt sich, daß die Gasdichte an der Oberfläche größer ist als im übrigen Gasraum, daß sich an der Oberfläche also eine (ständig wechselnde) Schicht von Gasmolekülen befindet. Da die Reichweite der Oberflächenkräfte nur klein ist, sind diese Schichten vorwiegend monomolekular. Bei tiefen Temperaturen machen sich jedoch auch die *van der Waals*schen Kräfte zwischen den Gasmolekülen bemerkbar, d. h. das Gas zeigt Neigung, sich zu kondensieren. In diesem Fall können natürlich auch mehrmolekulare Schichten auftreten.

Man war früher, besonders unter dem Eindrucke der Arbeiten von *Langmuir* geneigt, die Dicke der Adsorptionsschicht auf eine einzige Molekül1age zu beschränken. Zwar hat schon *Polanyi* die Auffassung vertreten, daß auch adsorbierte Schichten von mehreren Moleküllagen zugelassen seien, doch haben sich erst in den letzten Jahren die Theorien durchgesetzt, welche eine mehrfache Molekülschicht fordern.

Wenn nun die Anzahl der die Oberfläche des Adsorbens verlassenden Moleküle gleich ist der Anzahl der Moleküle, die, vom Gasraum kommend, auf die Oberfläche aufprallen, so befindet sich die adsorbierte Gasphase im Gleichgewicht

mit dem Gase im freien Raum. Für ein bestimmtes Gas und für eine bestimmte adsorbierende Fläche ist die Anzahl der an der Oberfläche adsorbierten Moleküle eine Funktion des Gasdrucks und der Temperatur: $a = f\,(p, T)$. Nun kann man die adsorbierte Gasschicht im Gleichgewicht sowohl unter der Annahme studieren, daß die Temperatur T konstant bleibt, während der Druck p sich verändert, als auch unter der Voraussetzung, daß der Druck p unveränderlich ist, während die Temperatur

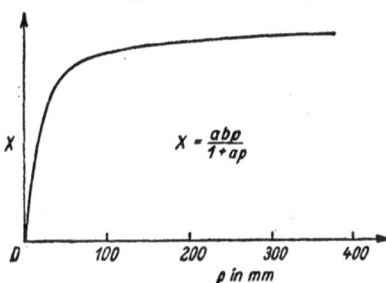

Abb. 12. Adsorbierte Menge als Funktion des Druckes (Langmuir-Isotherme)

variiert. Im ersten Falle erhält man als Ergebnis eine Isotherme $a = f\,(p)$, $T = $ const, im zweiten Falle eine Isobare $a = f\,(T)$, $p = $ const. Endlich werden die Linien aufgenommen, die sich ergeben, wenn man Temperatur und Druck verändert und die adsorbierte Menge a unverändert läßt. Die diesbezüglichen Linien nennt man Isosteren.

Durch Messungen wurden für hohe Temperaturen, wenn die Adsorption mit Rücksicht auf die Wärmebewegung nur klein sein kann, als Isothermen gerade Linien im Sinne des Gesetzes von *Henry* $a = K \cdot p$ gefunden. Bei tieferen Temperaturen, wenn die adsorbierte Menge größer wird, ergeben sich die Isothermen nach der Formel $a = k \cdot p \cdot \dfrac{1}{n}$, $r > 1$ von *Ostwald* und *Boedeker*, deren theoretische Erklärung *Freundlich* bearbeitete.

Untersucht man bei konstantem Druck das adsorbierte Gasvolumen in Abhängigkeit von der Temperatur, so ergibt sich, daß jenes mit steigender Temperatur kleiner wird und etwa bei Zimmertemperatur ein Minimum erreicht.

Steigert man die Temperatur weiter, so beginnt allmählich die adsorbierte Menge wieder größer zu werden, erreicht bei einigen hunderten Grad wieder ein Maximum und verschwindet ganz bei höchsten Temperaturen. Es stellt sich heraus, daß zwei verschiedene Typen der Adsorption existieren. Der eine, die sogenannte physikalische Adsorption, läßt sich vornehmlich bei tieferen Temperaturen beobachten, der andere, die sogenannte aktivierte Adsorption, dagegen bei höheren Temperaturen. Jeder der beiden Adsorptionstypen hat seine Ursache in einer anderen Art von Kräften. Die physikalische Adsorption ist auf verhältnismäßig schwache, nicht weitreichende Kräfte zurückzuführen, die für ein bestimmtes Gas von der Art des Adsorptivs unabhängig sind; es kommt lediglich auf die wahre Oberfläche des Adsorbens an. Die Kräfte der aktivierten Adsorption erinnern mehr an chemische Kräfte, denn sie treten nur zwischen solchen Partnern auf, die miteinander chemisch reagieren und sind verhältnismäßig stark, so daß sie sich nicht durch die thermischen Schwingungen überwinden lassen, während die Kräfte der physikalischen Adsorption nicht hinreichen, um die Gasteilchen bei intensiveren thermischen Schwingungen festzuhalten. Auf diesen Umstand ist es zurückzuführen, daß die physikalische Adsorption bei tieferen Temperaturen, die aktivierte oder Chemosorption bei höheren Temperaturen zu beobachten ist. Auch die Adsorptionswärme bei der Chemosorption, d. h. die bei der Adsorption freiwerdende Energie W ist wesentlich größer als diejenige bei der physikalischen Adsorption. Bei adsorbierenden Metalloberflächen liegt sie mit rund 30 kcal/mol bereits in der Größenordnung der Wärmetönungen chemischer Reaktionen, während die Adsorptionswärme der physikalischen Adsorption etwa 2—4 kcal/mol beträgt. Alle diese Umstände weisen darauf hin, daß es sich bei der aktivierten Adsorption um das Wirksamwerden chemischer Valenzkräfte handelt. Die Chemosorption kann die adsorbierende Oberfläche nur in einer monomolekularen Schicht bedecken, während bei der physikalischen Adsorption mehrere Molekülschichten zulässig sind.

Unter den Versuchen, die Gesetzmäßigkeit der physikalischen Adsorption aus allgemeinen Prinzipien zu deduzieren, hat die von *Langmuir* auf Grund von kinetischen Betrachtungen durchgeführte Ableitung seiner Isotherme lange Zeit eine beherrschende Rolle gespielt. *Langmuir* war hierbei von den beiden folgenden Grundannahmen ausgegangen:

a) die Kräfte zwischen den Gasmolekülen sind zu vernachlässigen, d. h. die Anlagerung eines Gasmoleküls an ein Oberflächenelement findet ganz unabhängig davon statt, ob in der Nachbarschaft bereits Gasmoleküle vorhanden sind oder nicht;

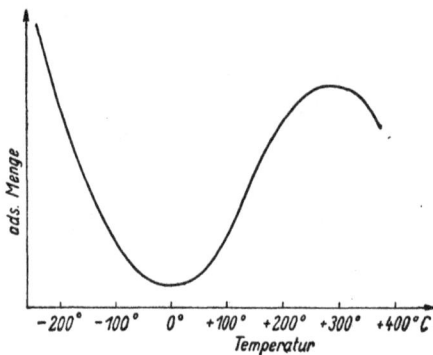

Abb. 13. Adsorbierte Gasmenge als Funktion der Temperatur (Isobare)

b) ein Molekül, welches auf ein an der Oberfläche angelagertes Molekül auftrifft, wird elastisch reflektiert; nur solche Moleküle werden an der Oberfläche festgehalten, die auf unbesetzte Stellen auftreffen.

c) Der Beitrag eines Gasmoleküls zur adsorbierten Schicht wird in drei Schritten vollzogen: Der Bewegung des Moleküls in Richtung auf die adsorbierende Oberfläche, dem Verweilen auf der Oberfläche und der Loslösung und Rückkehr in die Gasphase. Die mittlere Verweilzeit auf der Oberfläche ist für den Adsorptionsvorgang von entscheidender Bedeutung[1].

Diese Annahmen haben zur Folge, daß es auf der adsorbierenden Oberfläche nur eine einzige Schicht von Gasmolekülen geben kann, eine sogenannte monomolekulare Schicht. Unter den genannten Voraussetzungen leitet Langmuir die folgende, als Langmuir-Isotherme bekannte Formel für die adsorbierte Gasmenge in Abhängigkeit vom Druck ab:

$$v = \frac{v_m \cdot b \cdot p}{1 + bp},\tag{25}$$

in welcher v_m das adsorbierte Gasvolumen bedeutet, wenn die gesamte Oberfläche des Adsorbens mit einer Schicht von Gasmolekülen bedeckt sein würde, und b eine gewisse Konstante darstellt. Dieselbe Gleichung haben nachher *Volmer*[2] auf thermodynamischem und *Fowler*[3] auf statistischem Wege abgeleitet. *G. Damköhler*[4] brachte in seinen statistischen Überlegungen auch eine Verallgemeinerung auf den Fall der Mischadsorption. Auf Grund der *Langmuir*-Isotherme darf die adsorbierte Gasmenge nicht dem Druck proportional bleiben, sondern sie muß einem durch die volle Besetzungsdichte gegebenen Sättigungs-Grenzwert zustreben. Läßt man den Druck wieder zurückgehen, so nimmt auch die Besetzungsdichte in reversibler Weise wieder ab.

Außer *Langmuir* haben auch *Williams*[5], *Henry*[6] und *Wilkins*[7] Adsorptionsthermen unter der Voraussetzung abgeleitet, daß die adsorbierende Oberfläche mit nur einer Schicht von Molekülen bedeckt wird; wir gehen auf eine Besprechung dieser Überlegungen nicht ein, ebensowenig wie auf die Gleichung von *Magnus*[8], die zwar von speziell für die Adsorption an Metallflächen gültigen Voraussetzungen ausgeht, die sich aber empirisch nicht genügend bestätigen ließ.

Die von *Langmuir* angegebene Kurve stellt nicht den einzigen beobachteten Typ der Isothermen dar. Es kommt vielmehr eine Reihe anderer Isothermen-

---

[1] Die Verweilzeit r beträgt $r = \frac{1}{v^0} e^{W_i/RT}$, wobei v^0 die Grundschwingung des adsorbierten Moleküls um seine Gleichgewichtslage bedeutet und W_i die Adsorptionsenergie bei $T = 0$. (A. Eucken, Lehrb. d. Chem. Phys. II, S. 1224. Leipzig 1944.)

[2] M. Volmer, Z. phys. Chem. *115*, 293 (1925).

[3] R. M. Fowler, Proc. Cambridge Phil. soc. *31*, 260 (1935).

[4] G. Damköhler, Z. phys. Chem. (B) *23*, 58 (1933).

[5] A. M. Williams, Proc. Roy. Soc. Edinburgh, *38*, 23 (1918); *39*, 48 (1919).

[6] D. W. Henry, Phil. Mag. (6) *44*, 689 (1938).

[7] F. J. Wilkens, Proc. Roy. Soc. A. *164*, 496 (1928).

[8] A. Magnus, Z. phys. Chem. A. 1, *142*, 401 (1929).

typen vor, die in den Abbildungen 13a bis 13e dargestellt sind. Die Kurven auf
Abbildung 13f bis 14 versuchen diese Isothermentypen zu idealisieren und bezeichnen sie als Typen I bis V. Die Adsorptionsisothermen brauchen also durch-

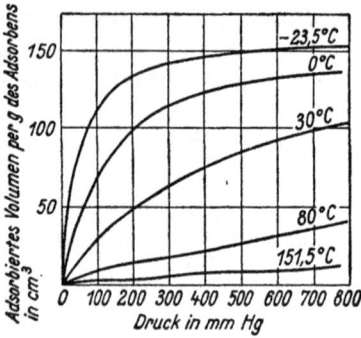

Abb. 13a.
Adsorptionsisothermen von NH₃ auf Holzkohle.
(Nach Brunauer)

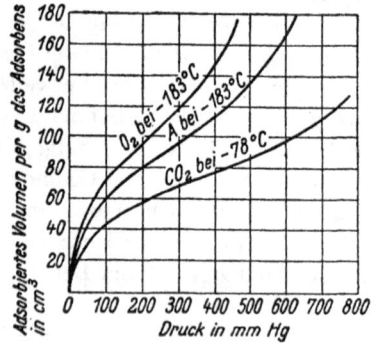

Abb. 13b.
Adsorptionsisothermen verschiedener Gase auf
SiO₂ (Silca-Gel). (Nach Brunauer)

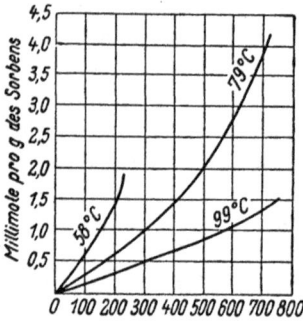

Abb. 13c.
Adsorption von Brom an Silica-Gel bei
verschiedenen Temperaturen.
(Nach Brunauer)

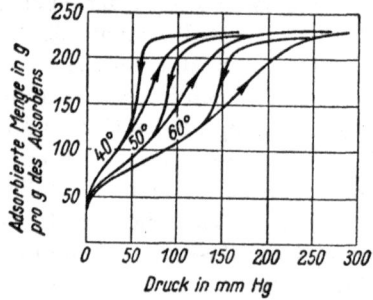

Abb. 13d.
Adsorptions- und Desorptionskurven von
Benzindampf an Eisenoxydgel (Ferri axide gel)
(Nach Brunauer)

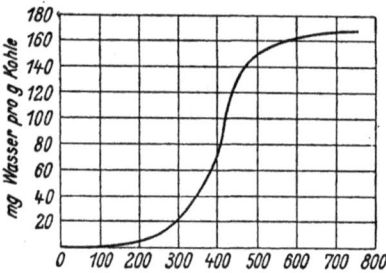

Abb. 13e.
Adsorptionsisotherme von Wasser an Kokos-
nußkohle. (Nach Brunauer)

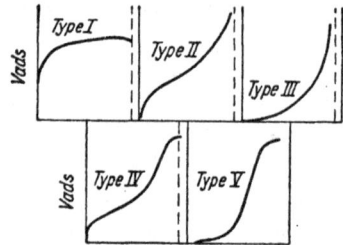

Abb. 13f.
Die fünf Typen der Adsorptionsisothermen

aus nicht unbedingt den Typ einer Sättigungskurve darzustellen; einer solchen
entspricht lediglich der Typ I, wie sie durch Isotherme von *Langmuir* und den
anderen vorhin genannten Autoren vorgeschlagen wird, die eine Bedeckung

der adsorbierenden Oberfläche mit einer einzigen Schicht von Molekülen annehmen. Es entstanden auch Theorien; welche eine Bedeckung der adsorbierenden Fläche mit mehr als einer Molekülschicht zulassen: Die sogenannte Poten-
tial-Theorie von *Polanyi* und *Goldmann*[1]) nahm an, daß die Adsorption auf
weitreichende Anziehungskräfte zurückginge. Die Kapillar-Kondensations-
theorie führte die Adsorption auf Kondensation des Gases in den Kapillaren
des Adsorbens zurück[2]). Keine der beiden Theorien konnte einen Ausdruck
für die Isotherme angeben, welcher eine befriedigende Annäherung an die experimentell gewonnenen Kurventypen brächte. Eine befriedigende Darstellung
des Kurventyps I ist der Polarisationstheorie gelungen. Diese wurde 1929 von
de Boer und *Zwicker*[3]) vorgeschlagen und erhielt eine neue Redaktion von
Bradley[4]). Danach entsteht die Adsorption durch Polarisationskräfte kurzer
Reichweite; die oberste Molekülschicht induziert Dipole in der darunterliegen-
den Schicht; diese induziert Dipole in der folgenden usw. Die obenauf liegenden
Molekülschichten werden also nicht, wie es die Potentialtheorie forderte, durch
weitreichende Kräfte der adsorbierenden Fläche festgehalten, sondern jeweils
durch die zunächst darunterliegende Schicht. Das Zusammenhalten der ganzen
mehrlagigen Adsorptionsschicht setzt sich also sozusagen von Lage zu Lage fort.
Gegen die Grundannahmen dieser Theorie wurden aus energetischen Gründen
Einwände erhoben: die Adsorptionsenergie sei viel zu groß, als daß sie durch
Polarisation einer Molekülschicht durch die jeweils daraufliegende erklärt werden könnte.
Jede der vorerwähnten Theorien ergibt in bestimmten Sonderfällen eine gewisse
Übereinstimmung mit der Erfahrung; so vermag z. B. die Polarisationstheorie die
Adsorptionsisotherme von Argon an Zinkoxyd recht gut darzustellen. Keine ver-
mag es aber, alle fünf Kurventypen I bis V abzuleiten oder wenigstens zwei davon zu umfassen. Die Theorie, die es sich anheischig macht, alle Sonderfälle in
ihrem Rahmen darstellen zu können und welche heute die größte Beachtung er-
langt hat, ist die auf einer Verallgemeinerung der kinetischen Überlegungen von
Langmuir begründete BET-Theorie von *Brunauer*, *Emmett* und *Teller*[5]).
Nach der BET-Theorie ist die Adsorption durch die von *Heitler* und *London*
erklärten Austausch- oder Dispersionskräfte hervorgerufen, die zwar nur über
eine sehr geringe Reichweite, aber über eine große Stärke verfügen. Es sind dies
– was Eucken bewiesen hat[6]) – dieselben Kräfte, welche die Adsorption und die
gewöhnliche Molekül-Attraktion bewirken; es sind auch dieselben Kräfte, auf
welche auch die Kondensation zurückgeht. Weiter wird die grundsätzliche Annahme gemacht, daß die adsorbierten Schichten, schon mit der ersten beginn-
nend, sich wie Flüssigkeitsoberflächen verhalten.

[1]) F. Goldmann und Polanyi, Z. Phys. Chem. A *132*, 313 (1928).
[2]) R. Zsigmondy, Z. anorg. Chem. *71*, 356 (1911). J. Me. Gavack jr. und
W. A. Patrick, J. Am. Chem. soc. *42*, 946 (1920).
[3]) De Boer und Zwicker, Z. phys. Chem. B. *3*, 407 (1929).
[4]) R. S. Bradley, J. chem. Soc. *1936*, 1467.
[5]) S. Brunauer, P. H. Emmett und E. Teller, J. Am. Chem. soc. *60*, 309 (1938).
Brunauer, Deming und Teller, J. Am. Chem. soc. *62*, 1777, (1940).
[6]) A. Eucken, Ver. d. deutschen Phys. Ges. *16*, 345 (1914); Z. Elektr. *28* 6. 1942.

Wenn angenommen wird, daß die Adsorption nicht auf einer freien Oberfläche, sondern zwischen zwei nahe gelegenen parallelen Wänden stattfindet, so daß nur für die Bildung von n Molekülschichten Platz bleibt, p_0 der Sättigungsdruck des Gases ist und v_m das Gasvolumen, welches einer Bedeckung der gesamten Oberfläche des Adsorbens durch eine monomolekulare Schicht entspricht, so beträgt das Volumen des adsorbierten Gases nach der BET-Theorie

$$v = \frac{v_m \cdot c \cdot x}{1-x} \cdot \frac{1-(n+1)\,x + n\,x^{n+1}}{1+(c-1)\,x - c\,x^{n+1}}, \quad \text{wobei} \quad x = \frac{p}{p_0} \qquad (26)$$

und wobei angenähert gesetzt werden kann: $c = e^{(E_1 - E_k)/RT}$; E_1 ist die mittlere Adsorptionswärme der ersten Schicht und E_k die Kondensationswärme des Gases[1]:

Für $n = 1$, also für eine monomolekulare Schicht, wird aus obiger Gleichung die bekannte Langmuir-Isotherme:

$$v = \frac{v_m \cdot c \cdot x}{1 + c\,x}.$$

Für $n = \infty$ also, wenn eine unbegrenzte Anzahl von Schichten angelagert werden kann, hat man es mit einer freien Adsorptionsfläche zu tun, und in diesem Falle gilt die ohne weiteres aus (26) durch Grenzübergang folgende Formel:

$$v = \frac{v_m \cdot c \cdot x}{(1-x)\,[1+(c-1)\,x]}. \qquad (27)$$

Für $n = 1$ liefert also die BET-Theorie den Isothermentyp I. Für $n > 1$ ergeben sich die Typen II und III je nach dem Wert von c. Ist z. B. $E_1 > E_k$, d.h. sind die Kräfte zwischen Adsorbens und den Gasmolekülen größer als die Kräfte zwischen den Gasmolekülen in flüssigem Zustande, so ist c größer als 1, und man erhält die Isotherme II. Im entgegengesetzten Falle folgt der Typ III. Die Typen IV und V erhält man, wenn die Theorie noch dahin erweitert wird, daß auch die Kapillarkräfte berücksichtigt werden. Dann gilt ein noch allgemeinerer Ausdruck für das adsorbierte Gasvolumen, der tatsächlich alle fünf Typen enthält, den wir aber hier nicht hinschreiben[2].

Die BET-Theorie hat Grenzen ihrer Anwendung, und sie ist auch nicht immer gleich gut erfüllt. Am besten ist sie erfüllt in dem Gebiet, wenn sich die erste und ihre folgenden Adsorptionsschichten bilden. Jedenfalls versagt sie für Temperaturen oberhalb der kritischen, weil ja für die Bildung der mehrfachen Molekülschichten Kräfte aufkommen, die mit den die Kondensation bewirkenden wesensgleich sind[3]; auch werden – nach Brunauers eigenen Worten – ihre Resul-

---

[1] Für den Versuch einer Ableitung der Konstante c mit den Mitteln der statistischen Mechanik nennen wir die Arbeit: T. L. Hill, J. Chem. Phys. *16*, 3, 1948, S. 181.

[2] Der allgemeinste Ausdruck für die Adsorptions-Isotherme der BET-Theorie ist zu finden bei S. Brunauer, The Adsorption of Gases and Vapors. I. Princeton 1945, S. 169, 170.

[3] Wir verweisen auf folgende kritische Auseinandersetzungen mit der BET-Theorie: Z. Halsey, J. of Chem. Phys. *10*, 16, 1948; S. J. Gregg und Jacobs, Trans of the Farad. Soc. XLIV Part (S. 931). 8. Page 574.

tate in dem Gebiete geringer Drucke unzuverlässig, weil die Heterogenität der adsorbierenden Fläche sich bereits bemerkbar macht. Ein häufig erhobener Einwand, der im gleichen Maße schon die Überlegung von *Langmuir* trifft, bezieht sich auf die Vernachlässigung der Kraftwirkungen zwischen benachbarten, bereits adsorbierten Molekülen[1]). Aus den mit den Methoden der statistischen Mechanik geführten Überlegungen von *A. B. D. Cassie* folgt auch, daß die BET-Isotherme nur für solche Systeme anwendbar ist, bei denen die Adsorption in separaten Molekülgruppen erfolgt. Sie versagt in den Fällen, wenn multimolekulare Adsorption in zusammenhängenden Schichten stattfindet, die einer zusammenhängenden monomolekularen Schicht überlagert sind. Schließlich sei noch darauf hingewiesen, daß nach den Resultaten der statistischen Mechanik nur die Annahme unbeweglicher Gasmoleküle auf der Fläche des Adsorbens zu den Formeln der BET-Theorie führt, während ja andererseits die Beweglichkeit der adsorbierten Gasmoleküle außer Zweifel steht. Es gibt zahlreiche Verbesserungsvorschläge der BET-Theorie, von denen als einer der neuesten der von *M. A. Cook*[2]) genannt sei.

Später als die auf kinetischem Wege abgeleitete BET-Isotherme der Adsorption wurde noch eine andere, nämlich die thermodynamisch begründete Isotherme von *Jura* und *Harkins* angegeben, die gegenwärtig mit der erstgenannten um den Vorrang streitet[3]). Die Adsorptions-Isotherme von *Jura* und *Harkins* entstand durch Kombination der zweidimensionalen Zustandsgleichung für kondensierte, einfache Schichten

$$\pi = b - a\,\sigma \tag{28}$$

mit der von *Gibbs* hergeleiteten thermodynamischen Beziehung für die Adsorption an festen Oberflächen bei konstanter Temperatur

$$d\pi = \frac{RT}{V\Sigma} \cdot \frac{v}{p} \cdot dp. \tag{29}$$

In diesen Formeln bedeuten: a und b zwei verschiedene Konstanten der zweidimensionalen Zustandsgleichung, π den Oberflächendruck[4]), σ die von einem Molekül eingenommene Oberfläche, R die Gaskonstante, T die absolute Temperatur, V das Molvolumen des Gases, Σ die wahre Oberfläche des Adsorbens, v das Volumen des durch ein Gramm des Adsorbens adsorbierten Gases. Dann gilt offenbar die Beziehung:

$$\sigma = \frac{\Sigma \cdot V}{N\,v}. \tag{30}$$

---

[1]) Die gegenseitige Beeinflussung der adsorbierten Teilchen wurde bereits berücksichtigt in den statistischen Arbeiten von G. Damköhler, Z. phys. Chem. (A) *169*, (1934) 120; und J. W. Roberts, Rep. Progr. Physics *7*, 303 (1940).
[2]) M. A. Cook, Journ. of the American Chem. Soc. 70, *9*, 1948, 2925.
[3]) G. Jura und W. D. Harkins, J. Chem. Phys. *11*, 930 (1943).
[4]) Der Oberflächendruck bedeutet die auf die Längeneinheit der linearen Flächenumgrenzung wirkende Kraft. Sie ist dem Gasdruck im Dreidimensionalen analog und drängt nach einer Vergrößerung der Oberfläche.

Nach Einsetzen von (30) in (28) und Differentiation folgt:

$$d\pi = \frac{a \Sigma V}{N v^2} \cdot dv. \tag{31}$$

Durch Gleichsetzen von (29) und (31) und Integration erhält man die Adsorptionsisotherme von *Jura* und *Harkins*:

$$\ln p = \ln p_0 + \frac{(a \Sigma^2 V^2)}{2 N R T}\left[\frac{1}{v^2_0} - \frac{1}{v^2}\right]. \tag{32}$$

Führt man noch für die konstanten Glieder folgende Abkürzungen ein:

$$\frac{a \Sigma^2 V^2}{2 N R T} = A \quad \text{und} \quad \ln p_0 + \frac{A}{v^2_0} = B,$$

so folgt schließlich:

$$\ln p = B - \frac{A}{v^2}. \tag{33}$$

Es ist auf Grund von Messungen bisher nicht möglich gewesen, entweder der BET-Isotherme oder der Gleichung von *Jura* und *Harkins* den Vorzug zu geben. In den Fällen, in welchen sich die BET-Isotherme bewährt, tut es auch die Gleichung (33). Bei der Adsorption von Stickstoff soll sogar die Jura-Harkins-Gleichung über ein weiteres Druckgebiet eine gute Übereinstimmung mit der Erfahrung ergeben als die BET-Isotherme. Auch eine mathematische Analyse einerseits der kinetischen BET-Theorie, andererseits der aus einem thermodynamischen Ansatze folgenden Isotherme von *Jura* und *Harkins* hat eine eindeutige Entscheidung für die Bevorzugung einer der beiden Gleichungen nicht ergeben[1].

Eine Gruppe von Arbeiten leitet die Adsorptions-Isotherme unter der Annahme ab, daß die Kraftwirkung zwischen adsorbierender Oberfläche und Gasteilchen eine Funktion der Besetzungsdichte ist. Die Gattung der gefundenen Isothermen ist noch nicht genügend an der Empirie geprüft. Einige der Gleichungen haben sich für die aktivierte Adsorption bewährt[2].

Das Problem der Adsorption ist auch mit den Methoden der statistischen Mechanik angegriffen worden. Bei der statistischen Betrachtung muß natürlich die Situation stark schematisiert werden. In den ältesten Arbeiten wurde angenommen, daß vor der adsorbierenden Oberfläche ein homogenes Kraftfeld ausginge und daß zwischen bereits adsorbierten Teilchen keine Kraftwirkungen bestanden, daß also dort Flächen gleichen Potentials parallel zur adsorbierenden Fläche verliefen. Ein Schema, welches besser an die wirklichen Verhältnisse angepaßt zu sein scheint, nimmt an, daß auf der adsorbierenden Fläche Attraktionszentren bestehen, die es aber trotzdem nicht verhindern können, daß ein

[1] Einen kritischen Vergleich der beiden Isothermen findet der Leser in der Arbeit von H. K. Livingston, J. Chem. Phys. *15*, 9, S. 617 (1947).
[2] R. Peierls, Proc. Cambridge Phil. Soc. *32*, 411 (1936); J. S. Wang, Proc. Roy. Soc. A. *161*, 127 (1937); M. Tenkin und V. Pyshev, Acta Physicochim. U.S.S.R. *12*, 327 (1940); S. Brunauer, K. S. Love und R. G. Keenan, J. Amer. Chem. Soc. *64*, 751 (1942).

Teilchen genügender Energie von einem zum anderen wandert. Reicht dazu die Energie nicht aus, so kann eine Schwingung um ein Kraftzentrum zustande kommen. Zu erfolgreichsten Arbeiten zählten die von G. *Damköhler* und außerdem von *Fowler*. Die Erweiterung der Arbeiten des letzteren brachte das Lehrbuch von *Fowler* und *Guggenheim*[1]). Eine neuere Theorie stammt von A. B. *Cassie*[2]) und wurde erweitert und verbessert von T. L. *Hill*[3]).

Die soeben genannten statistischen Arbeiten stellen eine erhebliche Verallgemeinerung und Vertiefung der in den vorangehenden Absätzen angeführten dar. Es wurden sowohl die Kraftwirkungen zwischen bereits adsorbierten Molekülen einer Schicht berücksichtigt, als auch Fälle unterschieden, in denen die Moleküle auf festen Plätzen auf der adsorbierten Oberfläche bleiben, dann auch solche, in denen jene sich durcheinander bewegen. Die speziellen Typen der Gasmoleküle und andererseits der adsorbierenden Oberfläche wurden ebenfalls in die Diskussion aufgenommen[4]).

Außer der Adsorption von Molekülen eines Gases können auch Teilchen mehrerer Gase in einer Mischadsorption an eine Fläche angelagert werden. Für den Fall zweier Gase bestehen die Adsorptionsisothermen:

$$a_1 = \frac{b_1 p_1}{1 + b_1 p_1 + b_2 p_2} \quad \text{und} \quad a_2 = \frac{b_2 p_2}{1 + b_1 p_1 + b_2 p_2}, \qquad (34)$$

die von G. *Damköhler*[5]) auf Grund einer statistischen Ableitung angegeben worden sind, wobei auch die Temperaturabhängigkeit der Koeffizienten b_1, b_2 dargetan ist. Neuere Theorien der Mischadsorption stammen von *Fowler*[6]) und neuerdings von T. L. *Hill*[7]).

Die Gegenwart des zweiten Gases verkleinert meistenteils die gesamte adsorbierte Menge, auch wird der Gleichgewichtszustand später erreicht. Infolge der erheblichen Unterschiede in der Adsorptionsenergie der einzelnen Gase hat ein Gas von größerer Bindungsstärke das Bestreben, ein schwächer gebundenes von der Oberfläche zu verdrängen. Es kommt in gewissen Fällen vor, daß ein Gas auf einer bereits bestehenden Adsorptionsschicht gebunden wird, z. B. Sauerstoff auf einer monoatomaren Bariumschicht.

Die Theorien der Adsorptionsisothermen wurden hier deshalb etwas eingehender aufgezählt, weil die übrigen charakteristischen Kurven und Größen der Adsorption auf die tatsächlich gemessenen Isothermen zurückgehen.

Als Resultat der bisher angestrebten theoretischen Versuche ließen sich sehr wohl Isothermen angeben, die in besonderen Fällen eine gute Übereinstimmung

---

[1]) R. H. Fowler und E. A. Guggenheim, Statistical Thermodynamics, Cambridge 1939.

[2]) A. B. D. Cassie, Trans. Faraday.Soc. *41*, 450 (1945).

[3]) T. L. Hill, J. Chem. Phys. *14*, 263 (1946); *15*, 767 (1947); *16*, 181 (1948). In diesem Zusammenhange sei noch die Arbeit von M. Dole genannt. J. Chem. Phys. *26*, 25 (1948).

[4]) Wir nennen auch die Arbeiten von G. Damköhler, R. Edse, Z. Phys. Chem. (B) *53*, 117 (1943).

[5]) G. Damköhler, C. Phys. Chem. (B) *23*, 58 (1933).

[6]) R. H. Fowler, Proc. Cambr. Phil. Soc. *31*, 260 (1935).

[7]) T. L. Hill, J. Chem. Phys. *14*, 268 (1946).

mit den gemessenen Kurven aufweisen, doch ist man sich über den der Adsorption zugrunde liegenden Elementarmechanismus durchaus nicht einig. Über den Zustand des an der adsorbierenden Oberfläche befindlichen Gases gehen die Meinungen auseinander, die Kenntnisse in dieser Beziehung sind noch durchaus fragmentarisch, und zwar ganz besonders über den Zustand der adsorbierten Gasschichten an Metalloberflächen, zumal über diesen Gegenstand gerade auch verhältnismäßig wenige experimentelle Arbeiten vorliegen. Der weitaus überwiegende Teil der über Adsorption handelnden experimentellen Arbeiten beschäftigt sich mit den Erscheinungen an Silicagel, Holzkohle und anderen technischen Adsorptionsmitteln. Eines ist jedenfalls sicher, der Träger der physikalischen Adsorption sind die *van der Waals*schen Kräfte, deren Energie zwischen Gasmolekül und Metallwand durch die entsprechenden Potentiale auszudrücken ist.

Bei der Adsorption organischer Moleküle an Metallflächen hat man es stets mit der van der Waalsschen oder mit Dipolbindungen zu tun, demzufolge sind die Bindungskräfte meist gering. Die Adsorption von Kettenmolekülen, beispielsweise der Paraffine, erfolgt so, daß bei dichtester Packung die Ketten senkrecht zur Metallfläche stehen. Viele organische Moleküle, z. T. Toluidin, besitzen ein statisches elektrisches Dipolmoment und außerdem noch einen größeren unpolaren Komplex (bei Toluidin den Rest des Benzolringes). Solche Moleküle werden in den meisten Fällen derart adsorbiert, daß der elektrisch neutrale Komplex nach außen zeigt. Nach Untersuchungen von Rehbinder[1] u. a. verringern in dieser Weise adsorbierte Moleküle die Reibung zwischen den Metallen, während umgekehrt aufgebaute Adsorptionsschichten die Reibung vergrößern.

Bei der aktivierten Adsorption oder der Chemosorption dagegen fällt den Valenzkräften die Hauptrolle zu.

Wenn auch die Valenzkräfte bei der aktivierten Adsorption bereits wirksam sind, so ist die Bindung jedoch noch nicht so stark wie bei einer chemischen Reaktion, insbesondere kommt keine Molekülbildung vor, und der Abstand R zwischen Wandatom und adsorbiertem Atom ist wesentlich größer als im Molekül. Bei der aktivierten Adsorption werden jedoch die Moleküle des adsorbierten Gases dissoziiert, woraus folgt, daß eine aktivierte Adsorption nur dann möglich ist, wenn die Adsorptionswärme größer als die Dissoziationswärme der Gasmoleküle ist. Die Energieverhältnisse bei physikalischer und aktivierter Adsorption gehen aus Abb. 14 hervor. Es ist hier der Potentialverlauf in der Nähe einer adsorbierenden Wand einerseits für physikalische und andererseits für aktivierte Adsorption wiedergegeben. Die Form der Kurven ähnelt der in Abb. 11 gezeichneten Kurve, d. h. sie haben ebenfalls ein durch die Addition von Anziehungs- und Abstoßungskräften bedingtes Potentialminimum, dessen Tief die Adsorptionsenergie kennzeichnet. Kurve I stellt hier den Potentialverlauf der physikalischen, Kurve II den der aktivierten Adsorption als Funktion des Abstandes von der Wand dar. Aus dem Verlauf dieser Potentialkurven lassen sich die in Abb. 13 dargestellten Versuchsergebnisse leicht verstehen.

---

[1] P. Rehbinder, Acta physicochimica USSR 1, 22 (1934).

Betrachten wir einmal die Adsorption eines Gases, das mit den Wandatomen chemisch reagieren kann, also etwa die Adsorption von Wasserstoff an Platin oder Palladium. Bei niedrigen Temperaturen, etwa in der Nähe des absoluten Nullpunktes, haben die Gasmoleküle nur eine geringe thermische Energie. Solche Moleküle, die zufällig in die Nähe der Wand geraten, „fallen" in die Potentialmulde der Kurve I und bleiben dort sozusagen liegen. Hierbei ist der Abstand der Oberfläche groß und die Bindungsenergie (Adsorptionswärme) W_i verhältnismäßig klein, die adsorbierte Menge kann hierbei sehr groß sein. Steigt die Temperatur, so wird auch die Wärmebewegung der Moleküle stärker, sie können den linken Rand der Mulde „überklettern" und damit die Metallfläche verlassen: die adsorbierte Menge wird kleiner. Steigt die Temperatur noch weiter, so werden die Moleküle schließlich eine Wärmeenergie haben, die sie zum Verlassen der Mulde befähigt. Die Aufenthaltsdauer der Moleküle an der Metallfläche wird nur klein sein, die adsorbierte Menge das Minimum erreicht haben. Diese Situation ist bei Zimmertemperatur gegeben. Steigt die Temperatur weiter, so werden die aufprallenden Moleküle bald in der Lage sein, die „Aktivierungsenergie" E_A aufzubringen, d. h. sie werden den zwischen den Minima I und II befindlichen Potentialberg mit steigender Temperatur in immer größerer Zahl zu überklettern vermögen und sich in dem tiefen Potentialminimum der Kurve II ansammeln. Man beobachtet demzufolge das zweite Maximum der adsorbierten Menge bei höheren Temperaturen. Wächst die Temperatur dann noch weiter, so können die Moleküle in nennenswerter Zahl die Energie E_P aufbringen, sie können also die Metalloberfläche wieder verlassen, so daß schließlich die adsorbierte Menge wieder abnimmt und bei höchsten Temperaturen gleich Null wird. Die Adsorptionskräfte zwischen Metall und Gas sind wesentlich stärker als die Kräfte, die die adsorbierten Atome aufeinander ausüben. Infolgedessen können die adsorbierten Atome auf der Oberfläche durch ihre Wärmebewegung wandern. Diese Erscheinung wurde zum erstenmal von *Volmer* und *Estermann*[1]) beobachtet. Man kann demnach einen Oberflächenfilm adsorbierter Atome bzw. Moleküle als ein zweidimensionales Gas auffassen, in dem der Druck des dreidimensionalen Gases durch eine Art Oberflächenspannung und das Volumen durch eine Fläche zu ersetzen sind.

Das charakteristische Merkmal der aktivierten Adsorption ist also eine Aktivierungsschwelle, die überwunden werden muß, damit die Erscheinung zustande

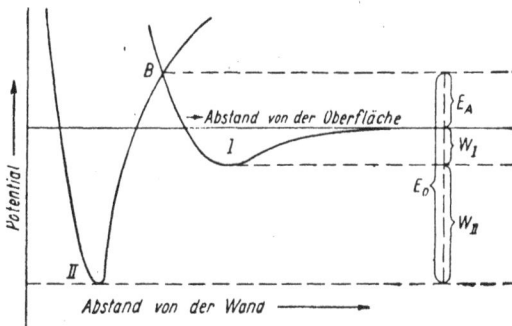

Abb. 14. Potentialverlauf in der Nähe einer Wand bei physikalischer (Kurve I) und aktivierter (Kurve II) Adsorption. Ordinate: Potential. Abszisse: Abstand von der Wand

---

[1]) M. Volmer und I. Estermann, Z. Phys. **7**, 13 (1921).

kommt. Das Vorhandensein dieser Schwelle stellt die Hemmung des Adsorptionsvorganges dar, der erst bei höheren Temperaturen möglich wird. Mit Rücksicht auf diesen Zusammenhang stammt auch die nicht ganz zutreffende Bezeichnung der „aktivierten"Adsorption, der wohl der Ausdruck Chemosorption
vorzuziehen ist.

Infolge des Bestehens der Aktivierungsschwelle tritt eine Verzögerung im
Gleichgewichtszustande der Chemosorption ein, weshalb eine genaue Ermittlung der Adsorptionsisothermen sehr erschwert wird. Andererseits verhilft die
Aktivierungsschwelle, die physikalische von der aktivierten Adsorption zu
trennen; denn die physikalische Adsorption, die zuweilen auch die ungehemmte
genannt wird, erreicht fast augenblicklich den Gleichgewichtszustand, weshalb
die Adsorptionsisotherme sicher gemessen werden kann, während der Gleichgewichtszustand der aktivierten oder der Chemosorption sich erst nach längerer
Zeit einstellt.

Man beobachtet zwei Arten aktivierter Adsorption. Die erste wird dadurch gekennzeichnet, daß die adsorbierten Gasmoleküle in Atome dissoziiert werden.
Bei dieser Art von Adsorption ist das adsorbierte Molekül in seinem Gesamt-
bestande unverändert. Die Adsorption zweiter Art konzentriert sich aller Erfahrung nach an Fehlstellen der Kristallflächen. Die zwei genannten Typen
stellen nur Grenzfälle dar, die in Wirklichkeit nur mehr oder weniger streng
ausgebildet auftreten. Zumeist beobachtet man Zwischenstufen zwischen den
beiden Grenzfällen.

Die Chemosorption erster Art ist zwischen Wasserstoff, Stickstoff, Sauerstoff
und vermutlich auch den Halogenen und den Metallen zu beobachten. Es bilden
sich dabei sogenannte Oberflächen-Hydride, Nitride und Oxyde. Im Hinblick
auf die Existenz fester und gasförmiger stöchiometrisch definierter Hydride und
Oxyde mit Metallen, ferner auf gewisse Erscheinungen auf dem Gebiete der
Kontaktkatalyse, weist die Gesamtheit aller Erfahrungen auf die außergewöhn-
lich hohe Wahrscheinlichkeit des Zustandekommens derartiger Oberflächen-
verbindungen hin. Wenngleich die adsorbierte Adsorption erster Art im allgemeinen eine Flächenadsorption ist, so werden auch von ihr etwa vorhandene
Fehlstellen bevorzugt.

Da die nach der ersten Art adsorbierten Gase stets dissoziiert sind, begünstigt
dieser Zustand chemische Reaktionen. Deshalb spielen derartige Vorgänge bei
den Erscheinungen der Katalyse eine große Rolle.

Die Chemosorption zweiter Art findet meist zwischen Gasmolekülen und polaren Kristallen statt, sie ist aber auch zwischen Molekülen ungesättigter Kohlen-
wasserstoffe und aktiven Metallen zu notieren, weil in diesem Falle valenzartige
Bindekräfte auftreten.

Da nach der ersten Art der Chemosorption adsorbierte Gase stets dissoziiert
sind, ist eine chemische Reaktion zwischen zwei solchen Gasen besonders begünstigt. Derartige Vorgänge spielen bei den Erscheinungen der Katalyse eine
große Rolle.

Da eine aktivierte Adsorption eine chemische Verwandtschaft zwischen Adsorbens und Adsorptiv voraussetzt, kann sie niemals bei Edelgasen wahrge-

nommen werden, wohl aber bei Stoffsystemen, wie Sauerstoff–Silber, Kohlenoxyd–Nickel oder Wasserstoff–Nickel, da Verbindungen wie Ag_2O, $Ni(Co)_4$,
NiH_2 möglich sind. Die adsorbierten Atome sind jedoch nicht chemisch gebunden, denn, wie *Langmuir* und *Kingdon*[1]) zeigten, ist eine an Wolfram adsorbierte
Sauerstoffschicht bei Temperaturen oberhalb 1200° C noch existenzfähig, während das Oxyd WO_3 längst verdampft sein müßte. Die aktivierte Adsorption
ist demnach keine chemische Verbindung, wohl aber eine Vorstufe zu dieser.
Jede chemische Wechselwirkung zwischen einem Gas und einem festen Körper
geht über die Zwischenstufe der aktivierten Adsorption vor sich, es ist daher
auch anzunehmen, daß in diesem Zustand bereits ein Elektronenaustausch
zwischen den Atomen des Adsorbens und Adsorptivs erfolgt.
Während bei der physikalischen Adsorption nicht nur die Adsorptionswärme
gering ist, sondern auch der Gleichgewichtszustand zwischen adsorbierten und
im Außenraum befindlichen Atomen ziemlich schnell erreicht ist, dauert dies
bei der aktivierten Adsorption wesentlich länger. Als Beispiel seien einmal
(nach *Smithells*[2]) die Daten für die Adsorption von Wasserstoff an einem Man-
ganoxyd–Chromoxyd-Katalysator gegeben:

Phys. Adsorption bei — 74° C,   Ads.-Wärme 1,9 kcal/mol
                    Gleichgewicht in einigen Minuten

Akt. Adsorption bei + 300° C,   Ads.-Wärme 20 kcal/mol
                    Gleichgewicht nicht erreichbar.

Schon bei der Betrachtung der physikalischen Adsorption stellten wir fest, daß
die adsorbierten Atome bzw. Moleküle an die einzelnen Elementarzellen des
Metallgitters gebunden sind, derart, daß jede Zelle von nur einem Molekül besetzt werden kann. Dies ist nun auch ganz besonders bei der aktivierten Adsorption der Fall, wie sich ja auch im Hinblick auf die Verwandtschaft zwischen
aktivierter Adsorption und chemischer Bindung nicht anders erwarten läßt.
Infolgedessen muß man für die aktivierte Adsorption Adsorptionsisothermen
erhalten können, die den *Langmuir*schen Kurven (Abb. 12) ähneln. Dies ist
auch tatsächlich der Fall. Es ergeben sich nach *Smithells*[1]) Adsorptionsisothermen von der Form

$$a = b \frac{c \sqrt{p}}{1 + c \sqrt{p}},$$

worin wieder a die Besetzungsdichte, p den Druck und b, c die Konstanten bedeuten. Man sieht, daß die Gleichung dieselbe wie auf S. 39 ist, nur daß statt p
$\sqrt{p}$ vorkommt.
Während die physikalische Adsorption hinsichtlich Druck- und Temperaturänderungen stets reversibel verläuft, ist die aktivierte Adsorption meistens ir-
reversibel, besonders bei Temperaturänderungen. Bei Druckänderungen hingegen beobachtet man zuweilen eine Reversibilität, etwa wie sie von *Benton*

---

[1]) I. Langmuir and Kingdon, Phys. Rev. *23*, 774 (1924).
[2]) C. J. Smithells, Gases and Metals, London 1938.

und *White*[1]) bei der Adsorption von Wasserstoff an Nickel bei 0, 56,5 und 110° C festgestellt wurde. Hingegen fanden *Taylor* und *McKinney*[2]), daß die Adsorption von Wasserstoff an Palladium bei Temperaturänderungen irrever- sibel verläuft. Die Reversibilität scheint im einzelnen von der Stärke der Bin- dungskräfte abzuhängen, derart, daß sie um so wahrscheinlicher wird, je stärker diese Kräfte sind. Kühlt man eine Fläche, an der eine aktivierte Adsorption bei einer bestimmten Temperatur stattfand, ab, so wird das Adsorptiv in der Regel nicht freigegeben, vielmehr kann sich über der aktiviert adsorbierten Schicht noch eine physikalisch adsorbierte Schicht bilden. *Maxted* und *Hassid*[3]) untersuchten das System Wasserstoff–Nickel, indem sie die Adsorption zu- nächst bei einer tiefen Temperatur T_1, dann bei einer höheren Temperatur T_2 und dann wieder bei T_1 maßen. Sie erhielten dann für den letzten Temperatur- wert Adsorptionsmengen, die etwa gleich der Summe der Adsorptionen bei hoher und niedriger Temperatur waren. Die von ihnen erhaltenen Werte sind in folgender Tabelle zusammengestellt, die adsorbierten Mengen sind in will- kürlichen Einheiten ausgedrückt:

T_1 °C	Normale Ads. bei $T_1 = x_1$	T_2 °C	Normale Ads. bei $T_2 = x_2$	Neue Ads. wieder bei T_1	$x_1 + x_2$
— 190	2,70	0	4,78	7,27	7,48
— 79	3,84	+ 100	5,09	6,34	8,93
— 190	2,70	+ 100	5,09	7,97	7,79

Wie bereits erwähnt, dauert es bei der aktivierten Adsorption verhältnismäßig lange, bis sich ein Gleichgewichtszustand herausgebildet hat. Manche Autoren nehmen daher an, daß hier außer der Adsorption noch eine Lösung stattfindet. Obwohl die aktivierte Adsorption zweifellos eine Vorstufe zur Lösung eines Gases in einem Metall darstellt, kann man doch nicht in jedem Fall aktivierter Adsorption mit einer Lösung rechnen, denn die Löslichkeiten von Gasen in Metallen liegen etwa in der Größenordnung von 1 bis 10 cm³ Gas (0° C, 1 at) in 100 g Metall, während man bei Metallpulvern, die eine Oberfläche von meh- reren m² pro 100 g haben, oft adsorbierte Mengen von 100 und mehr cm³ be- obachten kann. Natürlich kann eine Lösung, vor allem bei höheren Tempera- turen, gelegentlich als Nebenerscheinung vorkommen, der größte Teil der ge- bundenen Gasmenge ist jedoch an der Oberfläche adsorbiert.

Die Adsorptionswärmen

In den vorangehenden Paragraphen und Absätzen wurden die Kräfte geschil- dert, welche die Anziehung zwischen Molekülen bewirken und welche auch für das Zustandekommen der Adsorptionserscheinungen aufkommen; es sind das 1. die Coulombkräfte, 2. die drei Arten der van der Waalsschen Kräfte und

---

[1]) Benton and White, J. Amer. Chem. Soc. *54*, 1373 (1932).
[2]) Taylor and McKinney, J. Amer. Chem. Soc. *53*, 3604 (1931).
[3]) Maxted and Hassid, J. Chem. Soc. 1931, 3313.

3. die Valenzkräfte. Je nach der Art der Gaspartikelchen bewirken diese Kräfte bestimmte Typen der Adsorption an Metallflächen. Eine Übersicht über die Arten der zwischenmolekularen Kräfte und ihre Beziehungen zur Adsorption von Gasmolekülen an Metallflächen ergibt folgende Tabelle:

Tabelle III Zwischenmolekulare Kräfte und Adsorption an Metallen

Art der zwischen-molekularen Kraft	Coulomb-Kräfte	Van der Waalssche Kräfte			Valenzkräfte
	Bildkraft	Richt-Effekt	Induktions-Effekt	Dispersions-Effekt	homöopolare
Adsorbiertes Teilchen	Ion, permanenter Dipol an Metallwand	Dipol an Metall-wand	Induzierter Dipol an Metallwand	Dipolloses Molekül an Metallwand	Mit der Metallwand chemisch reagieren-des Molekül
Art der Adsorption	Physikalische Adsorption				Chemo-sorption I. Art / Chemo-sorption II. Art
					Aktivierte Adsorption

Wir werden sehen, daß im Inneren des Metalles zwischen Gas und Metall auch noch eine Art metallischer Bindung oder Legierung möglich ist.

Wenn nun ein Teilchen aus dem Gasraum infolge Adsorption an eine Metallfläche angelagert wird, so muß Energie frei werden, die sich in diesem Falle als die Adsorptionswärme äußert. Diese Adsorptionswärme ist eine für den ganzen Vorgang besonders charakteristische Größe. In dem § 4 wurden die theoretischen Ansätze für die Adsorptionspotentiale und somit die Adsorptionswärmen angegeben. Nun seien die Methoden erwähnt, die zur empirischen Ermittlung der Adsorptionswärmen führen. Hierbei ist selbstverständlich die physikalische von der aktivierten Adsorption zu unterscheiden.

Der auffallendste Unterschied zwischen physikalischer und aktivierter Adsorption besteht, abgesehen von dem Betrage der Adsorptionswärme, in der Länge des Zeitintervalls, innerhalb dessen das Gleichgewicht erreicht wird. Man glaubte früher, daß dieses bei der physikalischen Adsorption augenblicklich eintritt. Weitere systematische Beobachtungen ergaben, daß Zeiten bis zum Erreichen von über 90% der überhaupt möglichen Adsorption auf alle Fälle sehr kurz sind und jedenfalls in der Größenordnung von Bruchteilen von Minuten liegen. Bei der aktivierten Adsorption dagegen sind die Zeiten bis zum Erreichen des Gleichgewichts wesentlich länger. *J. Zeldowitsch*[1] hat eine empirisch gewonnene und einigermaßen gut bestätigte Formel für den Bruchteil ϑ der Oberfläche angegeben, die nach dem Verlauf der Zeit t von der aktiv-adsorbierten Schicht bedeckt ist:

$$\frac{d\vartheta}{dt} = k \cdot p\, e^{-g\vartheta},$$

[1] J. Zeldowitsch, Acta physicochim. U.S.S.R. *1*, 449 (1934).

4*

deren Integral lautet:

$$\frac{RT}{a}(10^{a\vartheta/4,573}-1)=ct, \quad \text{wobei} \quad c=k_0\cdot p\,e^{-^0W_0/RT}.$$

(a und k_0 sind gewisse Konstante und ^0W die differentiale Adsorptionswärme bei $\Theta=0$).

Den Vergleich der nach dieser Formel errechneten mit der gemessenen Adsorptionsgeschwindigkeit von Stickstoff an Eisen bringt folgende Zusammenstellung.

Tabelle IV[1]

Adsorptionsgeschwindigkeit von N_2 am Eisen bei $t=544\,^\circ$ C

t (Minuten)	ϑ beobachtet	ϑ berechnet
4	0,375	0,362
8	0,46	0,460
16	0,56	0,554
32	0,65	0,650

Zur Ermittlung der Energie der physikalischen Adsorption erhält man die genauesten Ergebnisse, wenn man mit Hilfe geeigneter Apparaturen kalorimetrische Messungen ausführt. Was die Beschreibung der Apparaturen betrifft, sei auf die Originalarbeiten verwiesen[2]).

Man kann aber auch, um die Adsorptionswärme zu bestimmen, auf Messungen der Isothermen zurückgehen, wobei man sich gewisser thermodynamischer Zusammenhänge bedient. Es wurde bereits bemerkt (S. 37), daß zum Studium der Adsorptionsvorgänge drei Kurvenarten ermittelt werden: die Isothermen, die Isobaren und die Isosteren. Nun werden aus Gründen der Experimentiertechnik in Wirklichkeit nur Isothermen bei verschiedenen Temperaturen gemessen, und erst aus einer gegebenen Isothermenschar werden die Isosteren und Isobaren bestimmt. Wir werden gleich sehen, daß zwischen den Adsorptionswärmen und den Isosteren ein Zusammenhang besteht.

Zuvor sei noch zwischen differentialer und integraler Adsorptionswärme unterschieden. Hat ein Mol eines an eine vorher freie Wand adsorbierten Gases die Energie E_a, während die Energie desselben in gasförmigem Zustande E_g betragen hat, so nennt man $W=E_g-E_a$ die integrale Adsorptionswärme. Dementsprechend ist

$$aW_i=a\,(E_g-E_a)$$

die gesamte frei werdende Wärme, wenn a Gasmole an einer freien Fläche adsorbiert werden. Nun ist aber zu erwarten, daß im allgemeinen die Energie E_a der an einer bestimmten Fläche adsorbierten Gasmoleküle von der Vorbelegung der Fläche, also von a abhängig ist: aW ist also eine zusammengesetzte Funktion von a, nämlich $aW_i=-a\,[E_a(a)-E_g]$, die man nach a partiell differenzieren kann:

$$\frac{\partial\,(aW_i)}{\partial a}=E_g-E_a-a\,\frac{\partial E_a}{\partial a}.$$

---

[1]) Nach A. Eucken, Lehrb. d. Chem. Physik II, S. 1254, Leipzig 1944.
[2]) A. Magnus und W. Kälberer, Z. anorg. allgem. Chem. *164*, 345 (1927); A. Magnus, H. Giebenhain und H. Velde, Z. phys. Chem. (D) *150*, (1939); R. A. Beebe und H. M. Orfield, J. Am. Chem. Soc. *59*, 1627 (1937), 285.

Den Differentialquotienten $\left[\dfrac{\partial\,(a\,W_i)}{\partial a}\right]_T \equiv W_d$ nennt man die differentiale Adsorptionswärme. Findet aber die Adsorption isotherm statt, wie es die Definition der Adsorptionswärme fordert, so hängt die gesamte frei werdende Menge nur von a (oder nur von p) ab, weil zu jedem Druck p ein bestimmter Gleichgewichtszustand mit einem bestimmten adsorbierten Molanzahl a gehört. Man darf also schreiben:

$$W_d = \left[\frac{\partial\,(a\,W_i)}{\partial a}\right]_T = \frac{d\,(a\,W_i)}{d a}.$$

Die Beziehung kann integriert werden und ergibt den Zusammenhang zwischen der integralen und der differentialen Adsorptionswärme

$$a\,W_i = \int_0^a W_d\,d a. \tag{35}$$

Die isotherm stattgefundene Adsorption ohne Änderung der Gesamtteilchenzahl kann nur unter Arbeitsleistung $p \cdot dv$ stattfinden. Diese beträgt für ideale Gase $p \cdot dv = da \cdot RT$, und um diesen Betrag ist die differentiale Adsorptionswärme ungenau, wenn man sie kalorimetrisch bestimmt.

Zwischen der differentialen Adsorptionswärme, Temperatur und Druck besteht bei konstanter Gasmenge folgende thermodynamisch begründete Beziehung[1]):

$$\left(\frac{d\ln p}{d T}\right)_a = \frac{W_i}{R T^2} \tag{36}$$

oder

$$-\frac{1}{p}\left(\frac{d p}{d T}\right)_a R T^2 = W_i.$$

Die differentiale Adsorptionswärme erhält man also, indem man den Tangens des Neigungswinkels zur Isosteren-Tangente für die adsorbierte Menge a mit $-\dfrac{1}{p} \cdot R T^2$ multipliziert. Die Bestimmung der differentialen Adsorptionswärme auf diesem Wege hängt im wesentlichen von der Genauigkeit ab, mit welcher die Isothermen gemessen werden, da von diesen unmittelbaren Messungen erst die Adsorptions-Isosteren abgeleitet werden. Weil aber eine einigermaßen genaue Ermittlung der Isothermen nur für die physikalische Adsorption möglich ist, kann die differentiale Adsorptionswärme auch nur in diesem Falle auf dem soeben skizzierten Wege erfolgen, der für die aktivierte Adsorption jedenfalls nicht gangbar ist.

Die Abhängigkeit der Adsorptionswärme von der bereits adsorbierten Gasmenge ist, soweit es sich um die physikalische Adsorption handelt, bereits in den Überlegungen über die analytischen Zusammenhänge berücksichtigt wor-

---

[1]) Die Ableitung dieser Formel ist angegeben in: A. Eucken, Lehrb. d. chem. Phys. II, S. 1205. Leipzig 1944; oder M. Brunauer, The Adsorption of Gases and Vapors I, S. 222. Princeton 1945.

den. Eine solche Abhängigkeit muß in der Tat bestehen, denn es müssen ja
auch zwischen den adsorbierten Gasteilchen Kräfte wirken. Sind nun diese
Kräfte überwiegend attraktiv, also z. B. bei Edelgasatomen, zwischen welchen
nur die Dispersionskräfte bestehen, so werden sie die Wirkung der anziehen-
den Kräfte seitens der adsorbierenden Oberfläche verstärken. Haben dagegen
die adsorbierten Gasteilchen ein großes permanentes Dipolmoment, so werden
die Teilchen einander abstoßen, die Wirkung der sie an eine Metallfläche an-
ziehenden Bildkraft wird herabgesetzt. Wenn die ganze Oberfläche von zu ihr
senkrecht gerichteten Dipolmolekülen besetzt ist, so bildet sich eine elektrische
Doppelschicht aus, deren gesamte Kraftwirkung kleiner ist als die algebraische
Summe der Bildkräfte zwischen den einzelnen Molekülen und der leitenden
Fläche. Im Falle der Adsorption von Dipolmolekülen an eine Metallfläche wird
also die Adsorptionswärme mit steigender Belegung sinken. – Zunächst ist
die größte Adsorptionswärme bei freier oder wenig belegter Metallfläche zu ver-
zeichnen, mit steigender Belegung sinkt sie sehr rasch, doch soll diese Bemerkung durchaus nicht eine Regel darstellen. Für die physikalische Adsorption
speziell an Metallflächen liegen viel zu wenige Messungen vor, um allgemeine
Regeln aufstellen zu können.

Ähnlich steht es um die Frage nach der Temperaturabhängigkeit der
physikalischen Adsorptionswärmen. Mit Rücksicht darauf, daß in den Ad-
sorptionspotentialen der Faktor $\frac{1}{r^3}$ auftritt, in welchem r den Abstand des
Moleküls von der adsorbierenden Fläche bedeutet, und dieser im Mittel mit
steigender Temperatur wachsen muß, wäre zu erwarten, daß die Adsorptionswärme um so kleiner wird, je größer die Temperatur. Aber trotzdem beobachtet
man ganz allgemein – außer Fällen, in welchen diese Voraussage zutrifft -
solche, in welchen die Adsorptionswärme mit wachsender Temperatur steigt,
und solche, in welchen sie temperaturunabhängig ist. Denn es sind andererseits
auch temperaturbedingte Veränderungen der adsorbierenden Fläche, der damit
zusammenhängenden Umlagerungen der Attraktionszentren und vielleicht
auch der mikro-geometrischen Oberflächenbeschaffenheit nicht zu vergessen.

Was speziell die Adsorption an Metallen betrifft, so reichen die wenigen vorhandenen Messungen nicht hin, um gesetzmäßige Zusammenhänge aufzuzeigen.
Die aktivierte Adsorption oder die Chemosorption unterscheidet sich
von der physikalischen Adsorption vor allem außer durch die bereits notierte
Zeitdauer bis zum Erreichen des Gleichgewichts durch die Größe der Adsorptionswärme, und zwar etwa um eine Größenordnung. Die Bestimmung selbst
kann nur kalorimetrisch erfolgen, weil, wie bereits bemerkt, die Isothermen
wegen des Verzuges nicht genau ermittelt werden können. Einige der wenigen
vorhandenen Bestimmungen der Adsorptionswärmen von Metallen seien in
Tabelle V zusammengestellt.

Aus dieser Zusammenstellung ist ersichtlich, daß die physikalischen Adsorptionswärmen bekannter Gase an verschiedenen Metallen etwa 1 bis 4 kal/mol
betragen, während die aktiven Adsorptionswärmen bereits in der Größenordnung der chemischen Reaktionswärmen liegen. In diesem Umstande ist das

Tabelle V. Adsorptionswärmen einiger Gase an Metallen

Physikalische Adsorption in kcal/mol				Aktivierte Adsorption in kcal/mol			
H_2	Eisen 1,6[1])	Kupfer 1 Kal	ZnO 1,1[4])	H_2	Eisen 8,5[2])	Kupfer 11,5–13[3])	ZnO 21[4])
N_2	2,5–4,4[5])			N_2	35[6])		
O_2	3			O_2	30		
A	2[5])			A	—		
CO	3,7–5[5])			CO	17 ($-183°$ C)		
					34 ($0°$ C)		

verschiedenartige Verhalten der beiden Grundtypen der Adsorption begründet, wonach man die aktivierte Adsorption als spezifisch bezeichnet, während der physikalischen Adsorption diese Eigenschaft fehlt. Denn die chemischen Reaktionswärmen zwischen den verschiedenen Kombinationen von Adsorbens und Adsorptiv unterscheiden sich beträchtlich voneinander, während die Unterschiede der physikalischen Adsorptionswärmen verhältnismäßig klein sind. Nach der Potentialformel von *Lennard-Jones* müßte die Adsorptionswärme eines bestimmten Gases an allen Metallen gleich sein. Auch sonst sprechen die meisten Erfahrungen auf dem Gebiete der physikalischen Adsorption überhaupt dafür, daß die Adsorptionswärme eines bestimmten Gases oder Dampfes an allen Adsorbentien etwa gleich ist[7]). Die Adsorptionswärmen der einzelnen Gase sind um so größer, je höher ihre Siedepunkte liegen ohne Rücksicht darauf, wie die adsorbierende Fläche ist, was einige Beispiele illustrieren:

Tabelle VI. Adsorptionswärme und Siedepunkt

Gas	Siedepunkt	Physikalische Adsorptionswärme (Integral)
Helium	4,2° K	0,140 kcal/mol
Wasserstoff.	20,4° K	1,5 kcal/mol
Stickstoff	87° K	3,7 kcal/mol
CO	83° K	3,4 kcal/mol
Sauerstoff	91° K	3,7 kcal/mol
Argon	87° K	3,6 kcal/mol
NH_3	240° K	7,2 kcal/mol

[1]) A. F. Benton, Trans. Far. Soc. 28, 202 (1932).
[2]) P. H. Emmett und R. W. Harkness, J. Am. Chem. Soc. 57, 1631 (1935).
[3]) R. A. Beebe, Trans. Far. Soc. 28, 761 (1932).
[4]) H. S. Taylor und D. V. Sickmann, J. Am. Chem. Soc. 54, 602 (1932).
[5]) R. A. Beebe und N. P. Stevens, J. Am. Chem. Soc. 62, 2134 (1940).
[6]) P. H. Emmett und S. Brunauer, J. Am. Chem. Soc. 50, 35 (1934).
[7]) Siehe auch S Brunauer, The Adsorption of Gases and Vapors, Princeton 1945, S 240 f.

Diese Zahlen gelten etwa gleich gut für Adsorption an Metallen oder z. B. an Silikaten. Bei der aktivierten Adsorption aber kommt es sehr darauf an, daß ein Gas mit dem Adsorbens chemisch reagieren kann. Edelgase z. B. können überhaupt nicht aktiv adsorbiert werden, Stickstoff wird an Eisen aktiv adsorbiert ($W_i = 35$ kcal/mol), aber nicht an Kupfer oder Silber, dagegen kann Wasserstoff an Silber aktiv adsorbiert werden. Dieser Sachverhalt ist übrigens nichts weiter als eine Illustration der Tatsache, daß bei der physikalischen Adsorption van der Waalssche Dispersionskräfte in der Hauptsache wirken, die eben auf alle Fälle zwischen beliebigen Molekülen wirksam sind, während die aktivierte Adsorption auf Valenzkräfte zurückgeht, die nur zwischen ganz bestimmten Partnern, und zwar von Fall zu Fall in stark differierender Größe auftreten können. Nun ist die physikalische Adsorption auch in einem gewissen, wenn auch geringen Grade spezifisch – nur ist diese Spezifität in diesem Falle einseitig; denn das Charakteristikum eines Adsorptionsvorganges, seine Adsorptionswärme ändert sich bei einer bestimmten adsorbierenden Fläche – wenn auch nicht viel – von einem adsorbierten Gas zum anderen, aber die Adsorptionswärme eines bestimmten Gases bleibt für alle Adsorbentien ungefähr gleich. Von seiten des Adsorbens kann man nur dann von einer spezifischen Eigenschaft sprechen, wenn man das Verhältnis der wahren Oberfläche zur scheinbaren meint. ·

Die adsorbierende Oberfläche und die adsorbierte Schicht

Ein Adsorptionsvorgang hat bei einem bestimmten Druck und bei einer bestimmten Temperatur zwei ihn charakterisierende Größen: die überhaupt adsorbierte Gasmenge und die dabei frei werdende Energie, wobei im Falle der Chemosorption noch die Aktivierungsschwelle hinzukommt. Die Adsorptionsenergie ist primär dem Wechselwirkungspotential zwischen den Molekülen des Adsorbens und des Adsorptivs proportional und hängt von deren innerem Bau ab, wobei die adsorbierende Oberfläche der Proportionalitätsfaktor ist. Die adsorbierte Gasmenge hängt aber in erster Linie von dem Flächeninhalt der adsorbierenden Fläche ab, und zwar von deren wahrer Oberfläche. Das Verhältnis der wahren zur scheinbaren Oberfläche kennzeichnet ein Adsorbens. Bisher wurde nur von der ersten charakteristischen Größe, der Adsorptionswärme, gesprochen. Nun soll noch kurz die adsorbierende Oberfläche charakterisiert werden. Zuvor wollen wir uns noch darüber klarwerden, ob und in welcher Weise die beiden charakteristischen Größen mit den Koeffizienten der Adsorptionsisotherme verbunden sind. Es sei hierfür als die bekannteste und am meisten diskutierte die BET-Isotherme gewählt:

$$a = \frac{v_m \cdot c \cdot x}{1 - x} \cdot \frac{1 - (n + 1) x^n + n x}{1 + (c - 1) x - c x^{n+1}}.$$

In dieser Gleichung hat c den Wert $e^{E_1 - E_k/RT}$, wobei $E_1 - E_k$ die Differenz zwischen dem Wechselwirkungspotential zwischen Fläche und Gasmolekülen und E_k die Kondensationswärme des Gases bedeutet. Demnach ist der Koeffizient c derjenige, welcher mit der Adsorptionswärme verbunden ist. Weiter bedeutet v_m das Volumen, welches die adsorbierten Gasteilchen einnehmen würden, wenn sie sich in der dreidimensionalen Gasphase befänden; v_m ist also die mit der adsorbierenden Oberfläche in Beziehung stehende Konstante. Die Konstante n bedeutet die Anzahl der Molekülschichten, die in den Poren der Adsorptionsfläche Platz finden können; n charakterisiert also auch eine Eigenschaft des Adsorbens.

Für eine porenfreie Oberfläche ist $n = \infty$ und die Isotherme hat die Form

$$a = \frac{v_m \cdot c \cdot x}{(1 - x)\,[1 + (c - 1)\,x]},$$

in welcher c die Energiekonstante und v_m die Oberflächenkonstante ist. Eine ideale glatte Oberfläche wäre eine Netzebene eines Kristalls. Auch die Oberfläche von Flüssigkeiten, also auch von Metallschmelzen und solcher, deren Oberfläche soeben erstarrt und „jung" ist, nähert sich verhältnismäßig gut an diesen Idealfall. Normalerweise übertrifft aber die „wahre" Oberfläche aller realen Körper – einschließlich der Metalle – die „scheinbare" um ein Vielfaches. Bei den Metallen hängt es von der Art der Bearbeitung der Oberfläche ab, wie groß der entsprechende Oberflächenkoeffizient ist. Durch keinerlei Bearbeitung in kaltem Zustande kann eine Metalloberfläche in eine flüssigkeitsähnliche Verfassung (die auch der Oberfläche des Glases zukommt, das ja eine Flüssigkeit mit unmeßbar großem Viskositätskoeffizienten ist) gebracht werden, wie das nach *H. Raether* die neuesten mit der Methode der Elektroneninterferenzen durchgeführten Untersuchungen zeigen. Unmittelbar nach einer mechanischen Behandlung ist der Oberflächenkoeffizient gewöhnlich größer als

Tabelle VII

		Oberflächen-koeffizient
Silber	frisch geätzt mit HNO_3 (feine, kristalline Struktur)	51
Silber	dasselbe nach 20 Stunden	37
Silber	poliert mit feinstem Sandpapier	16
Silber	Amalgam 1 Stunde alt	1,2
Silber	Amalgam 20 Stunden alt	1,3
Silber	Amalgam 150 Stunden alt	1,7
Platin	blank	1830,0
Platin	Mohr	—
Nickel	frisch poliert	13,3
Nickel	poliert alt	9,7
Nickel	aktiviert frisch	46
Nickel	aktiviert alt	29
Nickel	geglüht frisch	10,8
Nickel	elektrolytisch plattiert frisch	12
Nickel	elektrolytisch plattiert alt	9,5
Nickel	gerollt frisch	5,8
Nickel	gerollt alt	3,5
Woods Metall {	erstarrt von der Schmelze	1,4
	mit Glaspapier geschmirgelt	6,3
	geätzt mit HNO_3 und mit porösem Metall bedeckt	800–1000
Gallium	erstarrt von der Schmelze	1,7

nach Verlauf einer gewissen Zeit, während der die Oberfläche Gelegenheit hatte, sich gewissermaßen auszugleichen. Den kleinsten Oberflächenkoeffizienten haben frisch erstarrte Metallschmelzen. Wir entnehmen dem Buche von Brunauer die in Tabelle VII angeführte Zusammenstellung.

Es gibt eine Reihe von Methoden, welche gestatten, die wahre Oberfläche der Metalle zu ermitteln, auf die es bei der physikalischen Adsorption einzig ankommt. Wir können hier auf die Verfahren nur hinweisen, ohne darauf näher einzugehen. Außer den verhältnismäßig mühevollen lichtoptischen Methoden der Oberflächenuntersuchung[1]) gibt es die für die Ermittlung der Metalloberflächen besonders geeignete Methode von *Bowden* und *Rideal*[2]). Die Methode beruht auf der von den genannten Autoren gemachten Bemerkung, daß der Potentialanstieg an einer metallischen Elektrode der Anlagerung von Wasserstoff proportional ist und – was das entscheidende ist – daß der Proportionalitätsfaktor nicht von der Art des Elektrodenmetalls, sondern lediglich von dessen Gesamtoberfläche abhängt. Wenn die Elektrode aus einem beliebigen flüssigen Metall bestand, so war für die Erzielung einer Potentialerhöhung von 100 mV jedesmal $6 \cdot 10^{-7}$ Coul. elektrischer Ladung pro cm^2 der Elektrodenoberfläche nötig. Man schloß daraus, daß der gleiche Proportionalitätsfaktor auch für andere feste Metalle gültig bleibe, und daß man durch Messung der Ladung, die eine Potentialerhöhung von 100 mV hervorrief, die wahre Oberfläche der Metallelektrode bestimmen könnte. Die Angaben der vorstehenden Tabelle entstammen den Messungen nach dieser Methode[3]). Wir nennen noch die Interferenzmethode von *F. H. Constable*[4]), in welcher die Dicke der adsorbierten Schicht aus den Interferenzfarben des von der Metalloberfläche reflektierten Lichtes ermittelt wird. Andererseits schätzt man das Volumen der adsorbierten Schicht nach einem bestimmten Verfahren und erhält somit durch Division die Oberfläche. Diese Methode ist aber wenig geeignet, zuverlässige Werte zu liefern. Schließlich sei noch die Adsorptionsmethode genannt, in welcher aus den Adsorptionsisothermen gewonnen wird und daraus durch Rückschluß die wahre Oberfläche des Adsorbens[5]).

Der Einfluß der Heterogenität der Oberfläche ist ein Thema vieler experimenteller und besonders theoretischer Arbeiten. Eine adsorbierende Fläche nennt man heterogen, wenn auf ihr Attraktionszentren zweier verschiedener oder mehrerer Arten wirken. Die Lage und Verschiedenheit der Netzebenen in den Elementarkristallen kann auf den Adsorptionsvorgang von Einfluß sein, indem die Adsorptionswärmen in bezug auf die verschiedenen Netzebenen auch verschieden sind.

---

[1]) Eine eingehende Darstellung der lichtoptischen Methoden zur Oberflächenuntersuchung findet man in dem Buch von G. Schmaltz, Technische Oberflächenkunde. Berlin 1936.

[2]) F. P. Bowden und E. K. Rideal, Proc. Roy. Soc. A. *120*, 59, 86 (1928).

[3]) F. P. Bowden und E. A. O'Connor, Proc. Roy. Soc. A. *128*, 3/7 (1930).

[4]) F. H. Constanble, Proc. Roy. Soc. A. *119*, 196, 202 (1928).

[5]) Eine genaue Besprechung dieser Methode findet man in dem Buch von Brunauer, The Adsorption of Gases and Vapors.

In einem gewissen Zusammenhange damit scheint die Erscheinung der treppen-
förmigen Isothermen zu stehen, die an Metallen von *A. F. Benton* und *T. A.
White*[1]) beobachtet wurden. Nach dem von beiden Forschern erhaltenen Befund
ergaben sich bei der physikalischen Adsorption von Wasserstoff, Stickstoff
und Kohlenoxyd an katalytischem Eisen, Kupfer und Nickel Isothermen
treppenartigen Charakters, sofern in ge-
nügend kleinen Druckintervallen gemessen
wurde. Die Erscheinung war nicht nur an
Metallen, sondern auch an den üblichen
Adsorptionsmitteln von anderen beobachtet worden[2]). Nach den Arbeiten von
Th. Schoon[3]) scheint der treppenförmige
Aufbau eine allgemeine Eigenschaft der
Isotherme zu sein. *Schoon* nimmt eine
gewisse endliche Anzahl kristallographisch
verschiedener Oberflächen an, denen jeweils
eine verschiedene Adsorptionsenergie zuzuordnen ist und die an dem Gesamtaufbau
der adsorbierenden Oberfläche beteiligt

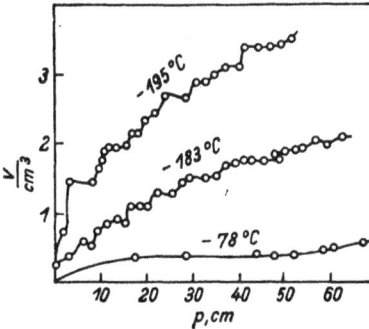

Abb. 14a. Treppenförmige Isothermen von
Wasserstoff an Eisen

sind. Bei dem Adsorptionsvorgang werden diese Flächen nacheinander, und
zwar jedesmal einer Art Langmuir-Isotherme folgend, besetzt.
Die Adsorptionsfähigkeit einer Oberfläche gegenüber einem Gase wird auch
durch das Vorhandensein anderer adsorbierter Moleküle beeinflußt, und zwar
besonders auffallend bei der aktivierten Adsorption und bei geringen Drucken.

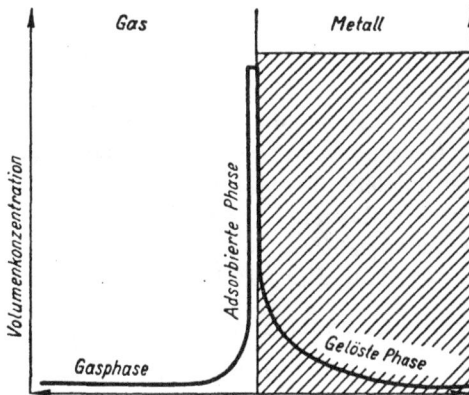

Abb. 14b. Volumenkonzentrationen an der Grenze Metall–Gas

So fand z. B. *Griffin*, daß die aktivierte Adsorption von Kohlenoxyd die Chemosorption von Wasserstoff und Äthylen an Kupfer
erhöht (0° bis 20° C).
Im allgemeinen findet an der adsorbierten Schicht eine beträchtliche Verdichtung der Gasmoleküle statt. Wenn man eine den
Abbildungen 1 bis 7 analoge graphische Darstellung für die Grenze
Metall–Gas einzeichnet, aber statt
der Molkonzentration Volumenkonzentration auf der Ordinate
aufträgt, so ergibt sich eine Kurve
nach Abb. 14b. – Die Verdichtung
des Gases in der adsorbierten Schicht wird durch den steilen Sprung der der
Gasdichte entsprechenden Kurve charakterisiert. Zur Bestimmung der Dicke

[1]) A. F. Benton und T. A. White, J. Am. Chem. Soc. *53*, 3301 (1931).
[2]) C. W. Griffin, J. Am. Chem. Soc. *49*, 2136 (1927).
[3]) Th. Schoon, Naturwiss. *27*, 653 (1941).

der an eine Metalloberfläche adsorbierten Schicht wurde auch eine vor mehreren Jahren vorgeschlagene und neulich weiterentwickelte Methode benutzt, die auf der Analyse des elliptisch polarisierten und von einer mit einer Gasschicht bedeckten Metallfläche reflektierten Lichtstrahls beruht, der vor der Reflexion planpolarisiert gewesen ist[1]).

Die Untersuchung der Eigenschaften adsorbierter Gasschichten hat deren besondere Eigenart aufgedeckt, wodurch man sich veranlaßt sah, in der adsorbierten Schicht einen besonderen Zustand der Materie zu sehen. So wurde z. B. eine Vergrößerung der Dichte adsorbierten Wassers festgestellt, welche der Dichte einer unter dem Druck von mehreren Hunderten von Atmosphären stehenden Flüssigkeit entspräche[2]). Andererseits fand man, daß auch die spezifische Wärme des an Aktivkohle adsorbierten Wassers dem einer unter hohem Druck stehenden Flüssigkeit entspricht[3]). Es muß auch die Adsorption an Metallen der adsorbierten Schicht besondere Eigenschaften verleihen, und es muß wohl auch eine Rückwirkung auf die Metallatome stattfinden. Die erwähnte Verdichtung des Gases an der Metalloberfläche spielt bei den Erscheinungen der Kontaktkatalyse eine gewisse Rolle.

Die gegenseitige Beeinflussung der elektrischen Struktur der Moleküle muß sich auch in der Änderung der elektrischen Eigenschaften äußern, was sich auch in den Fällen experimentell beweisen läßt, wenn das Adsorbens lichtdurchlässig ist[4]).

Bei Metallen scheitert der Versuch natürlich an deren totaler Lichtabsorption.

Adsorbierte Gasschichten an Metallen haben auch einen Einfluß auf den thermischen Energieaustausch zwischen Metall und einer dieses umgebenden Gasatmosphäre. Befindet sich in einem verdünnten Gase eine von einem Wärmestrom durchflossene Metallfläche, so besteht an der Grenze Metall–Gas immer der von *Smoluchowski* entdeckte Temperatursprung δT; d. h. die mittlere kinetische Energie der Gasteilchen E_1 ist von der thermischen Schwingungsenergie der Metallatome E'_2 verschieden. Die Gasmoleküle, von dem angrenzenden Raume mit der Energie E_1 kommend, prallen auf die Metalloberfläche, werden – wie wir wissen – nach einer bestimmten Verweilzeit τ (S. 39) wieder freigegeben und entfernen sich mit der mittleren Energie E_2.

Würde nun während der Verweilzeit τ ein vollkommener Energieausgleich zwischen Gasmolekül und Metall stattgefunden haben, so wäre $E'_2 = E_2$. Das ist aber, wie die Messungen zeigen, nicht der Fall; E_2 ist kleiner als E'_2 und der

von *Knudsen* eingeführte Akkommodationskoeffizient $\alpha_k = \dfrac{E_1 - E_2}{E_1 - E'_2}$ ist

für die meisten Gase kleiner als 1: die mittlere Verweilzeit τ reicht nicht aus, um den Energieausgleich zu ermöglichen. Offenbar muß der *Knudsen*sche Akkommodationskoeffizient mit der Verweilzeit τ, andererseits aber mit der Dauer β des tatsächlichen Energieaustausches zwischen den Freiheitsgraden

[1]) E. Herschkowitsch, Ann. d. Phys. (5) *10*, 993 (1931); F. A. Lucy, J. of Chem. Phys. *16*, 8, 167, 1948; N. K. Adam, Physics and Chemistry of Surfaces 1930.
[2]) D. T. Ewing und C. H. Spurway, J. Am. Chem. Soc. *52*, 4635 (1930).
[3]) I. L. Porter und R. C. Swain, J. Am. Chem. Soc. *55*, 2792 (1933).
[4]) J. H. de Boer und J. F. H. Custers, Z. Phys. Chem. Bd. *21*, 208 (1933).

der Metallatome und den Gasmolekülen irgendwie zusammenhängen. Nach *Eucken* und *Bertram*[1]) gilt

$$\alpha_k = \frac{\tau}{\tau + \beta}.$$

Wenn man weiter nach Eucken in diese Formel $\tau = \tau_0 e^{W_i/RT}$ und $\beta = \beta_0 e^{\varphi_\beta/RT}$[2]) einsetzt, so ergibt sich leicht

$$\ln\left(\frac{1}{\alpha_k} - 1\right) = -\frac{A}{T} + B, \qquad (37)$$

wobei $A = (W_i - \varphi_\beta) R$ und $B = \ln \beta_0/\tau_0$. Aus obiger Beziehung erkennt man, daß für $T \to 0$ der Koeffizient α_k sich dem Werte 1 nähern muß. Außerdem aber weist die analytische Gestalt der Beziehung zwischen α_k und der Temperatur darauf hin, daß eigentlich die Größe $\left(\frac{1}{\alpha_k} - 1\right)$ eine Rolle spielt. In der Tat: mit Rücksicht auf das Bestehen des Temperatursprunges δT würde die Grenzfläche Metall–Gas auch dann noch einen Wärmewiderstand W'_0 darstellen, wenn ein vollständiger Energieausgleich zwischen Gasteilchen und Metalloberfläche stattfände und $\alpha = 1$ wäre. Allgemein aber, wenn kein vollständiger Energieausgleich stattfindet und $\alpha \neq 1$, beträgt der Wärmewiderstand

$$W^\alpha{}_0 = \frac{4}{3} \frac{\lambda}{w} \left(\frac{C_v}{2 C_v + R}\right)\left(\frac{2 - \alpha_k}{\alpha_k}\right) = P\left(\frac{2 - \alpha_k}{\alpha_k}\right),$$

wobei λ die freie Weglänge der Gasteilchen und w den Wärmeleitfähigkeitskoeffizienten bedeutet. Der durch den unvollständigen Energieausgleich während der Verweilzeit entstandene Wärmewiderstand kann also nur

$$E^\alpha{}_0 - E^1{}_0 = P\left[\frac{2 - \alpha_k}{\alpha_k} - \frac{2 - 1}{1}\right] = P\left(1 - \frac{1}{\alpha_k}\right) \text{[3])}$$

betragen und ist eben, wie vermutet, der Größe $1 - \dfrac{1}{\alpha_k}$ proportional. Eine theoretische Beziehung zwischen dem Knudsenschen Akkommodationskoeffizienten α_k und dem Temperatursprung δT konnte nicht gefunden werden. Aus diesem Anlaß wurde eine andere Definition des Akkommodationskoeffizienten vorgeschlagen. Man kann sich nämlich vorstellen, daß der Temperatursprung δT gleichzusetzen sei einem auf einer gewissen virtuellen Strecke bestehenden gleichmäßigen Temperaturgradienten vom Gas zur Metalloberfläche. Als E'_{gr} sei nun diejenige Energie angenommen, die ein auf die Metalloberfläche auftreffender Teilchenstrahl hätte, wenn innerhalb der Gasphase der erwähnte

---

[1]) A. Eucken und A. Bertram, Z. phys. Chem. (B) *31*, 361 (1936).
[2]) Vgl. Fußnote S. 39.
[3]) A. Eucken, Lehrb. d. chem. Physik II, Kap. IV (270).

gleichmäßige Temperaturgradient $\dfrac{\partial T}{\partial r}$ bis zur Metallfläche bestünde. Man nennt den *Maxwell-Knudsen*schen Akkommodationskoeffizienten die Zahl;

$$\alpha_{MK} = \frac{E_1 - E_2}{E_1 - E'_{gr}}.$$

Auf Grund von Messungen und theoretischen Überlegungen besteht die Beziehung

$$\delta T = \frac{g}{p} \cdot \frac{\partial T}{\partial r},$$

wobei g eine vom Druck p unabhängige, den Temperatursprung charaktersierende Konstante ist, für die sich andererseits der Wert angeben läßt:

$$g = \sqrt{2\,\pi\,R\,M\,T}\left(\frac{C_v}{2\,C_v + R}\right)\left(\frac{2 - \alpha_{MK}}{\alpha_{MK}}\right)\,{}^{1)}. \tag{38}$$

Diese Beziehung verbindet den Maxwell-Knudsenschen Akkommodationskoeffizienten α_{MK} mit dem Koeffizienten g des Temperatursprunges[2]. Der Vergleich der Messungen α_K an Platin nach *Grilly*, *Taylor* und *Johnston*[3] mit den Messungen des Faktors α_{MK} nach *Amdur*, *Jones* und *Pearlman*[4], ebenfalls an Platin, zeigt bei Zimmertemperatur nur geringe Unterschiede, was die folgende Tabelle deutlich macht:

Tabelle VIII. Der Akkommodationskoeffizient

Gas	Molekular-gewicht	Temperatur in $K°$	α_K	Temperatur in $K°$	α_{MK}
H_2	2,016	290	0,312	289	0,41
He	4,003	298	0,403	300	0,53
Ne	20,18	298	0,703		
CO	28,01	303	0,77	304	0,79
N_2	28,01	298	0,77		
O_2	32	303	0,78	297	0,77
Ar	39,94	298	0,85		
Kr	83,7	301	0,841		
Xe	131	298	0,858		

Außer den angenäherten gleichen Werten der entsprechenden Koeffizienten α_K und α_{MK} entnimmt man dieser Tabelle, daß der Knudsensche Akkommodationskoeffizient α_K um so größer wird, je größer das Molekulargewicht des Gases ist. Diese Tatsache wird auf Grund der Formel (38) plausibel unter der Annahme, daß $\alpha_K \sim \alpha_{MK}$; denn man kann diese Formel abgekürzt schreiben

$$g \sim P\sqrt{M}\left(\frac{2 - \alpha_K}{\alpha_K}\right),$$

[1] M ist die Masse der Gasmoleküle.
[2] E. H. Kennard, Kinetic Theory of Gases, 176–177, New York 1938.
[3] E. R. Grilly, W. J. Taylor und H. L. Johnston, J. Chem. Phys. *14*, 435 (1946).
[4] I. Amdur, M. C. Jones und H. Pearlman, J. Chem. Phys. *12*, 159 (1944).

woraus folgt
$$\alpha_K \sim \frac{2\,P\sqrt{M}}{g + P\sqrt{M}}.$$

Aus diesem Ausdruck ist unmittelbar ersichtlich, daß α_K mit wachsendem M steigt, sofern nur der Temperatursprungkoeffizient g sich für die einzelnen Gase nicht allzusehr ändert.

Bei gleichbleibender Temperatur steigt der Akkommodationskoeffizient, wenn der Druck erhöht wird bis zu einer bestimmten Grenze. Man nimmt an, daß diese Grenze erreicht wird, wenn die Metallfläche durch eine adsorbierte Gasschicht voll beladen ist.

Als Beispiel zitieren wir eine Meßreihe von *I. Amdur, M. C. Jones* und *H. Pearlman*[1]).

Außerdem folgt aus Gleichung (37), daß α_K bei fallender Temperatur T steigt und für $T = 0$ den Wert $\alpha_K = 1$ erreicht, was aber ebenfalls bedeutet, daß je größer das Volumen des adsorbierten Gases, um so größer der Akkommodationskoeffizient wird[2]). Im Hinblick darauf,

Tabelle IX

Akkommodationskoeffizient α_K in Abhängigkeit vom Druck bei Platin-Xenon

Temperatur	Druck	c_K
26 °C	0,007116 mm	0,108
26,7	0,01127	0,454
27,4	0,03784	0,794
25,9	0,06307	0,810
26,0	0,07540	0,848
26,0	0,1250	0,865
27,4	0,1725	0,869
26,0	0,2111	0,866

daß wiederholt die Empfindlichkeit des Akkommodationskoeffizienten gegen eine Belegung der Metalloberfläche durch eine adsorbierte Schicht festgestellt wurde, liegt der Schluß nahe, daß eine adsorbierte Gasschicht den thermischen Energieaustausch einer Metallfläche mit der Umgebung erleichtert. Eine gasfreie Wolframoberfläche hat für Neon $\alpha_K = 0,08$; bei Bedeckung mit einer Gasschicht steigt α_K auf 0,32 bei 79° K[3]).

Der beobachtete Akkommodationskoeffizient ist abhängig von der mittleren Energieübertragung aller drei Arten der Molekülenergie (Translations-, Rotations- und Schwingungsenergie). Nach Knudsen[4]) gibt es Hinweise darauf, daß die Akkommodationskoeffizienten für die Translations- und die Rotationsenergie bei Wasserstoff gleich ist. Im allgemeinen dürfte das aber nicht der Fall sein; nach Eucken[5]) und Mitarbeitern ist der Anteil des Koeffizienten der Translationsenergie am größten.

---

[1]) l. c.

[2]) Entgegen dieser Erwartung und im Widerspruch zu den Ergebnissen anderer Autoren erhalten H. L. Johnston und R. Grilly, J. Chem. Phys. *14*, 233 (1946), nur für H_2 mit fallender Temperatur steigendes; für He, CO, CO_2, CH_4, O_2 ... hatte α_K bei sinkender Temperatur unerklärlicherweise eine fallende Tendenz. Der Verdacht eines systematischen Meßfehlers liegt nahe.

[3]) J. K. Roberts, Proc. Roy. Soc. A. *152*, 445 (1935).

[4]) W. Knudsen, Ann. Phys. *6*, 129 (1930).

[5]) K. Schäfer, W. Rating und A. Eucken, Ann. Phys. *42*, 176, 1942.

Wir verzichten auf die Darstellung der Thermodynamik der Adsorptionserscheinungen von Gasen an Metallen, weil dadurch bereits das allgemeine Problem der Adsorption von Gasen an festen Flächen berührt wird, welches über das spezielle Programm dieser Schrift hinausgeht. An wenigen Stellen nur haben wir, wo es unumgänglich nötig war, uns fertig übernommener thermodynamischer Beziehungen bedient. Eine thermodynamische Vertiefung der Betrachtungen wäre auch nötig gewesen, um das technisch und auch theoretisch so wichtige Problem der Kontaktkatalyse aufzurollen, wobei wir auf ein weites Gebiet sehr komplizierter und mannigfaltiger Erscheinungen gelangt wären, dessen systematische Beschreibung, soweit das heute überhaupt möglich ist, nur im Rahmen sehr umfangreicher und weit ausholender Spezialwerke durchzuführen ist, auf welche übrigens auch verwiesen sei[1]).

Übertritt einer elektrisch geladenen (Elektron, Proton, Ion) oder einer neutralen (Atom, Molekül) Partikel durch die Grenzfläche.

Für die Bewegung von elektrischen Ladungsträgern durch eine Grenzfläche ist der Potentialverlauf in der Grenzschicht maßgebend, für die Bewegung von neutralen Partikeln jedoch die Grenzflächenspannung, die von der Oberflächenspannung der aneinander grenzenden Substanzen abhängig ist. Durch die Bildung von Adsorptionsschichten wird sowohl der Potentialsprung als auch die Oberflächenspannung verändert. Je nach dem Sinn dieser Veränderungen (Erhöhung oder Herabsetzung) des Potentialsprunges bzw. der Grenzflächenspannung wird der Durchgang von Ladungsträgern bzw. neutralen Partikeln erschwert oder erleichtert.

Der wichtigste Fall einer Grenzflächenbildung sowohl für die wissenschaftlichen Untersuchungen als auch in der Technik ist der des Systems Metall–Dielektrikum. Als Dielektrikum können wir uns vorstellen: Gase, Dämpfe, Flüssigkeiten, Festkörper. Am durchsichtigsten ist der Fall, wenn das System Metall–Gas vorliegt. Bei diesem Grenzflächensystem spielen die Metallelektronen eine wichtige Rolle, weswegen sie einer näheren Betrachtung unterzogen werden müssen.

§ 6. Elektronentheorie der Metalle und der Potentialsprung an der Grenzfläche
Metall–Dielektrikum

Die ältere Elektronentheorie der Metalle geht von der Vorstellung aus, daß die Valenzelektronen der Metallatome innerhalb des Metallgitters frei beweglich sind und sich wie die Teilchen eines idealen Gases verhalten. Erwärmt man beispielsweise ein Metall, so nehmen einige der Elektronen Wärmeenergien als kinetische Energien auf. Da jedoch die Elektronen eines Metalls keinen Beitrag zu seiner spezifischen Wärme leisten, muß man annehmen, daß ihre Gesamtenergie (im Gegensatz zu einem Gas) bei einer Temperaturerhöhung unverändert bleibt[2]).

---

[1]) Z. B. Handbuch der Katalyse, hrsg. von G. M. Schwab (vgl. Fußnote auf S. 1). Eine knappe, übersichtliche Darstellung ist zu finden in A. Eucken, Lehrbuch der Chemischen Physik II₂. Leipzig 1944.
[2]) Diese Tatsache erklärt sich aus der Energieverteilung auf die Teilchen des Elektronengases unter Anwendung der Fermi-Statistik.

Die Atome eines Metallgitters werden durch den Verlust ihrer Valenzelektronen zu positiven Ionen. Will man ein Elektron aus dem Metallverband entfernen, so muß man recht beträchtliche elektrostatische Anziehungskräfte überwinden, die ihre Ursache einerseits in der durch das Elektron im Metall influenzierten ungleichnamigen Ladung, andererseits im Feld dieser Ionen haben. Es ist daher zur Loslösung eines Elektrons aus einem Metallgitter eine Arbeit zu leisten, die als Austrittsarbeit bezeichnet wird. Sie ist für jedes Metall verschieden und liegt etwa zwischen 0,4 und 9 eV.

Erwärmt man ein Metall, so führt man dadurch einem Teil seiner Elektronen Energie zu. Die Verteilung dieser Energie auf die Gesamtzahl der Elektronen geht aus den Kurven Abb. 12 hervor. Diese Kurven nähern sich der Abszisse asymptotisch, es kommen daher Elektronen von beliebig hoher Geschwindig-

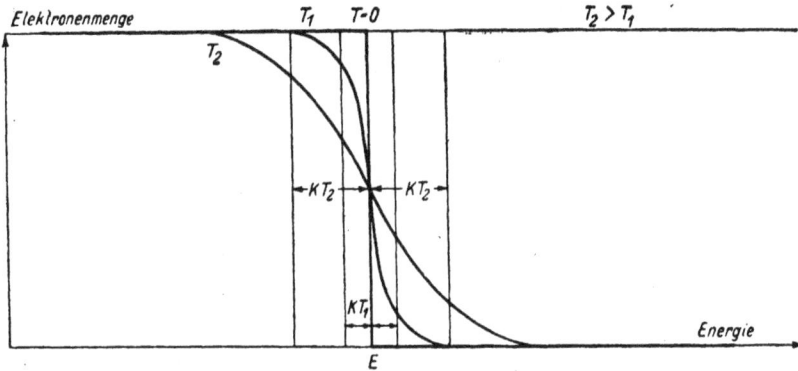

Abb. 15. Energiespektrum der Metallelektronen bei verschiedenen Temperaturen

keit vor, nur ist deren Anteil um so kleiner, je größer die Geschwindigkeit ist. Es ist also bei einer bestimmten Temperatur stets ein gewisser Anteil von Elektronen vorhanden, deren Geschwindigkeitskomponente senkrecht zur Metalloberfläche so groß ist, daß sie die durch die Austrittsarbeit gegebene Potentialschwelle überwinden und das Metall verlassen können. Erhöht man die Temperatur des Metalls, so wird eine größere Anzahl schneller Elektronen vorhanden sein, es werden also auch mehr Elektronen das Metall verlassen können. Man kann die Gesamtheit der das Metall verlassenden Elektronen, bezogen auf die Flächeneinheit, als Stromdichte bezeichnen und erhält hierfür nach *Richardson*[1]) und *v. Laue*[2])

$$i = AT^2 e^{-\frac{B}{T}} = AT^2_{\exp}\left(-\frac{B}{T}\right) \cdot \text{A/cm}^2,$$

worin $A = \dfrac{2\pi k^2 m e}{h^3} = 60{,}2$ A/cm² grad², T die absolute Temperatur und b die Austrittsarbeit in °C bedeuten. Man kann die Austrittsarbeit, also eine Energie, in Temperaturgraden ausdrücken, indem man die Elektronenenergie

---

[1]) O. W. Richardson, Phil. Mag. *28*, 633 (1914).
[2]) M. v. Laue, Jb. Radioakt. *15*, 205 (1918).

gleich kT setzt. Man erhält dann für T eine Temperatur, die ein Körper haben muß, der sich mit dem Elektronengas in thermodynamischem Gleichgewicht befinden soll. Zahlenmäßig ergibt sich 1 eV = 11613° C.

Damit ein Elektron befähigt wird, das Metall zu verlassen, und ins Vakuum zu treten, muß seine kinetische Energie im Metall gleich der Austrittsarbeit $e\,\varphi$ (in Elektronenvolt) oder größer als diese sein:

$$\frac{m\,v^2}{2} \geqq b = e\,\varphi\,.$$

Nur solche Elektronen gehen durch die Grenzschicht Metall–Vakuum, die eine größere oder durch die obige Ungleichung definierte Grenzgeschwindigkeit v haben. Auf Grund der Maxwellschen Geschwindigkeitsverteilung läßt sich ausrechnen, daß pro Zeit- und Flächeneinheit n Elektronen die Grenzfläche passieren müssen:

$$n = \frac{\sqrt{2\,k}}{2\sqrt{\pi\,m}} \cdot N \sqrt{T}\,{}^{\exp}\left(-\frac{e\,\varphi}{kT}\right) = c'\sqrt{T}\,{}^{\exp}\left(-\frac{e\,\varphi}{k\,T}\right),$$

wobei k die Boltzmannsche Konstante, $c' = f(N)$ eine von der Natur des Metalls abhängige Konstante und N die Anzahl der Elektronen in 1 cm³ des Metalls ist.

Faßt man den Vorgang des Elektronendurchgangs durch die Grenzschicht als Verdampfung auf (kinetische Betrachtung), so erhält man:

$$n = e'' \, T^2{}_{\exp}\left(-\frac{e\varphi}{k\,T}\right),$$

Multipliziert man diesen Ausdruck mit der Ladung eines Elektrons, so erhält man den elektrischen Strom, der beim Übertritt von n Elektronen durch die Grenzfläche registriert wird:

$$i = e\,n = A\sqrt{T}_{\exp}\left(-\frac{B}{T}\right), \quad \text{bzw.} \quad i = e\,n = A\,T^2{}_{\exp}\left(-\frac{B}{T}\right),$$

wo $B = \dfrac{e\,\varphi}{K}$ also die Austrittsarbeit enthält und $A = 60{,}2$ A/cm²grad².

Der vorhin errechnete Wert der Konstante A hat zwar für reine Metalle den theoretischen Wert $60{,}2\,A$ cm²/grad², doch zeigen in Wirklichkeit die Messungen für die einzelnen Metalle je nach der angewandten Meßmethode und je nach dem Material sehr verschiedene Ergebnisse. Der Hauptgrund dafür liegt in der Beschaffenheit des analytischen Ausdruckes in der Richardsonschen Formel für den Emmissionsstrom, bei welcher der Wert des Exponentialausdruckes den anderen Faktor bei weitem überwiegt und dieser demzufolge sich schwer genau festlegen läßt. Es gibt aber noch andere Gründe dafür, die in der Eigenart der Meßmethoden und in den rein physikalischen Eigenschaften des Versuchsmaterials begründet sind[1]. Bei Belegung des Trägermaterials mit einer Oxydschicht gilt naturgemäß der errechnete Wert von A nicht.

Die nun folgenden Tabellen geben über die gemessenen Werte von A und B Auskunft.

---

[1] Näheres darüber bei S. Wagener, Die Oxydkathode ... 1. Teil, S. 62, Leipzig 1943.

Tabelle X. Austrittsarbeitswerte reiner Metalle (seit 1930)

Man beachte die große Streuung der A-Werte nach den Messungen
verschiedener Autoren[1].

Werk-stoff	Jahr der Mes-sung	Methode	Gemessen von	B Volt	A
W	1931	lichtelektrisch	Warner	4,54	—
W	1933	Richardson-Methode	Ahearn	4,58	—
W	1934	Richardson-Methode	Freitag und Krüger	4,53	22
W	1935	Abkühlungseffekt	Krüger und Stabenow	4,44	212
W	1936	Richardson-Methode	Wahlin und Whitney	4,63	—
W	1937	,, ,,	Johnson und Vick	4,55	90
W	1937	,, ,,	Reimann	4,52	84
W	1939	,, ,,	Seifert und Phipps	4,54	—
			Mittelwert	4,54	—
Mo	1932	Richardson-Methode	Du Bridge und Roehr	4,15	55
,,	1932	lichtelektrisch	Du Bridge und Roehr	4,14	55
,,	1933	Richardson-Methode	Ahearn	4,32	—
,,	1934	,, ,,	Freitag und Krüger	4,33	24,6
,,	1935	,, ,,	Wahlin und Reynolds	4,17	61
				4,30	96
				4,38	175
,,	1935	Abkühlungseffekt	Krüger und Stebenow	4,40	—
,,	1936	Kontaktpotential (magnetisch)	Oatley	4,10	—
,,	1937	Richardson-Methode	Grover	4,19	—
			Wright	4,20	55
			Mittelwert	4,24	—
Ni	1931	lichtelektrisch	Glasoc	5,01	
Th	1933	Richardson-Methode	Fox und Bovie	5,03	
Pt	1939	Kontaktpotential	Bosworth	4,94	
			Mittelwert	4,99	
Ta	Mittelwert aus verschiedenen Messungen			4,12	
Nb	,, ,, ,,		,,	3,96	
,,	,, ,, ,,		,,	3,35	
,,	,, ,, ,,		,,	5,36	
Pd	,, ,, ,,		,,	4,98	

Für die Berechnung des Faktors B gilt folgendes:

$$\frac{B}{T} = \frac{e\varphi}{KT}.$$

---

[1] Ausführliches Literaturverzeichnis und weitere Angaben befinden sich in dem Spezialwerk von S. Wagner, Die Oxydkathode, I. Teil, S. 62, Leipzig 1943. – Diesem Werke sind auch obige Angaben entnommen. – Angaben über Austrittsarbeiten von Schichten auf Trägermetallen sind zu finden im Taschenbuch für Physik und Chemie von J. D'Ans und E. Lax, Berlin 1944.

Daraus:

$$B = \frac{e\,\varphi}{K\,T}$$

$$1 \text{ e-Vt} = 1{,}602 \cdot 10^{-12} \text{ erg}$$
$$K \quad = 1{,}3807,\ 10^{-16} \text{ erg grad}^{-1}.$$

Demnach:

$$B = \frac{\text{Anzahl der eV} \cdot 1{,}602 \cdot 10^{-12} \text{ erg}}{1{.}3807 \cdot 10^{-16} \text{ erg grad}^{-1}}.$$

Das Elektron, das die Metallgrenzfläche verläßt, hat in der Hauptsache die elektrostatische Anziehungskraft (die sog. Bildkraft) zu überwinden. Sie entsteht, wenn das Elektron das Metall verläßt; das Elektron influenziert eine positive Ladung im Metall. Hat sich das Elektron um r cm von der Grenzfläche entfernt, so ist die Anziehungskraft

$$K = \frac{e^2}{(2\,r)^2} = f\left(\frac{1}{r^2}\right).$$

sie bildet sozusagen den Widerstand an der Grenzfläche.

Damit das Elektron das Metall verlassen kann, muß entweder seine kinetische Energie gesteigert oder der Grenzübertrittswiderstand herabgesetzt werden. Das erste erreicht man durch Zufuhr von Energie, und zwar als Wärmeenergie (Temperatureffekt, Glühkathode) oder als Strahlungsenergie (Photo- oder lichtelektrischer Effekt); das letzte durch Anlegen einer elektrischen Feldstärke (Autoelektronenemission).

Steigt T, so wächst der Sättigungsstrom i exponentiell. Diese Messungen gestatten uns die Bestimmung der Konstanten A und B.

Wird die Temperatur konstant gehalten und die Feldstärke gesteigert, so wächst der Elektronenemissionsstrom exponentiell mit $\sqrt{f}$ an.

Bei der Feldemission ist der Einfluß der Gasbeladung des Metalls groß; mit zunehmender Entgasung wird $i = f(\mathfrak{E})$ geringer (störende Wirkung der Stoßionisation). Einfluß der Oberflächenbeschaffenheit (Spitzenbildung, örtliche Feldkonzentration, Felderhöhung). Bei Zimmertemperatur sind theoretisch Feldstärken 10^7—10^8 Volt/cm erforderlich, es sind aber bei 10^5—10^6 Volt/cm Feldelektronenemissionen beobachtet worden (Unebenheit von Elektroden). Die experimentellen Ergebnisse lassen sich durch folgende Gleichung besser wiedergeben:

$$i = A\,(T + c\,\mathfrak{E})^2 \exp\left(-\frac{B}{T + c\,\mathfrak{E}}\right),$$

wo c eine materialabhängige Konstante ist.

Es hat sich ergeben, daß ein elektrisches Feld die Herabsetzung der Austrittsarbeit um den Betrag $W_\mathfrak{E}$ bewirkt:

$$W_\mathfrak{E} = e\,\varphi - e\,\sqrt{e\,\mathfrak{E}}.$$

Die Konstante $B_\mathfrak{E}$ bei der Wirkung eines elektrischen Feldes ergibt sich:

$$B_\mathfrak{E} = \frac{e\,\varphi - e\,\sqrt{e\,\mathfrak{E}}}{K}.$$

Und die Gleichung für den Sättigungsstrom als Funktion der Temperatur ist

$$i = A\,T^2\,_{\exp}\left(-\frac{e\,(\varphi - \sqrt{e\,\mathfrak{E}})}{k\,T}\right).$$

Wie schon oben erwähnt, haben die Elektronen in ihrer Gesamtheit keinen Anteil an der spezifischen Wärme des Metalles. Diese Tatsache läßt sich mit der klassischen Theorie, die die freien Elektronen im Metall als ideales Gas ansieht, nicht vereinen. Es gelang *Fermi* und *Dirac*, durch quantentheoretische Überlegungen ein neues Verteilungsgesetz aufzustellen, das die Verhältnisse in einem Metall besser wiedergibt als die Maxwellsche Statistik.

Jedem an ein Atom gebundenen Elektron sind drei Quantenzahlen zuzuordnen, die im Sinne der *Bohr*schen Theorie seine Bahnbewegung bestimmen. Hierzu kommt noch eine vierte Quantenzahl, die den Spin, d. i. die Rotation des Elektrons um seine Achse, betrifft. Nach dem *Pauli*-Prinzip können innerhalb eines Atoms niemals zwei Elektronen vorkommen, die in allen vier Quantenzahlen übereinstimmen, es können daher in jedem der durch die drei Bahn-Quantenzahlen gegebenen Energie-Niveaus nur zwei Elektronen gleichzeitig vorhanden sein, weil nur zwei Einstellungen des Spin-Impulses (parallel oder antiparallel zum Gesamtimpuls) möglich sind.

Mit dem *Fermi-Dirac*schen Verteilungsgesetz stellten *Pauli* und *Sommerfeld*[1]) eine neue Elektronentheorie der Metalle auf, wonach alle Elektronen eines Metalls bei der Temperatur des absoluten Nullpunktes die Energie

$$W = \frac{h^2}{8\,m}\left(\frac{3\,n}{\pi}\right)^{\frac{2}{3}}$$

besitzen, wenn h das Plancksche Wirkungsquantum, m die Elektronenmasse und n die Zahl der Elektronen pro cm³ bedeuten. Da n bei den einzelnen Metallen verschieden groß ist, hat auch W für jedes Metall einen individuellen Wert, der zwischen 2 und 10 eV liegt. Die Verteilungsfunktion für die Geschwindigkeit der Elektronen im Metall ist gegeben durch

$$f\,(u, v, w)\,d\,u\,d\,v\,d\,w = \frac{2\,m^3}{h^3}\cdot\frac{d\,u\;d\,v\;d\,w}{\exp\left(\dfrac{\dfrac{1}{2}\,m\,(u^2 + v^2 + w^2)}{k\,T}\right) + 1},$$

worin $f\,(u, v, w)\,d\,u$, $d\,v$, $d\,w$ die Anzahl der Elektronen pro cm³ angibt, deren Geschwindigkeitskomponenten u, v, w in den drei Richtungen des Raumes x, y, z in dem Bereich $u + d\,u$, $v + d\,v$, $w + d\,w$ liegen. Diese Funktion ist in Abb. 15 graphisch dargestellt. Man sieht, wie bei $T = 0°\,K$ alle Elektronen die gleiche Energie W haben, während bei höheren Temperaturen sowohl langsamere wie auch schnellere Elektronen vorkommen.

Man kann auch aus dieser Theorie eine Emissionsformel aufstellen, die der oben angegebenen *Richardson*schen Formel sehr ähnlich ist. Sie lautet:

$$i = 2\,A\,T^2\,e^{-B/T} \qquad (A/\text{cm}^2)$$

---

[1]) A. Sommerfeld, Z. Phys. **47**, 1 (1928).

und unterscheidet sich von der ursprünglichen *Richardson*schen Gleichung nur
dadurch, daß an Stelle von A der Faktor $2\,A$ auftritt. Da in praktischen Fällen
der Emissionsstrom fast ausschließlich durch den Exponenten von e bestimmt
wird, ist es nicht möglich, experimentell zu entscheiden, welche der beiden
Gleichungen die tatsächlichen Verhältnisse am besten wiedergibt. Außerdem
hat *Nordheim*[1]) gezeigt, daß nicht alle Elektronen, die die Metalloberfläche mit
ausreichender Normalkomponente der Energie erreichen, das Metall auch verlassen, sondern daß, nach wellenmechanischer Vorstellungsweise, ein Teil derselben an der Oberfläche reflektiert wird. Es ist daher die Emissionsgleichung
noch mit einem Faktor $(1 - R)$ zu multiplizieren, so daß man erhält

$$i = 2\,A\,(1 - R)\,T^2\,e^{-b/T},$$

wobei R ein Maß für die Reflexion der Elektronen ist. Nach *Nordheim* ist
$R = 1/2$ zu setzen, so daß die Emissionsgleichung wieder mit der ursprünglichen, von *Richardson* angegebenen
Form übereinstimmt[2]).

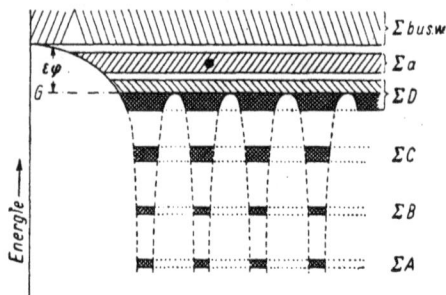

Aus der Quantisierung der Elektro-
nenenergien innerhalb eines Atoms
und aus dem *Pauli*-Prinzip folgt, daß
sich die Elektronen um den Atom-
kern in bestimmten, konzentrischen
Schalenbahnen bewegen, wobei jeder
Schale eine bestimmte Energie zukommt. Werden nun eine Vielzahl
solcher Atome zu einem Kristallgitter vereinigt, so werden als Folge
der wellenmechanischen Austausch-

Abb. 16. Schnitt durch das Potentialgebirge eines
Kristalls (nach de Boer)

kräfte die Energieniveaus aufgespalten, so daß sich die Elektronen nicht mehr in
diskreten Energiestufen, sondern in mehr oder weniger breiten Energiebändern
bewegen können. Sind in einer bestimmten Elektronenschale des Einzelatoms p
Elektronen enthalten und ist n die Anzahl der Atome im Gitterverband, so
enthält das Energieband $p \cdot N$ Elektronen. Diese Verhältnisse sind in Abb. 16
dargestellt.

Als Ordinate ist hier die Energie aufgetragen, während die Abszisse den Abstand von der Kristalloberfläche angibt. Man hat hier einen Schnitt durch das
Potentialgebirge innerhalb eines Kristalles vor sich, das durch die Atomkerne
gelegt ist. ΣA, ΣB, usw. bedeuten die den innersten Quantenbahnen entsprechenden Energiebänder, die um so mehr aufgespalten sind, je weiter außen die
betreffenden Bahnen liegen. Die kreuzschraffierten Bänder sind mit Elektronen
voll besetzt zu denken, während die einfach schraffierten Bänder im Grund-

---

[1]) L. Nordheim, Z. Phys. *46*, 833 (1927); Proc. Roy. Soc. A *121*, 626 (1928).
[2]) Zum Vergleich der Geschwindigkeitsmessungen an Elektronen mit den aus wellen mechanischen Ansätzen und Voraussetzungen der Fermi-Statistik bei Feldemission sich ergebenden Rechnungen sei die Arbeit genannt: Erwin W. Müller,
Z. Phys. *120*, 261–269, 23./2. 1943.

zustand unbesetzt sind, und nur dann, wenn die Atome sich in angeregtem Zustand befinden, einige Elektronen enthalten. Durch die Aufspaltung der Energieniveaus in Energiebänder erhält jedes Elektron im Kristallverband eine erhöhte Mannigfaltigkeit der möglichen Zustände, weil ja seine Energie innerhalb des Bandes jeden beliebigen Wert annehmen kann. Da die Potentialberge der einzelnen Atomkerne wegen des wellenmechanischen Tunneleffektes von den Elektronen (wenn auch mit geringer Wahrscheinlichkeit) durchdrungen werden können, wäre es an sich denkbar, daß die Elektronen beliebig durch den ganzen Kristall wandern könnten. Dem steht aber das *Pauli*-Prinzip entgegen, nach dem ein Zuwandern eines Elektrons in ein vollbesetztes Energieband der Nachbarmulde nicht möglich ist. Es können also nur dann Elektronen vermöge ihrer Wärmeenergie oder unter dem Zug eines äußeren elektrischen Feldes im Kristall wandern, wenn sie einem nicht vollbesetzten Energieband angehören. Infolgedessen sind alle Kristalle mit vollbesetzten Bändern Isolatoren, während bei elektrischen Leitern, z. B. den Metallen, unvollständig besetzte Bänder vorkommen. In Abb. 17 sind die Verhältnisse in einem Metall dargestellt. Wegen des geringen Abstandes der Atomkerne voneinander sind die Energiebänder so weit aufgespalten, daß sie sich gegenseitig überdecken. So überdecken sich hier beispielsweise die Bänder ΣD und Σa. Da das Band Σa unbesetzt ist, können Elektronen aus Nachbarmulden zuwandern, es ist daher die Möglichkeit einer elektrischen Stromleitung gegeben.

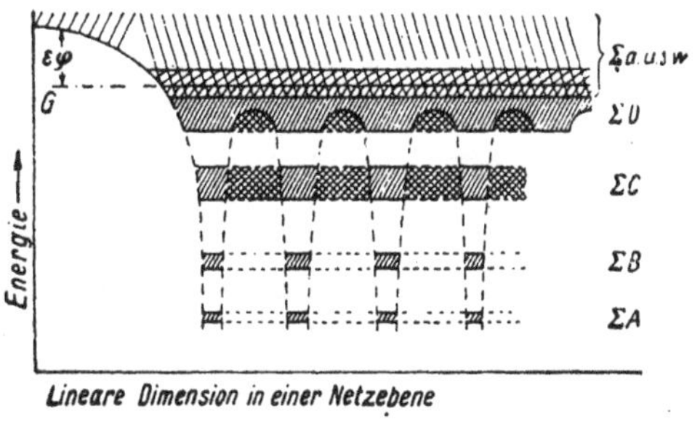

Abb. 17. Schnitt durch das Potentialgebirge eines Metalls (nach de Boer)

Auf der linken Seite der Abb. 16 und 17 hat man sich die Oberfläche des Kristalls vorzustellen. Wie man sieht, steigt hier das Potential um den Betrag φ, die Energie infolgedessen um den Wert $e\,\varphi$ ($e =$ Elektronenladung) über das höchste Niveau des Grundzustandes. Dieser Energiebetrag stellt die Austrittsarbeit dar, denn man muß einem Elektron mindestens die Energie $e\,\varphi$ zuführen, damit es den Kristall verlassen kann. Man kann dem Elektron diese Energie, wie gesagt, auf verschiedene Weise zuführen, beispielsweise indem man das Metall erwärmt[1]) (vgl. S. 65), es mit hinreichend kurzwelligem Licht oder mit schnellen Elektronen bestrahlt. Wird ein Lichtquant von ein emElektron absorbiert, so nimmt das Elektron dessen Energie $h\,\nu$ ($\nu =$ Lichtfrequenz) auf. War das Elektron vorher in Ruhe, so hat es demnach nach der Absorption des Lichtquants die Energie

$$E = \frac{h\,\nu}{e}\,\text{(eV)}\,.$$

---

[1]) Betrachtungen über Elektronenauslösung und Austrittsarbeit interessieren im allgemeinen nur bei Metallen, weil nur hier eine Nachlieferung der Elektronen und damit eine kontinuierliche Emission möglich ist. Bei einem Isolator würde eine Elektronenemission wegen der positiven Aufladung schon nach sehr kurzer Zeit aufhören müssen.

Soll nun ein Elektron durch Absorption eines Lichtquantes aus einem Metallverband befreit werden, so muß die Energie des Lichtquantes mindestens gleich der Austrittsarbeit sein, und für die Energie des Elektrons außerhalb des Metalls gilt die *Einstein*sche Formel

$$E' = h\nu - e\varphi \text{ (eV)} = \frac{mv^2}{2},$$

wobei das Elektron das Metall mit der Geschwindigkeit v verläßt. Läßt man die Frequenz des auftreffenden Lichtes und damit die Quantenzahl $h\nu$ kleiner werden, so wird schließlich bei einer bestimmten Frequenz $h\nu_0 = e\varphi$ die Austrittsgeschwindigkeit $v = 0$ werden; ν_0 ist also die niedrigste Frequenz, bei der gerade noch Elektronen aus dem Metall austreten können, die dann außerhalb des Metalls die Energie Null haben. Man bezeichnet ν_0 als Grenzfrequenz, die dazugehörige Wellenlänge c/ν_0 als Grenzwellenlänge. Jedes Metall besitzt also eine lichtelektrische Grenzfrequenz, die mit der Austrittsarbeit durch die oben angegebene Beziehung verknüpft ist. Die Tabelle XI gibt die Meßresultate

Tabelle XI[1]) Elektronenaustrittspotential in V und langwellige
Grenzen der lichtelektrischen Elektronenemission in A

Material	Austritts-potential in V	Langwellige Grenze in A	Material	Austritts-Potential in V	Langwellige Grenze in A
Selen	4,89	2530	Molybdän	4,19 ... 4,29	2990
Arsen	5,17	2390	Wolfram	4,55 ... 4,57	2720
Antimon	4,05	3050	Uran	3,28	—
Kohlenstoff	4,3 ... 4,81	2870 ... 2570	Mangan	3,76	3290
Silizium	4,80	2570	Rhenium	4,98 ... 5,1	2480
Lithium	2,34 ... 2,38	5280 ... 5280	Eisen	4,75 ... 4,77	2600
Natrium	2,33	5300	Kobalt hex.	4,25	—
Kalium	2,26	5460	kub.	4,12	—
Rubidium	2,13	5800	Nickel	4,98 ... 5,03	2490
Zäsium	1,93	6400	Rhodium	4,75	2600
Beryllium	3,92	3150	Palladium	4,97 ... 4,99	2490
Magnesium	3,69	3350	Platin	5,44 ... 6,37	1960
Kalzium	2,96	4180	Kupfer	4,29	—
Strontium	2,25	5500	Silber	4,73	2610
Barium	2,55	4840	Gold	4,76	2600
Aluminium	4,25	2910	Zink	4,25	2910
Zer	3,07	—	Kadmium	4,08	3030
Titan	3,92	3150	Quecksilber	4,53	2730
Zirkon	4,13	—	Gallium	4,20	2940
Haf- hex.	3.20	—	Thallium	3,68	3350
nium kub.	3,53	—	Germanium	4,55	2720
Thorium	3,29	—	Zinn tetrag.	4,51	2740
Niob	3,99	—	hex.	4,38	2820
Vanadium	3,78	3270	Blei	4,15	2980
Tantal	4,12 ... 4,16	3000	Wismut	4,62	2680
Chrom	3,72	3320			

[1]) J. D'Ans und E. Lax, Taschenbuch für Chemiker und Physiker, Berlin, Springer-
Verl. 1943, S. 192.

der Elektronenaustrittsarbeit und Grenzwellenlänge, die auf Grund des lichtelektrischen Effekts erhalten sind, wieder. Experimentell kann man allerdings
eine definierte Grenzfrequenz nur beim absoluten Nullpunkt erhalten, weil die
Elektronen ja bei höheren Temperaturen keine einheitliche Energie haben. Trägt
man daher den Photostrom als Funktion der Lichtfrequenz auf, so erhält man
nur bei $T = 0°$ K einen exakten Schnittpunkt mit der Abszisse, bei höheren
Temperaturen jedoch nicht.

Es sei noch erwähnt, daß auf Grund der in den letzten Jahren von E. Justi
und H. Scheffer[1]) veröffentlichten Arbeiten die Vorstellung eines „freien" und
isotropen Elektronengases stark kor-
rekturbedürftig ist. Nachdem man
nämlich den Elektronen die Idee der
sogenannten De Broglie-Wellen zugeordnet hat, muß an die Anisotropie
des elektrischen Potentialfeldes der
Ionen in den Gitterpunkten und an
die der Gitterschwingungen gedacht
werden, von welchen die Elektronenwellen gestreut werden.

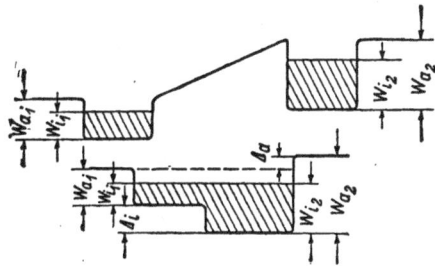

Abb. 18. Napfmodell der Elektronenenergie.
Nach Seeliger, Angewandte Atomphysik, Berlin 1938

Berühren zwei Metalle einander, deren Elektronenaustrittsarbeit ver-
schieden groß ist, so strömen von dem Metall mit der niedrigeren Austrittsarbeit so lange Elektronen in das Metall mit der höheren Austrittsarbeit, bis
sich zwischen beiden Metallen eine Potentialdifferenz ausgebildet hat, die gleich
der Differenz der beiden Austrittsarbeiten ist. Wir wollen uns diesen Vorgang
einmal an Hand der Abb. 18 veranschaulichen. Das hier gestellte „Napfmodell"
zeigt schematisch den Potentialverlauf innerhalb
eines Metallblocks und in dessen Umgebung; ein-
fachheitshalber sind hier die in Abb. 17 gezeichneten,
durch die Atomkerne bedingten Potentialberge fort-
gelassen. In der Ordinate ist die Energie, in der
Abszisse die räumliche Ausdehnung aufgetragen.
Die Energie W_i entspricht der Nullpunktenergie
der Elektronen, also der Energie W in Abb. 15, W_a
ist die Höchstenergie der Elektronen im Metall,
W_a—W_i also die Austrittsarbeit. Es seien nun
(Abb. 18) zwei verschiedene Metalle angenommen,
deren Energien W_a und W_i ebenfalls voneinander ver-

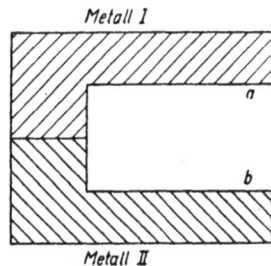

Abb. 19.
Kontaktpotentialanordnung

schieden sein sollen. Solange die Metalle sich noch nicht berühren, besteht
zwischen ihnen irgendeine Potentialdifferenz durch zufällige Aufladungen. Bringt
man die Metalle jedoch zur Berührung, so stellt sich ihr Elektronenniveau auf
die gleiche Höhe ein (Abb. 18), und so ergibt sich zwischen den beiden Metallen
infolge der verschiedenen Höhen der Potentialwälle über den Elektronenniveaus

[1]) E. Justi und H. Scheffers, Phys. Z. 30 (1929); 37, 383 (1939); Metallwirtschaft
17, 1357 (1938); E. Justi, Elektrotechn. Z. 62, 726/745 (1941).

eine Potentialdifferenz Δa, die gleich der Differenz der Austrittsarbeiten, nämlich gleich $(W_{a2} - W_{i2}) - (W_{a1} - W_{i1})$ ist. Diese Potentialdifferenz hebt sich
in geschlossenen Stromkreisen stets auf, was schon aus dem Gesetz von der
Erhaltung der Energie folgen muß. Wählt man jedoch eine Anordnung gemäß
Abb. 19, so kann man die Potentialdifferenz zwischen den Flächen a und b
nachweisen und auch messen, wodurch sich die Differenz der Austrittsarbeiten der beiden Metalle bestimmen läßt. Man pflegt solche Potentiale, da
sie bei der Berührung zweier Metalle auftreten, Kontaktpotentiale zu nennen.

Potentialsprung an der Grenzfläche Metall–Dielektrikum

Zwischen einer positiv geladenen Fläche mit der Ladungsdichte σ und einem
Elektron entsteht eine Anziehungskraft

$$K = 2\pi\sigma e^2,$$

wo $e =$ Elektronenladung ist. Befinden sich zwei verschiedenartig geladene
Flächen in einer Entfernung von d cm einander gegenüber und zwischen ihnen
ein Elektron, so übt die positive Flächenladung eine Anziehung und die negative Flächenladung eine Abstoßung auf das Elektron aus. Die Gesamtkraft-
wirkung auf das Elektron ergibt sich mit

$$2K = 4\pi\sigma e^2.$$

Soll ein Elektron durch diese geladene Doppelfläche hindurch, also aus dem
Raum, der hinter der negativen Ladungsschicht liegt, in den Raum, der vor
der positiven Ladungsschicht liegt, gebracht werden, so ist eine Arbeit zu leisten, das Elektron erfährt einen Energiezuwachs

$$2Kd = 4\pi\sigma e^2 d.$$

Zwischen zwei Punkten, die links und rechts von dem Doppelschichtsystem
(Abb. 20) liegen, besteht ein Potentialunterschied

$$\Delta V = 4\pi\sigma e d.$$

Wir wollen unsere Anordnung als ein Dipol betrachten, mit dem Dipolmoment

$$\mu = e d.$$

Aus der Gleichung des Potentialsprunges erhalten wir dann

$$\Delta V = 4\pi\sigma\mu.$$

Wird ein Elektron von nächster Nähe der Doppelschicht, z. B. vom Punkt A,
durch die beiden Schichten in die nächste Nähe, z. B. bis zum Punkt B, gebracht, so durchläuft es einen Potentialsprung von $4\pi\sigma\mu$. Kommt das Elektron
aus dem Unendlichen von links, so muß es zuerst gegen den Potentialberg anlaufen, und dann durchläuft es eine Potentialmulde. Für ein von links nach
rechts bewegtes Elektron ist es umgekehrt, zuerst durchläuft es eine Potentialmulde, und dann muß es einen Potentialberg überwinden.

Betrachten wir jetzt einmal ein Metall, das auf seiner Oberfläche eine adsorbierte Schicht eines Fremdstoffes trägt. Es mag zunächst ganz gleichgültig sein,
wie diese Schicht beschaffen ist, es ist in jedem Fall anzunehmen, daß das

Grenzflächenpotential durch das Vorhandensein der Schicht irgendwie beeinflußt wird. Man wird daher auch stets in der Lage sein, durch Messung des Grenzflächenpotentials einerseits beim reinen Metall, andererseits nach der Adsorption der Schicht über die Beschaffenheit der Schicht irgendwelche Aussagen zu machen.

Jede adsorbierte Schicht erzeugt an der Oberfläche des Adsorbens eine elektrische Doppelschicht, deren Zustandekommen bei der Adsorption von Ionen oder Dipolen (Abb. 20) leicht einzusehen ist. Das gleiche gilt bei solchen Molekülen, die in adsorbiertem Zustand ein induziertes Dipolmoment tragen. Ist nämlich μ das elektrische Moment der adsorbierten Schicht, bezogen auf die Flächeneinheit, so ist der Potentialsprung U in der Doppelschicht gegeben durch

$$U = \frac{\mu}{\varepsilon_0} \text{ Volt,}$$

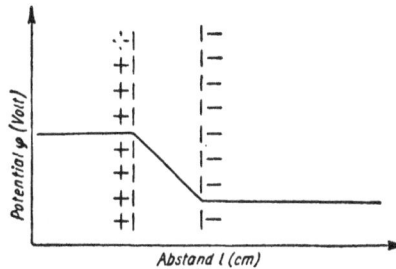

Abb. 20.
Potentialverlauf in einer elektrischen Doppelschicht

worin ε_0 die absolute Dielektrizitätskonstante bedeutet. Dieser Potentialsprung addiert oder subtrahiert sich dem Grenzflächenpotential je nach seinem Vorzeichen, so daß sich die Austrittsarbeit beim Vorhandensein derartiger Schichten entweder erhöht oder erniedrigt. Die größten Werte für U erhält man naturgemäß bei der Adsorption von Ionen. Beispielsweise ist (nach *Reimann*[1]) die Austrittsarbeit für

Reines Wolfram (massiv)	4,54 eV
Oxydiertes Wolfram	9,22 eV
Reines Zäsium (massiv)	1,81 eV
Zäsiumfilm auf Wolfram	1,36 eV
Zäsiumfilm auf oxydiertem Wolfram	0,71 eV

Die Sauerstoffatome werden als negative Ionen gebunden, es ist also bei der an der Wolframoberfläche entstehenden Doppelschicht die negative Seite außen. Infolgedessen müssen die Elektronen, die das Wolfram verlassen wollen, auch noch gegen die Potentialdifferenz der Doppelschicht anlaufen, wodurch sich die Gesamtaustrittsarbeit beträchtlich erhöht.

Bringt man Zäsium auf eine Wolframoberfläche, so werden die Zäsiumatome der Grenzschicht ionisiert, weil die Elektronenaffinität des Wolframs mit 4,54 eV größer ist als die Ionisierungsarbeit des Zäsiums (3,88 eV). Bei einer dicken Zäsiumschicht sind die ionisierten Atome noch von neutralen Atomen bedeckt, so daß man als Austrittsarbeit den Wert des massiven Zäsiums, also 1,81 eV, mißt. Sorgt man jedoch dafür, daß die Zäsiumschicht nur eine einzige Atomlage stark ist, dann besteht sie nur aus positiven Zäsiumionen, wodurch eine Doppelschicht mit der positiven Seite nach außen entsteht, die den Elek-

---

[1] A. L. Reimann, Thermionic Emission, London 1934.

tronenaustritt stark begünstigt, so daß man jetzt eine Elektronenaustrittsarbeit von nur 1,36 eV mißt. Noch ausgeprägter wird diese Situation, wenn man
eine monoatomare Cs-Schicht auf eine monoatomare O-Schicht aufbringt. Es
entsteht dann eine den Elektronenaustritt begünstigende Doppelschicht von
beträchtlichem Potentialsprung, so daß die Austrittsarbeit auf 0,71 eV sinkt.
Für eine Reihe von Metallen mit verschiedenen Schichten seien die Verhältnisse
in folgender Tabelle wiedergegeben:

Tabelle XII [1].

Schichtsubstanz	Trägermaterial	Austrittsarbeit in V Grenzwerte	Langwellige Grenze in Å
Natrium	Wolfram	2,10	5900
Natrium	Platin	2,10	5900
Kalium	Platin	1,62	7700
Rubidium	Platin	1,57	7950
Zäsium	Wolfram	1,36	9090
Zäsium	oxyd. Wolfram	0,71	17400
Zäsium	Platin	—	8950
Zäsium	Silber	—	8600...8950
Cs	oxyd. Ag	0,75	—
CaO aktiviert	PtIr	1,77	—
SrO aktiviert	PtIr	1,27	—
Ba	Ba	1,66	—
Ba	W	1,1	—
BaO aktiviert	oxyd. Wolfram	1,0...1,1	—
BaO/SrO aktiviert	PtIr	1,03	—
BaO/IrO aktiviert	PtNi	1,00	—
La	W	2,71	—
Zr	W	3,14	—
Th	W	2,62	—
Th	Mo	2,58	—
W-Oxyd	W	9,22	—
M	W	2,84	—

Man kann nun auch eine elektrische Doppelschicht an der adsorbierenden Oberfläche beobachten, wenn die adsorbierten Moleküle kein oder nur ein verschwin-
dend kleines Dipolmoment tragen. Hat nämlich die adsorbierte Schicht eine
von 1 verschiedene relative Dielektrizitätskonstante, was immer der Fall sein
wird, so wird sie durch das Feld der das Metall verlassenden Elektronen polarisiert, wodurch sich eine geringe Verkleinerung der Austrittsarbeit ergibt. Im
Gegensatz zu den durch elektrostatische Kräfte adsorbierten Schichten, die den
größten Potentialsprung bei monoatomarer Bedeckung zeigen, wird in diesem
Fall der Potentialsprung in der Grenzschicht um so größer sein, je dicker die
Schicht ist. Derartige Verhältnisse beobachtet man gelegentlich bei der Adsorption organischer Substanzen, wenn auch hier in den meisten Fällen noch

---

[1] J. D'Ans und E. Lax, Taschenbuch für Chemiker und Physiker, Berlin, Springer-
Verl. 1943, S. 192.

zusätzlich statische oder induzierte Dipolmomente in den adsorbierten Molekülen auftreten.

Die durch adsorbierte Schichten verursachte Potentialänderung erlaubt es grundsätzlich, vermittels der Methode des Elektronenspiegels zur Abbildung der Potentialverteilung auf Metalloberflächen die Ausdehnung und Verteilung der Schichten zu beobachten[1]).

Diese von R. Orthuber angegebene Methode beruht auf den Arbeiten von *G. Hottenroth*[2]) sowie *Henneberg*[3]) und *A. Recknagel*[3]), welche experimentell und theoretisch erwiesen haben, daß Elektronenstrahlen, ganz ähnlich wie es bei der Spiegelung von Lichtstrahlen der Fall ist, durch geeignete Maßnahmen in ihrer Richtung umgekehrt werden können. Die Spiegelung findet an einer relativ zur Kathode auf negativem Potential befindlichen Metalloberfläche statt. Hierbei werden nicht nur die kleinsten geometrischen Unregelmäßigkeiten der Oberfläche des bemerkenswerterweise kalt bleibenden „Elektronenspiegels" oder der „Spiegelelektrode" wiedergegeben, sondern auch geringe Unterschiede des elektrischen Potentials. Das Potentialbild der spiegelnden kalten Kathode wird in ein Elektronenbild und somit auch in ein unmittelbar beobachtbares Leuchtschirmbild umgewandelt. Es lag nahe, die Möglichkeit, kleine Potentialunterschiede durch Elektronenstrahlspiegelung abzubilden, auch zur Beobachtung von adsorbierten Schichten an eine Metalloberfläche, die ja auch von kleinen Potentialänderungen bedeutet, auszuwerten. Auf diese Weise ist es gelungen, an einer elektronenoptisch spiegelnden Nickelelektrode adsorbierte Bariumdampfschichten abzubilden. Weil bei dieser Methode die Spiegelelektroden, auf welcher sich die aufgedampften Schichten befinden, kalt bleibt, muß sie sich auch zur Beobachtung empfindlicherer und leicht verschwindender Schichten an Metallen verwenden lassen.

§ 7. Meßergebnisse zum Potentialsprung in adsorbierten Schichten

a) Meßverfahren, bei denen der Schichtträger Eektronen emittiert

Aus der auf den Seiten 65 und 66 angegebenen *Richardson* schen Gleichung kann man die Elektronenaustrittsarbeit einer Glühelektrode berechnen, wenn man die Emissionsstromdichte bei verschiedenen Temperaturen mißt. Man geht hierbei so vor, daß man aus dem zu untersuchenden Material eine (z. B. durch Stromdurchgang) leicht erhitzbare Elektrode herstellt und diese im Hochvakuum einer Gegenelektrode gegenüberstellt. Legt man eine hinreichend hohe Gleichspannung zwischen die Elektroden derart, daß die Glühelektrode Kathode ist, so kann man sämtliche emittierten Elektronen zur Gegenelektrode hinziehen und auf diese Weise den Emissionsstrom mit einem *Ampère*meter messen. Man erhält die Stromdichte, indem man den gemessenen Strom durch die Kathodenfläche dividiert. In Abb. 21 ist die praktische Ausführungsform einer solchen

[1]) M. Orthuber, Z. f. ang. Phys. *02*, 79 (1948).

[2]) G. Hottenroth, Ann. Phys. *30*, 689 (1937).

[3]) W. Henneberg und A. Recknagel, Z. techn. Phys. *16*, 621 (1935).

Anordnung dargestellt. Es ist hier V das Versuchsgefäß aus Glas, das über einen nicht mitgezeichneten Pumpstutzen dauernd auf Hochvakuum gehalten wird.

Zwischen den Punkten a und b ist ein Draht aus dem zu untersuchenden Material ausgespannt, der koaxial von drei Zylindern D, E und F umgeben ist. Der Draht kann durch einen Strom aus der Batterie B bis dicht unter seinen Schmelzpunkt erhitzt werden, wobei die Widerstände R zur Regulierung des

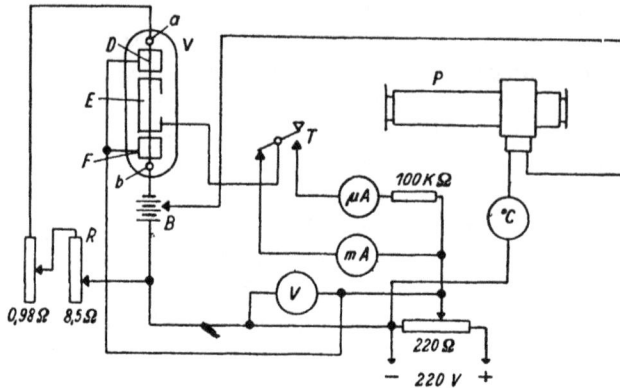

Abb. 21.
Versuchsanordnung zur Messung von Elektronenaustrittsarbeiten auf Grund der Richardsonschen Gleichung

Stromes und damit der Drahttemperatur dienen. Mittels der Taste T läßt sich je nach der Stärke des zu erwartenden Emissionsstromes ein mehr oder weniger empfindlicher Strommesser einschalten. Weil der Draht nur in der Mitte eine gleichmäßige Temperatur hat, wird nur der zum Zylinder E übergehende Elektronenstrom gemessen. Die beiden seitlichen Zylinder D und F dienen der Homogenisierung des Feldes und werden zu diesem Zweck auf demselben Potential wie E gehalten.

Die Temperaturmessung des Glühdrahtes geschieht mit dem optischen Pyrometer P; man visiert hierbei den Glühdraht durch ein in den Zylinder E gebohrtes Loch an.

Die Berechnung der Austrittsarbeit aus den bei verschiedenen Drahttemperaturen gemessenen Emissionsströmen geschieht folgendermaßen:

Logarithmiert man die *Richardson*sche Gleichung, so erhält man

$$\ln I_s - 2 \ln T = \ln A - b\left(\frac{1}{T}\right).$$

Trägt man nun die gemessenen Werte in einem Koordinationssystem auf, dessen Abszisse in $1/T$ und dessen Ordinate in $\ln I_s - 2 \ln T$ geteilt ist, so erhält man eine Gerade, deren Neigungswinkel der Austrittsarbeit proportional ist und die auf der Ordinate eine Strecke abschneidet, die gleich $\ln A$ ist. In Abb. 22 ist eine solche Gerade gezeichnet. P_1 und P_2 sollen hier zwei Meßpunkte sein, die bei den Temperaturen T_1 und T_2 die Emissionsstromdichten I_1 und I_2 ergeben.

Dann erhält man: $\ln I_2 - 2 \ln T_2 = \ln A - b\left(\dfrac{1}{T_2}\right)$ und

$$\ln I_1 - 2 \ln T_1 = \ln A - b\left(\frac{1}{T_1}\right).$$

Subtrahiert man diese beiden Gleichungen voneinander, so erhält man:

$$\ln I_2/I_1 + 2 \ln T_1/T_2 = b\left(\frac{1}{T_1} - \frac{1}{T_2}\right),$$

woraus sich $b = \operatorname{tg}\alpha$ ergibt.

Mißt man nun einmal die Austrittsarbeit des reinen Adsorbens und wiederholt die Messung, nachdem man eine Adsorptionsschicht aufgebracht hat, so kann man aus der Differenz der Austrittsarbeiten den Potentialsprung der durch die Adsorption entstandenen Doppelschicht entnehmen. Natürlich ist dieses Verfahren nur für solche Adsorptive geeignet, die ausreichend temperaturbeständig sind, es kommen daher nur Schichten aktiviert adsorbierter Gase und Fremdmetallschichten für dieses Meßverfahren in Frage.

Ein weiteres Verfahren besteht darin, daß man die langwellige Grenze der lichtelektrischen Emission bestimmt. Diese ist mit dem Grenzflächenpotential φ durch die Beziehung

$$\lambda_{\max} = \frac{c\,h}{e\,\varphi}$$

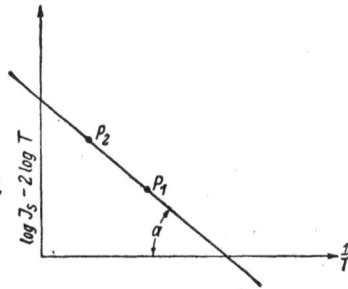

Abb. 22. Richardsonsche Gerade

verknüpft, worin c die Lichtgeschwindigkeit, h das Plancksche Wirkungsquantum und e die Elektronenladung bedeuten. Dieses Verfahren hat den Vorteil, daß die zu untersuchende Schicht bzw. der Schichtträger nicht erwärmt zu werden braucht. Zur Durchführung der Messungen kann man so vorgehen, daß man den Schichtträger zusammen mit einer Gegenelektrode in einem evakuierten Glasgefäß unterbringt, zwischen beide Elektroden eine passende Spannungsdifferenz legt (die bewirkt, daß sämtliche emittierten Elektronen zur Gegenelektrode gelangen und mit zum gemessenen Strom beitragen) und jetzt bei konstanter Lichtstärke den Photostrom als Funktion der Wellenlänge aufnimmt. In den meisten Fällen wird man wegen der hohen Austrittsarbeiten der interessierenden Stoffe mit ultraviolettem Licht arbeiten müssen, so daß das Versuchsgefäß ein Quarzfenster erhalten muß. Die bei diesem Verfahren auftretenden experimentellen Schwierigkeiten sind beträchtlich, ganz abgesehen davon, daß man bei Zimmertemperatur wegen der verschiedenen thermischen Energien der Elektronen (vgl. Abb. 15) kein plötzliches Verschwinden des Photostromes bei einer bestimmten Wellenlänge erhält, sondern ein mehr oder weniger allmähliches Verschwinden des Photostromes bei wachsender Wellenläng beobachtet; dieses Verfahren kann daher keine genauen Ergebnisse liefern.

Vorteilhafter ist es schon, wenn man die zu untersuchende Fläche mit mono-
chromatischem Licht bestrahlt und die kinetische Energie der austretenden
Elektronen mißt. Zu diesem Zweck läßt man die Elektronen gegen ein elektrisches Feld anlaufen und stellt die Spannungsdifferenz U fest, die sie gerade
noch überwinden können. Auf Grund der auf S. 72 angegebenen *Einstein*schen
Gleichung erhält man für das gesamte Grenzflächenpotential

$$\varphi = \frac{H\,\nu}{e} - U \text{ Volt},$$

wenn ν die Frequenz des benutzten Lichtes ist. Man geht hier nun ebenfalls so
vor, daß man φ einmal mit, einmal ohne adsorbierte Schicht mißt, wobei dann
die Differenz beider Werte gleich dem Potentialsprung in der durch die Adsorption gebildeten elektrischen Doppelschicht ist.

b) Meßverfahren, bei denen keine Elektronenemission durch den Schichtträger stattfindet (Kontaktpotentialverfahren)

Erinnern wir uns der in Abb. 19 gezeichneten Anordnung. Hier besteht zwischen
den beiden Metallflächen a und b eine Potentialdifferenz, die gleich der Differenz
der Grenzflächenpotentiale der beiden Metalle ist. Diese Potentialdifferenz erzeugt zwischen a und b ein elektrisches Feld, das sich mit den üblichen experimentellen Hilfsmitteln ausmessen läßt, so daß man hieraus auch die Potentialdifferenz in einfacher Weise bestimmen kann. Macht man nun eine Messung bei
reinen Metallflächen und eine zweite Messung, nachdem eine der beiden Flächen
von einer adsorbierten Schicht bedeckt wurde, so erhält man aus der Differenz
wieder den Potentialsprung der Doppelschicht.
Zur Ausmessung des elektrischen Feldes kommen hier zwei Verfahren in Betracht, nämlich entweder die Beobachtung des Verhaltens von Ladungsträgern
(z. B. Elektronen) im Feldraum oder die Bestimmung der Verschiebungsdichte
D. Im ersten Falle kann man so vorgehen, daß man die eine der Metallflächen
als Glüh- und Photokathode ausbildet, zwischen die beiden Metallflächen eine
Spannung legt und den auftretenden Elektronenstrom als Funktion dieser
Spannung aufträgt. Infolge der Elektronenraumladung erhält man dann eine
Kurve gemäß Abb. 23, d. h. der Elektronenstrom wächst mit der 3/2-Potenz
der Spannung. Herrscht zwischen den beiden Metallflächen eine Kontaktpotentialdifferenz, so addiert sich diese der angelegten Spannung, weshalb man zunächst einmal nicht weiß, bei welcher Gesamtspannung man die Messung durchgeführt hat. Eine Bestimmung des Absolutwertes der wirksamen Spannung er-
übrigt sich jedoch, weil hier ja nur die durch die Adsorption bewirkten Diffe-
renzen interessieren. Nimmt man nun einmal eine Kurve nach Abb. 23 bei
reiner Gegenelektrode auf und wiederholt die Messung, nachdem sich die Gegenelektrode mit einer Adsorptionsschicht bedeckt hat, so erhält man eine neue
Kurve, die ein wenig nach rechts oder links verschoben ist (Abb. 24). Aus dieser
Verschiebung kann man die Größe des Potentialsprunges in der Doppelschicht
direkt ablesen. Bei der Ausführung der Messungen ist natürlich streng darauf

zu achten, daß die Emissionseigenschaften der Glühkathode unverändert bleiben, weshalb man die Gegenelektrode in einem abtrennbaren Teil des Versuchsgefäßes mit dem zu untersuchenden Adsorptiv in Kontakt bringt und sie dann wieder in die Nähe der Glühkathode, die ständig im Hochvakuum verblieb, zurückführt. Hierbei muß durch Anschläge oder dergleichen dafür gesorgt werden, daß die beiden Elektroden wieder genau dieselbe Stellung zueinander einnehmen, da die Steigung der Kurven sonst voneinander abweicht. Da die Messung im Hochvakuum vor sich geht, herrscht natürlich kein Gleichgewichtszustand mehr zwischen Gas und Adsorptionsschicht, und die adsorbierten Moleküle verflüchtigen sich langsam. Dieser Vorgang wird durch die Wärmestrahlung der Glühkathode beschleunigt, so daß man, um reproduzierbare Werte zu erhalten, die Messungen ziemlich rasch durchführen muß.

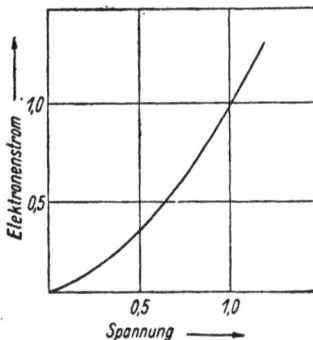

Abb. 23.
Stromspannungskurve der Elektronenemission im Raumladungsgebiet

Ein hierzu geeignetes Verfahren ist das Anlaufspannungsverfahren, das ähnlich der unter a) angegebenen Methode darin besteht, daß man diejenige Spannung mißt, gegen die die mit ihrer thermischen Energie aus der Glühkathode austretenden Elektronen gerade noch anlaufen können. Man könnte hierbei so vorgehen, daß man in die Nähe der Glühkathode eine gut isolierte Gegenelektrode bringt, deren Aufladung man mit einem Elektrometer mißt. Diese Elektrode müßte sich dann auf diejenige Spannung aufladen, die der Energie der schnellsten Elektronen entspricht. Aus der Geschwindigkeitsverteilung der aus einer Glühkathode austretenden Elektronen (vgl. S. 65 ff.) folgt aber, daß sich die Gegenelektrode um so höher aufladen würde, je besser man sie isoliert. Es ist daher zweckmäßig, als „Anlaufspannung" diejenige Spannung zu bezeichnen, bei der nur noch ein bestimmter Bruchteil aller Elektronen, beispielsweise 1%, zur Gegenelektrode gelangt. Die wirksame Anlaufspannung summiert sich nun aus der außen angelegten Spannung und der Kontaktpotential-

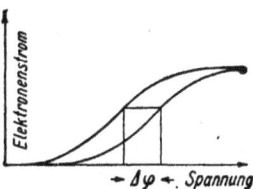

Abb. 24. Verschiebung der Stromspannungskurve einer Elektrodenemissionsanordnung durch Bildung einer elektrischen Doppelschicht auf der Anode

differenz zwischen den beiden Elektroden. Bedeckt man daher die Gegenelektrode mit einer Adsorptionsschicht, die einen bestimmten Potentialsprung an der Oberfläche zur Folge hat, so mißt man einen anderen Wert der Anlaufspannung, wobei die Differenz beider Meßwerte gleich dem Potentialsprung in der Doppelschicht ist.

Aber auch bei diesem Verfahren hat man immer noch eine Glühkathode mit ihrer Wärmestrahlung in der Nähe der Adsorptionsschicht, und es kommt hinzu, daß einige der frei werdenden Moleküle auf die Glühkathode geraten, dort thermisch dissoziiert werden und die Glühkathodenoberfläche mit Zersetzungsprodukten bedecken, wodurch sich die Emissionsfähigkeit ändert.

Es ist daher zweckmäßiger, ein Verfahren anzuwenden, das auf die Anwesenheit von Ladungsträgern im Feldraum verzichtet und daher Glüh- und Photokathoden mit ihren unangenehmen Begleiterscheinungen von vornherein vermeidet. Ein solches Verfahren, das auf dem *Volta* schen Fundamentalversuch beruht, wurde von *Kelvin*[1]) zum erstenmal beschrieben. Hiernach ordnet man die beiden Platten, zwischen denen man die Kontaktpotentialdifferenz bestimmen will, nach Art eines Kondensators an. Verbindet man jetzt die beiden Platten untereinander und mit Erde, so gleichen sich alle etwa vorhandenen Ladungen aus, nur die Kontaktpotentialdifferenz bleibt bestehen und mit ihr ein elektrisches Feld zwischen den Platten. Ändert man jetzt rasch die Kapazität der Anordnung, etwa indem man die Platten auseinanderzieht, so tritt eine Ladungsveränderung auf den Platten ein, es fließt ein Ausgleichsstrom durch die Verbindungsleitungen, der sich mit einem empfindlichen Elektrometer leicht nachweisen läßt. Bei gleichbleibender Kapazitätsänderung wird der Elektrometerausschlag der Kontaktpotentialdifferenz proportional sein. Da die elektrometrische Ladungsmessung unbequem und manchen Fehlerquellen ausgesetzt ist, legt man nach *Kelvin* eine veränderliche Kompensationsgleichspannung an die Platten, die man so abgleicht, daß der Elektrometerausschlag während der Kapazitätsänderung gerade Null ist. Dann ist die mit einem technischen Voltmeter meßbare Kompensationsspannung entgegengesetzt gleich der Kontaktpotentialdifferenz. Macht man nun wieder eine Messung bei reinen Platten und eine zweite Messung, nachdem eine der Platten mit einer Adsorptionsschicht bedeckt wird, so erhält man den Potentialsprung in der durch die Adsorption hervorgerufenen elektrischen Doppelschicht. Auch hier muß man, um gleichzeitiges Bedecken beider Platten mit dem Adsorptiv zu vermeiden, den Adsorptionsvorgang in einer getrennten Kammer vornehmen und die Messung dann im Hochvakuum durchführen. Man hat hier jedoch gegenüber dem ersten Verfahren den Vorteil, daß sich keine heißen Teile in der Nähe befinden und daß daher die adsorbierten Schichten wesentlich beständiger sind. Man beobachtet Lebensdauern von mehreren Minuten bis zu einer Stunde.

c) Meßergebnisse über den Potentialsprung in adsorbierten Schichten

Die im ersten Teil des vorigen Abschnittes angegebenen Meßmethoden zur Ermittlung des Potentialsprunges in einer elektrischen Doppelschicht an der Oberfläche eines Metalles sind nur für sehr beständige Oberflächenschichten anwendbar, weil sie ja durch den Vorgang der Elektronenbefreiung auf der Metalloberfläche nicht zerstört werden dürfen. Sie finden daher hauptsächlich bei der Untersuchung von Oxyd- oder Alkalimetallschichten in der Röhrentechnik Verwendung. Da die Frage der Herabsetzung der Austrittsarbeit des Kathodenmaterials für sämtliche Elektronengeräte von grundlegender Wichtigkeit ist, sind seitens der Industrie zahlreiche Versuche auf diesem Gebiet gemacht wor-

---

[1]) Lord Kelvin, Phil. Mag. (5) 46, 82 (1898).

den. Einzelheiten hierüber und Literaturangaben findet man bei *Dushman*[1]),
de Boer[2]), *Schottky*[3]), *Espe-Knoll*[4]) und anderen.

Auch bei aktiviert adsorbierten Gasen kann man noch mit der glühelektrischen
Methode arbeiten, man erhält beispielsweise bei Sauerstoff und Stickstoff eine
Erhöhung der Austrittsarbeit um einige eV, was darauf hindeutet, daß sich an
der Metalloberfläche eine elektrische Doppelschicht mit der Minusseite nach
außen bildet. Bei weniger beständigen Schichten empfiehlt es sich jedoch, die
Elektronen nicht glühelektrisch, sondern lichtelektrisch auszulösen, wobei jedoch darauf zu achten ist, daß die Dissoziationsenergie der adsorbierten Moleküle größer bleibt als die Energie der eingestrahl-
ten Lichtquanten.

Eine für derartige Messungen benutzte Versuchsanordnung ist in Abb. 25 schematisch dargestellt.
In einem evakuierbaren Glasgefäß *V* befindet sich
ein Streifen aus Aluminiumfolie *Al*, der über die
Leitungen *a* und *b* durch Stromdurchgang bis zur
dunklen Rotglut dicht unter seinen Schmelzpunkt
erhitzt werden kann. Der hierzu nötige Strom
wird dem Wechselstromnetz über den Transfor-
mator *T* und den Regelwiderstand *R₁* entnommen.
Außerdem ist noch eine Batterie *B* vorhanden, der
eine durch das Potentiometer *R₃* beliebig einstell-
bare Spannung bis etwa 20 V entnommen werden
kann. Diese Spannung kann über das Galvanometer *G* und den Sicherheitswiderstand *R₂* einem
im Versuchsgefäß befindlichen Kupferring *Cᵤ* zu-
geführt werden. Fällt jetzt durch das Quarzfenster *Q* ultraviolettes Licht einer Quecksilber-

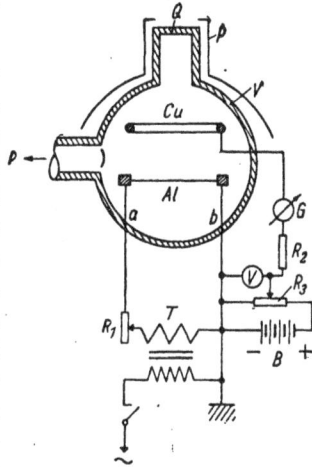

Abb. 25. Versuchsanordnung zur
Messung des Potentialsprunges in
adsorbierten Schichten mittels lichtelektrisch ausgelöster Elektronen

dampflampe auf die Aluminiumfolie, so emittiert diese Elektronen, die unter
dem Zuge des elektrischen Feldes zum Kupferring hinwandern. Nimmt man
den Elektronenstrom als Funktion der angelegten Spannung auf, so erhält
man eine Kurve gemäß Abb. 26. Läßt man jetzt das zu untersuchende Gas in
das Gefäß eintreten und pumpt wieder ab, so haben sich Aluminiumfolie und
Kupferring mit einer Adsorptionsschicht bedeckt. Nimmt man jetzt die Stromspannungskurve wieder auf, so ist die neue Kurve gegen die alte in der Abszissen-
richtung etwas verschoben, da sich jetzt an der Aluminiumfolie und am Kupferring elektrische Doppelschichten gebildet haben, deren Potentialsprünge sich
der angelegten Spannung addieren. Entgast man jetzt die Aluminiumfolie
durch mehrmaliges stoßweises Ausglühen im Hochvakuum und nimmt aber-

---

[1]) S. Dushman, Int. Crit. Tables *6*, 53 (1930); Electr. Engng. *53*, 1054 (1934); Rev.
Mod. Phys. *2*, 381 (1930).

[2]) J. H. de Boer, Elektronenemission und Adsorptionserscheinungen, Leipzig 1937.

[3]) W. Schottky und H. Rothe, Physik der Glühelektronen in Wien-Harms, Handbuch der Experimentalphysik 13, 1.

[4]) W. Espe und M. Knoll, Werkstoffkunde der Hochvakuumtechnik, Berlin 1936.

mals eine Kurve auf, so ist sie gegen die vorherige wieder verschoben, und zwar ist der Betrag dieser Verschiebung gleich dem Potentialsprung in der Doppelschicht, die sich auf der Aluminiumfolie gebildet hatte. Durch das Aus-

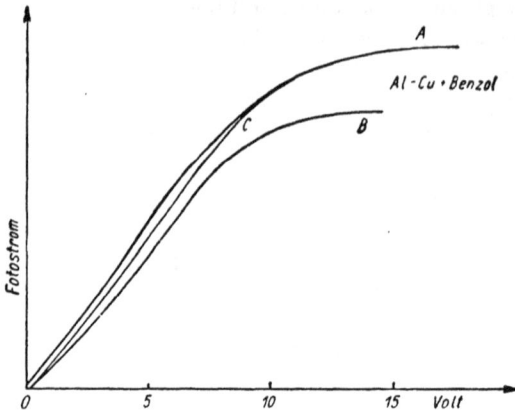

Abb. 26. Verschiebung der Stromspannungskurve der An-ordnung nach Abb. 25 durch die Bildung elektrischer Doppelschichten

glühen hat die Aluminiumfolie ihre Adsorptionsschicht verloren, während der Kupferring die seinige behalten hat. Durch Aus-glühen mittels einer darüber-geschobenen Hochfrequenzspule läßt sich dann auch der Kupfer-ring von seiner Schicht befreien. Ferner ist noch eine Umhüllung aus schwarzem Papier P vor-gesehen, die verhindert, daß der Kupferring vom Licht getroffen wird.

In Abb. 26 sind solche Kurven dargestellt; Kurve A gibt die zuerst aufgenommene Kurve des Ausgangszustandes (beide Elektroden sauber) wieder, Kurve B entstand, nach-dem sich beide Elektroden 10 Minuten lang in einer Benzoldampfatmosphäre von 60 tor Druck befunden hatten, und man erhielt schließlich Kurve C, nach-dem die Aluminiumfolie sechsmal ausgeglüht worden war. Den Potentialsprung in der Doppel-schicht auf der Aluminiumoberfläche erhält man aus der Verschiebung der Kurve C gegen die Kurve B. Da die Kurven nicht genau parallel verlaufen, muß man aus den einzelnen Abstands-werten einen Mittelwert bilden, man erhält 0,74 V im Sinne einer Erhöhung der Austrittsarbeit.

Will man physikalisch adsorbierte Stoffe unter-suchen, so ist in allen Fällen nur ein Kontakt-potentialverfahren brauchbar, weil hier die Ad-sorptionsenergie so gering ist, daß die Schicht eine Auslösung von Elektronen aus dem Trägermetall nicht überleben würde. Es seien zunächst die Er-gebnisse einiger Messungen mitgeteilt, bei denen die Kontaktpotentialänderung aus der Verschie-bung von Stromspannungscharakteristiken im Raumladegebiet bestimmt wurde.

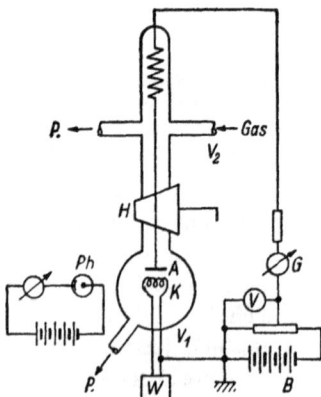

Abb. 27. Versuchsanordnung zur Messung von Kontaktpotentialänderungen aus der Verschiebung von Stromspannungs-charakteristiken im Raumladegebiet

Die hierzu benutzte Versuchsanordnung (Abb. 27) besteht aus einem auf Hoch-vakuum gehaltenen gläsernen Versuchsgefäß V, in dem sich eine Glühkathode K befindet. Um einen Potentialabfall längs der Kathode zu vermeiden, wird sie mit Wechselstrom geheizt, der, um von den Spannungsschwankungen des Licht-netzes unabhängig zu sein, einem Röhrengenerator W entnommen wird. Die

Kathodentemperatur wird mit der Photozellenanordnung *Ph* überwacht. In geringerem Abstand von der Kathode befindet sich die Anode *A*, die die zu untersuchende Adsorptionsschicht tragen soll. Zu diesem wird die Anode nach einer voraufgegangenen mechanischen Reinigung in das Versuchsgefäß eingebracht und im Hochvakuum mehrere Male geglüht. Hierauf wird die Kathode auf eine bestimmte Temperatur geheizt und der zur Anode übergehende Elektronenstrom als Funktion der zwischen den beiden Elektroden liegenden Spannung, die der Batterie *B* entnommen wird, gemessen. Daraufhin wird die Anode in das Gefäß V_2 gehoben und der Hahn *H* geschlossen. In V_2 kann jetzt das zu untersuchende Gas eingelassen werden, so daß sich die Anode mit einer Adsorptionsschicht bedeckt. Nach Abpumpen des Gases aus V_2 wird *H* wieder geöffnet, die Anode zurückgefahren und abermals eine Stromspannungskurve aufgenommen. Aus der Verschiebung der Kurve gegenüber der zuerst gemessenen läßt sich wiederum der Potentialsprung in der durch die Adsorption hervorgerufenen Doppelschicht bestimmen. Das Meßverfahren ähnelt in ge-

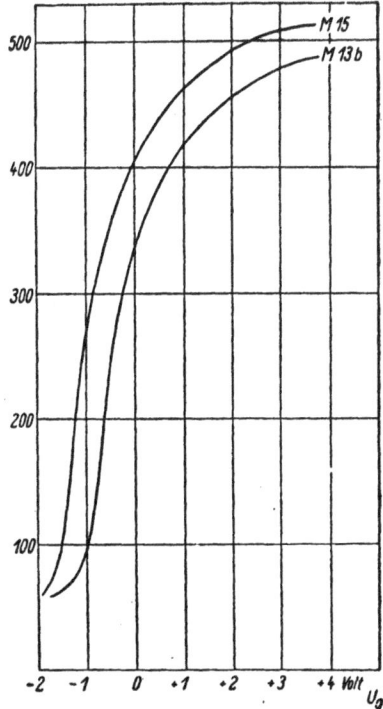

Abb. 28. Verschiebung der Stromspannungscharakteristik einer Elektronenemissionsanordnung nach Abb. 27. Ordinate: Elektronenstrom in willkürlichen Einheiten. Abszisse: Angelegte Spannung

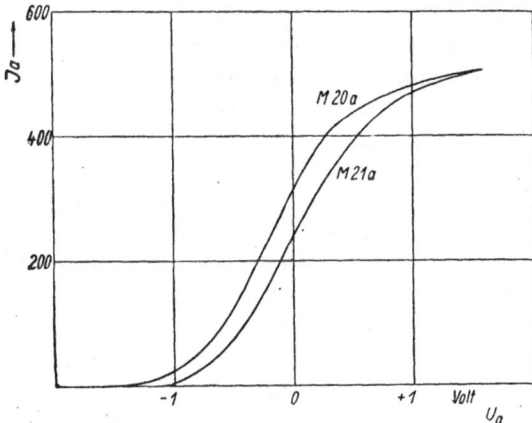

Abb. 29. Verschiebung der Stromspannungscharakteristik einer Elektronenemissionsanordnung nach Abb. 27. Ordinate: Elektronenstrom in willkürlichen Einheiten. Abszisse: Angelegte Spannung. Es bedeuten: Kurve M 21 a: Beide Elektroden entgast; Kurve M 20 a: Anode 5 Minuten lang einer CH_3OH-Atmosphäre (Druck 90 tor) ausgesetzt

wisser Weise dem zuvor beschriebenen, nur daß hier nicht die emittierende, sondern die Gegenelektrode der Träger der Adsorptionsschicht ist. Wie bereits erwähnt, ist die Beständigkeit der Schicht durch die Wärmestrahlung der Kathode gefährdet, weshalb man zweckmäßigerweise die Kathodentemperatur niedrig hält und den dann natürlich sehr schwachen Anodenstrom mit einem empfindlichen Galvanometer mißt.

Abb. 28 zeigt solche Kurven, wie sie durch die Adsorption von Methanoldampf an Molybdänblech gewonnen wurden. Hierbei

ist die mit „M 13 b" bezeichnete Kurve mit der reinen, mehrfach aus-
geglühten Molybdänelektrode aufgenommen worden, während sich die mit
„M 15" bezeichnete Kurve ergab, nachdem die Molybdänanode im Gefäß V_2
5 Minuten lang unter Methanoldampf von 75 tor Druck gestanden hatte. Es
ergibt sich eine Verschiebung von 0,6 V im Sinne einer Erniedrigung der Austrittsarbeit. Die erhaltenen Ergebnisse sind jedoch nicht gut reproduzierbar,
bei einer Änderung der Versuchsbedingungen, z. B. Auswechseln der Elektroden
gegen andere aus dem gleichen Material, erhält man andere Kurven-
verschiebungen. Beispielsweise zeigt Abb. 26 eine Wiederholung des Versuches
mit anderen Elektroden, aber gleichen Beladungsbedingungen. Die Kurven-
verschiebung ist hier wesentlich kleiner, nur etwa 0,2 V.
Um die Meßzeit abzukürzen und damit auch unbeständigere Schichten noch erfassen zu können, arbeitet man vorteilhafterweise mit dem Anlaufspannungs-

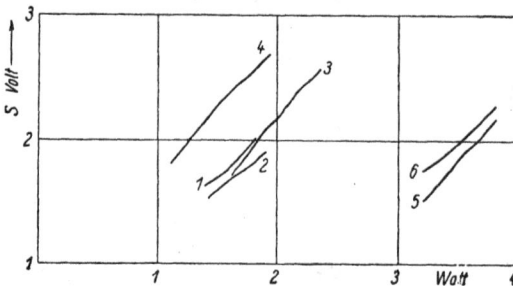

Abb. 30

verfahren. Die Versuchsanordnung ist hier dieselbe wie in
Abb. 27 angegeben, nur daß
man jetzt die Anode mit einem
Elektrometer verbindet und
ihre Aufladung durch die
aus der Kathode austretenden
Elektronen mißt. Da die Aufladung des Elektrometers aber
außer von der Elektronenge-
schwindigkeit auch noch von

der meist veränderlichen Qualität der Anodenisolation abhängt, ist es vorteilhafter, die in Abb. 27 angegebene Schaltung beizubehalten, die Batterie umzu-
polen und diejenige Spannung als Anlaufspannung zu notieren, bei der der Elektronenstrom auf 1% des Sättigungsstromes zurückgegangen ist. Um bei allen
Messungen mit den gleichen Elektronengeschwindigkeiten zu arbeiten, ist es
natürlich erforderlich, die Temperatur der Kathode gut konstant zu halten oder
aber die Meßergebnisse auf eine bestimmte Kathodentemperatur zu reduzieren.
Man erhält dann beispielsweise bei reiner Anode und einer bestimmten
Kathodentemperatur eine Anlaufspannung von 1,64 Volt, und nach Beladung
der Anode mit irgendeinem Gas eine solche von 1,51 Volt. Das bedeutet, daß
die Elektronen in der Adsorptionsschicht eine bremsende Doppelschicht durch-
laufen müssen, bevor sie zur Anode gelangen können. Die Doppelschicht liegt
also mit der positiven Seite nach außen auf der Anode, ihr Potentialsprung ergibt sich aus der Differenz der Anlaufspannungen zu 0,13 Volt. Um die Zuverlässigkeit der Resultate zu erhöhen, wurden die Anlaufspannungen als Funktion der Heizleistungen aufgenommen. Da die Maximalenergie der Elektronen
der Temperatur direkt proportional ist und andererseits, falls die gesamte Heiz-
energie als Wärmestrahlung abgestrahlt wird, die Heizleistung der 4. Potenz
der Temperatur proportional sein muß, zeigen die gradlinig verlaufenden Kurven der Abb. 30, daß bei den niedrigen Kathodentemperaturen der größte Teil
der Wärmeenergie durch die Halterungen abfließt. Die Kurven bedeuten:

1 Anode ausgeglüht und durch Elektronenbombardement gereinigt.

2 Anode mit C_5H_{12} bei 535 tor 1 Minute beladen.

3 Anode ausgeglüht und durch Elektronenbombardement gereinigt.

4 Anode nach zwei Tagen Ruhepause, während der sie zweimal geglüht
wurde, erneut geglüht und 5 Minuten lang in 520 tor C_5H_{12} gebracht.

5 Nach Einbau eines neuen Elektrodensystems beide Elektroden ausgeglüht
und Anode durch Elektronenbombardement gereinigt.

6 Anode einige Minuten mit 550 tor C_5H_{12} beladen.

In allen Fällen bestand die Anode aus Molybdänblech, während als Kathode
ein.0,1 mm starker Wolframdraht eingebaut war. Man sieht auch hier, daß die
Reproduzierbarkeit der Ergebnisse stark zu wünschen übrigläßt. Bei den Kurven 1 und 2 erhält man durch die Pentanbeladung eine Verschiebung um
+ 0,14 Volt, bei den Kurven 3 und 4 hingegen eine solche von — 0,58 Volt und
schließlich bei den Kurven 5 und 6 Werte zwischen — 0,12 und — 0,18 Volt.
Die Ursachen hierfür sind wohl teils in einem unkontrollierbaren Bedecken der
Elektroden mit irgendwelchen Gasresten, teils mit einer Änderung des Kristall-
gefüges der Anode durch das wiederholte Glühen und Bombardieren mit Elektronen zu suchen.

Will man besser reproduzierbare Ergebnisse erhalten, so ist es vorteilhaft, die
Anwesenheit von Ladungsträgern im Feldraum zu vermeiden und das Kontaktpotential und seine Änderungen aus einer Messung der Verschiebungsdichte zu
bestimmen. Geeignete Meßverfahren hierfür wurden von Kelvin[1]), v. Ende[2]),
Duhn[3]) u. a. angegeben. Aus der letztgenannten Arbeit sei hier die Versuchsanordnung beschrieben, die in Abb. 31 schematisch dargestellt ist. Im Versuchsgefäß 1, das durch eine Pumpe ständig auf Hochvakuum (p 3.10^{-6} tor) gehalten
wird, befinden sich zwei Elektroden 2 und 3. Die Elektroden haben einen Durchmesser von 18 mm und sind im Ruhestand 2 mm voneinander entfernt. Mit dem
Eisenkörper 6 und einer (nicht mitgezeichneten) Magnetspule kann nur die Elektrode 2 so weit gehoben werden, bis sie sich oberhalb des Hahnes 5 befindet
und dieser geschlossen werden kann. Der oberhalb des Hahnes 5 befindliche
Teil der Apparatur wird normalerweise ebenfalls durch eine Pumpe auf Hochvakuum gehalten, kann aber auch mit dem im Ballon 7 befindlichen Gas, dessen
Druck am Manometer 8 abgelesen werden kann, gefüllt werden, so daß die Elektrode 2 dem Aufprall der Gasmoleküle ausgesetzt ist und einen Teil davon absorbiert, während die Elektrode 1 unverändert im Hochvakuum bleibt. Nach
Beendigung der Beladung wird der obere Teil der Apparatur wieder leer ge-
pumpt, Hahn 5 geöffnet und die Elektrode 2 herabgelassen. Jetzt kann die
Änderung ihres Kontaktpotentials gegen 1, hervorgerufen durch die Adsorption
von Gasmolekülen, gemessen werden. Hierzu werden die beiden Elektroden
zunächst leitend miteinander verbunden und geerdet. Dadurch wird die Potentialdifferenz, mit Ausnahme der Kontaktpotentialdifferenz, Null. Um letztere
messen zu können, wird die Verbindung der Elektroden wieder getrennt und in

---

[1]) Lord Kelvin, Phil. Mag. (5) 46, 82 (1898).

[2]) W. Ende, Phys. Z. 30, 477 (1929).

[3]) J. H. v. Duhn, Ann. d. Phys. (5), 43, 37 (1943).

die obere Elektrode mit der Magnetspule ein kurzes Stück gehoben, wodurch auf das Elektrometer 9 eine Ladung influenziert wird, die der Kontaktpotential-differenz proportional ist. Um die vielen Fehlerquellen ausgesetzte elektrome-trische Ladungsmessung zu vermeiden, führt man nach Kelvin[1]) der Gegen-elektrode (hier 2) eine veränderliche Gleichspannung zu, die man so abgleicht,

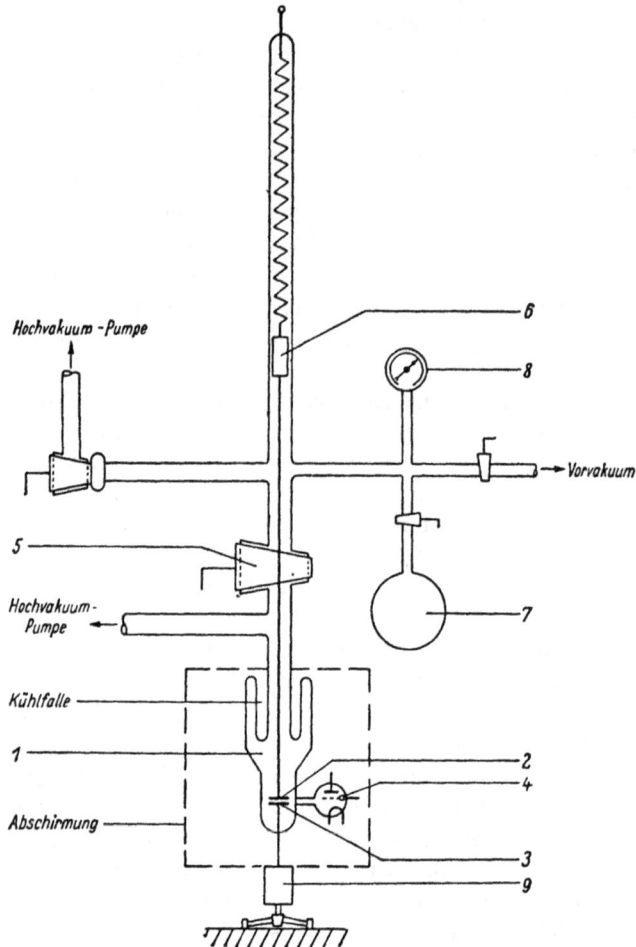

Abb. 31

daß der Elektrometerausschlag beim Anheben der Elektrode gerade Null ist. In diesem Fall ist die angelegte Gleichspannung, die sich mit einem technischen Voltmeter messen läßt, der gesuchten Kontaktpotentialdifferenz entgegen-gesetzt gleich. Diese Methode wurde später noch von Vieweg[2]) und Ende[3]) be-

[1]) Lord Kelvin, Phil. Mag. (5) 46, 82 (1898).
[2]) R. Vieweg, Ann. d. Phys. 74, 146 (1924).
[3]) W. Ende, Phys. Z. 30, 477 (1929).

schrieben. Es wurden in dieser Weise für jedes der untersuchten Gase die Kontaktpotentialänderungen bei verschiedenen Beladungsdrucken gemessen. Auf diese Art entstehen Meßpunkte, die sich zu Kurven vereinigen lassen, die die Abhängigkeit der durch Sorption hervorgerufenen Kontaktpotentialänderung vom Beladungsdruck darstellen. Sollen Stoffe untersucht werden, die bei Zimmertemperatur flüssig sind, so wird der Ballon 7 nur so weit mit dem betreffenden Dampf gefüllt, daß der in ihm herrschende Druck nur etwa 10% des jeweiligen Sättigungsdruckes beträgt, um Kondensationen mit Sicherheit zu vermeiden. Die Reinigung der Elektroden erfolgt durch Glühen im Hochvakuum (Wirbelstromerhitzung), und zwar so lange, bis sich die Kontaktpotentialdifferenz durch weiteres Glühen nicht mehr ändert. Mit dem Ionisationsmanometer 4 kann das Vakuum im Versuchsgefäß kontrolliert werden.

Hierbei ergibt sich in einigen Fällen eine Abhängigkeit der Kontaktpotentialdifferenz vom Beladungsdruck, der zwischen 2 und 10^{-4} tor variiert wird. Diese Erscheinung wird einerseits auf ein Anwachsen der adsorbierten Schicht, andererseits auf einen mit dem Beladungsdruck zunehmenden Einbau der adsorbierten Moleküle in das Metallgitter zurückgeführt. Ferner zeigen sich Abhängigkeiten der Kontaktpotentialdifferenz vom Elektronenaufbau der adsorbierten Metalle und bei einigen Versuchsreihen auch von der Molekularrefraktion des Adsorptivs. Die Dipolmomente der Adsorptive sind ohne Einfluß auf die gemessenen Kontaktpotentialdifferenzen.

Die Größenordnung der gemessenen Kontaktpotentialdifferenzen liegt zwischen $\pm$ 0,8 Volt, ist also wesentlich kleiner als die im Inneren dielektrischer Flüssigkeiten vermuteten Änderungen der Elektronenaustrittsarbeit von Metallen. Es ist natürlich nicht ausgeschlossen, wenn auch im Hinblick auf Vorversuche nicht sehr wahrscheinlich, daß bei höheren Beladungsdrucken noch größere Kontaktpotentialänderungen auftreten, die sich den in Flüssigkeiten vermuteten Werten angleichen. Versuchen mit höheren Beladungsdrucken, die, um Kondensationen zu vermeiden, bei höheren Temperaturen ausgeführt werden müßten, steht jedoch die prinzipielle Schwierigkeit entgegen, daß die Adsorptionsfähigkeit aller Adsorbentien mit steigender Temperatur fällt.

Aus der Messung der Potentialsprünge in adsorbierten Schichten lassen sich mancherlei Rückschlüsse auf Adsorbens und Adsorptiv ziehen, z. B. auf den Elektronenaufbau der Trägermetallatome[1]), auch dürfte es möglich sein, aus solchen Messungen Einzelheiten über das Kristallgefüge und die thermische Vorgeschichte metallischer Werkstoffe zu ermitteln. Baker und Boltz[2]) vermuteten, daß die Restleitfähigkeit höchstgereinigter dielektrischer Flüssigkeiten auf eine Erniedrigung der Elektronenaustrittsarbeit der Elektrodenmetalle infolge einer adsorbierten Oberflächenschicht von Flüssigkeitsmolekülen zurückzuführen sei. Bei den hier beschriebenen Messungen zeigte es sich jedoch, daß die Änderung der Austrittsarbeit infolge Adsorption von Molekülen dielektrischer Substanzen höchstens $\pm$ 0,8 eV betragen und nicht, wie *Baker* und *Boltz* es verlangen, mehrere eV.

---

[1]) W. Espe und M. Knoll, Werkstoffkunde der Hochvakuumtechnik, Berlin 1936.
[2]) E. B. Baker and H. A. Boltz, Phys. Rev. *51*, 275 (1937).

§ 8. Adsorbiertes Gas an Metallfolien

Dünne metallische Schichten oder Folien zeigen Eigenschaften, die sich von denen eines in allen drei Dimensionen weiter ausgedehnten Metallstücks unterscheiden. Ein kompaktes Metall verfügt über ein sich in allen drei Dimensionen über sehr viele Zellen erstreckendes Gitter, während eine Folie nur in zwei Dimensionen eine sich über sehr viele Atomabstände erstreckende Ausdehnung hat. Die „Dicke" der Folie beträgt nur wenige Atomabstände.

Nach den Angaben von *André Aron*[1]) wächst der elektrische Widerstand von einer bestimmten Grenze an exponentiell mit fallender Foliendicke und strebt einem unendlich großen Werte zu. Die Sorption von Gasen hat Einfluß auf die elektrischen und katalytischen Eigenschaften der Folien. Während normalerweise die Sorption von Gasen den Widerstand der Metalle vergrößert, ist es bei sehr dünnen Folien umgekehrt: der Widerstand sinkt. Der Effekt bei der Vergrößerung der Leitfähigkeit bei dünnen Folien durch Anlagerung von Gasatomen ist auch grundsätzlich ein anderer als der der Beladung von Metallen durch Gase. Die Widerstandssenkung bei Folien ist nämlich ein ausgesprochener Oberflächeneffekt, der bei massiven Metallstücken vollkommen verwischt, nicht zum Vorschein kommt; die später noch zu behandelnde Widerstandserhöhung durch gelöste Gase ist dagegen ein Volumeneffekt.

Das molekulare Feld adsorbierter Atome vermag es, das periodische Potentialfeld der Metallgitterstruktur dünner Folien derart zu ergänzen, daß deren elektrischer Widerstand herabgesetzt wird. Die diesbezüglichen Beobachtungen und Messungen machten unabhängig voneinander in verschiedenen Versuchsanordnungen *K. Koller*[2]) und *W. Braunbek*[3]).

Koller beobachtete, daß Goldfolien von etwa 3 mm Dicke nach Anlagerung einer Adsorptionsschicht von Gasatomen ihren elektrischen Widerstand von 9,5 auf 2,3 senkten. W. Braunbek benutzte dickere Platinfolien, nämlich 1,78 mm und beobachtete eine verhältnismäßig geringere Abnahme des elektrischen Widerstandes nach Ausbildung einer Adsorptionsschicht, indem er den Widerstand der Folien im Hochvakuum mit dem nach Einlassen einer Gasatmosphäre in das Versuchsgefäß gemessenen verglich. Die relative Änderung des Widerstandes nach Einlassen des Gases in das Versuchsgefäß ist auf Abb. 30a graphisch dargestellt. Der Effekt war bei Sauerstoff am größten, dann folgte Argon und Helium. (Vgl. Tabelle XIIa.)

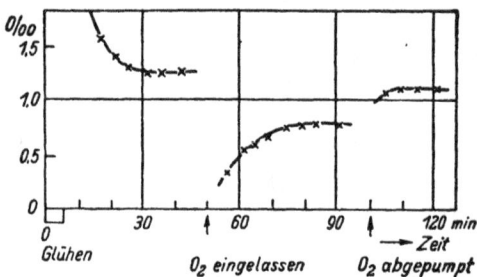

Abb. 30a.
Typischer Zeitverlauf der Widerstandsänderung

[1]) André Aron, Ann. Physique *1*, 361–494 (1946).
[2]) H. Koller, Verh. Dtsch. Phys. Ges. (b) *21*, 11 (1940).
[3]) H. Braunbek, Z. f. Naturforsch. *3a* (1948) S. 216.

Tabelle XIIa Die relative Widerstandssenkung von Platinfolien
durch Adsorption

Gas	Wärmeleitfähigkeit	Widerstandssenkung $^0/_{00}$	Äquivalente Atomschichten
O_2	0,00006	0,52	1,9
Ar	0,00004	0,27	1,0
He	0,00034	0,09	0,3

Die Rechnung ergibt, daß die Widerstandssenkung der Erhöhung der Foliendicke um etwa eine Atomschicht (oder deren Bruchteile) entspricht. Dieses
Rechnen mit Atomschichten hat natürlich nur eine rein fiktive Bedeutung. Obwohl die Reihenfolge der Gase in bezug auf die Stärke des Effekts umgekehrt
wie die Reihenfolge der wachsenden Ionisierungsspannungen der betreffenden
Gasatome verläuft, ist der Vorgang nicht durch eine Abgabe von Leitungselektronen seitens der adsorbierten Gasatome an das Metall zu deuten, weil ja die
Elektronen-Austrittsarbeit beim Metall viel geringer ist, als die Ionisations-
energie der Gase, worauf *Braunbek* hinweist.
Nach den neueren theoretischen Vorstellungen beruht der elektrische Widerstand auf einer Streuung der den Elektronen zugeordneten *de Broglie*-Wellen
an den Unregelmäßigkeiten des Metallgitters. Die Unregelmäßigkeit kann vergrößert werden durch die thermischen Schwingungen der Gitteratome (daher
Ansteigen des Widerstandes mit der Temperatur) und durch Einlagerung von
Fremdteilchen zwischen die Gitteratome (daher Ansteigen des Widerstandes
bei Eindringen fremder Teilchen in das Metallgefüge) bei Bildung von Legierungen und Aufnahme von Gasen, wovon noch die Rede sein soll[1]). Nun bedeutet auch das Aufhören des Gitters an einer Grenzfläche eine Unregelmäßigkeit an einem metallischen Gitter, weil ja die strenge Periodizität des Potentials
plötzlich abbricht, außerdem häufen sich in der Nähe der Grenzschicht Unregelmäßigkeiten lokaler Natur. Diese durch die Grenzschicht dargestellte Unregelmäßigkeit ist bei einem größeren Stück Metall im Verhältnis zu der Ausdehnung des sonst ideal geordneten Gitters unbedeutend. Anders bei einer so
dünnen Folie, wie sie z. B. von *Koller* benutzt wurde. Hier ist die leitende
Metallschicht überhaupt nur nicht allzu viele Atomabstände stark, die ganze
Folie besteht aus wenigen Atomschichten. Das Verhältnis zwischen der Ausdehnung des geordneten Gitters und der Ausmaße der die Unregelmäßigkeit
darstellenden Grenzfläche ist ungünstiger. Wird nun an der Grenzfläche des
Metalls Gas adsorbiert, so bildet sich darauf eine atomare Schicht, welche das
abrupte Aufhören des Metallgitters und damit die Unregelmäßigkeit etwas mil-
dert. Die Gitteratome der obersten Schicht, die nicht unbedingt eine Netzebene zu sein braucht, treten nicht nur mit ihren Nachbarn im Innern des
Metallgitters, sondern auch mit den adsorbierten Gasatomen in Wechselwirkung. Die Regularität in der obersten Atomschicht des Metalls wird zum Teil

---

[1]) Vgl. auch die von F. Skaupy entwickelten Vorstellungen über den Mechanismus
des elektrischen Widerstandes. Technik 2, 77–79, Febr. 1947.

wiederhergestellt; der Widerstand der Folie sinkt nach Anlagerung der Gasatome an der Grenzfläche. Die Widerstandsabnahme relativ zum Anfangswiderstand wird um so größer, je dünner die Folie war. Bei massiven Metallstücken muß der Effekt ganz verschwinden, bei sehr dünnen Folien dagegen hat das „Herausziehen" der Behinderungsgrenze durch adsorbierte Gasatome einen relativ großen Einfluß auf den Widerstandswert.

Zusammenfassung

Das Wesentliche in den vorhergehenden Paragraphen sei nun kurz zusammengefaßt.

Die Kräfte der Grenzschichten zweier Körper sind bestimmt durch die intermolekularen Kraftwirkungen. Diese lassen sich in folgende Gruppen einteilen (r = Abstand der Atomkerne).

a) Elektrostatische Bindung,

Ion-Ion, Kraft proportional $1/r^2$,

Ion-Dipol, Kraft proportional $1/r^3$, ·

Dipol-Dipol, Kraft proportional $1/r^2$,

Induktion polarisierter Systeme: $r = 2,5$ bis 5 AE und mehr,

durch Ionen, Kraft proportional $1/r^4$

durch Dipole, Kraft proportional $1/r^6$;

b) *van der Waals* sche Kräfte,

London-Slater scher Dispersionseffekt, Kraft proportional $1/r^6$;

c) Valenzkräfte

Homöopolare Bindungen, Kraft proportional e^{-kr}, abhängig vom Elektronenspin, z. B. H_2 $r = 1$ bis 2 AE,

Heteropolare Bindungen, *Coulomb* sche Kraft proportional $1/r^2$, z. B. NaCl.

Diese Kräfte bleiben an der Oberfläche eines Körpers z. T. unabgesättigt, so daß Kraftwirkungen innerhalb der Oberfläche (Oberflächenspannung), zu benachbarten Körpern (Adhäsion) und zu im Außenraum befindlichen einzelnen Atomen (Adsorption) möglich sind.

Die Adsorptionskräfte hängen davon ab, ob zwischen Adsorbens und Adsorptiv eine chemische Verwandtschaft besteht oder nicht. Im ersten Fall ist, als Vorstufe einer chemischen Reaktion, eine „aktivierte" Adsorption mit hoher Adsorptionswärme möglich, während im zweiten Falle lediglich eine „physikalische" Adsorption eintritt. Da die Adsorptionskräfte nur eine geringe Reichweite haben, wird im allgemeinen nur eine monomolekulare Schicht adsorbiert.

In fast allen Fällen ist die Adsorptionsschicht der Sitz einer elektrischen Doppelschicht, deren Potentialsprung sich mit verschiedenen Verfahren messen läßt und Rückschlüsse auf den Zustand des Trägermetalls und wahrscheinlich auch auf die Eigenschaften der Adsorptionsschicht zuläßt.

Gase im Metall

I. GLEICHGEWICHTSZUSTAND / LÖSUNG

§ 9. Experimenteller Befund

Man beobachtet bei Metallen, welche im Vakuum erhitzt werden, eine starke Gasabgabe. Es ist also offenbar, daß Metalle gewöhnlich Gase enthalten müssen. Je höher die angewandte Temperatur, um so größer wird die Gasabgabe. Aus der Tatsache, daß das Metall beim Erhitzen Gas abgibt, kann man natürlich nichts über die Art schließen, wie das Gas im Metall festgehalten wird[1]).

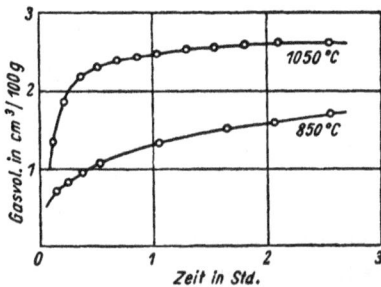

Abb. 32. CO-Entwicklung von handelsüblichem Nickeldraht im Vakuum. Die ausgezogenen Kurven stellen die theoretischen Werte dar. (Nach Smithells)

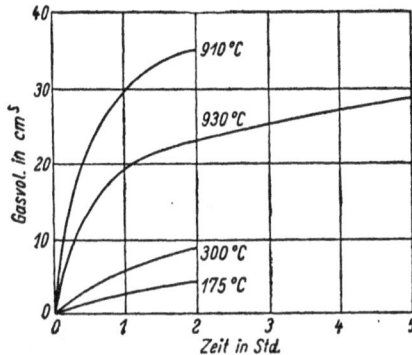

Abb. 33. Gasabgabe von elektrolytischem Eisen im Vakuum bei verschiedenen Temperaturen. (Nach Smithells)

Man kann also von vornherein nicht sagen, ob das Gas in Form von Bläschen mechanisch eingeschlossen wird, ob es als dünne Schicht an der Oberfläche adsorbiert ist, oder ob es in dem Metall als Lösung oder als Verbindung enthalten ist[2]).

Wir wissen bereits, daß das Gas in einer Adsorptionsschicht an der Metalloberfläche haften kann. Wir werden sehen, daß Gasatome auch in Form von Lösung

---

[1]) Frühere zusammenfassende Referate: Smithells, Gases and Metals, London 1938; O. Kubaschewski, Z. f. Elektrochemie, **44**, 153, 1938.
[2]) Die allgemeinen theoretischen Grundlagen für die Gleichgewichte verschiedener Phasen finden sich in: Handbuch der Metallphysik, hrsg. von G. Masing, Bd. 2; R. Vogel: Die heterogenen Gleichgewichte, Leipzig 1937.

und außerdem in Form einer Art chemischer Verbindung in das Kristallgitter
eindringen können. Sind Gasatome in das Metallgitter eingedrungen, so wird
mit Lösung schlechthin der Gleichgewichtszustand bezeichnet. Andernfalls
spricht man von Diffusion.

Die Gasmenge, die durch Erhitzen im Vakuum von handelsüblichen Metallen
abgegeben werden kann, schwankt zwischen 1 und 20 cm^3/100 g Metall.

Angeblich sollen in Entladungsröhren unter hohen Spannungen wesentlich größere Mengen von Gas als durch Erhitzen befreit werden[1] [2].

Es ist auch beobachtet worden, daß Ultraschallwellen aus Metallschmelzen
darin enthaltene Gase zu befreien vermögen.

§ 10. Typen der Löslichkeit

Die Grundvoraussetzung für die Lösung eines Gases im Metall ist die „aktive"
Adsorption des Gases an der Metalloberfläche und die Dissoziation der Gas-
molekeln[3]. Weil aber, wie im ersten Teil der Arbeit ausgeführt, aktive Adsorption spezifisch ist und nur zwischen
solchen Gasen und Metallen stattfindet, die gegeneinander chemisch rege
sind, kann auch die Lösung eines
Gases nur in einem Metalle stattfinden, mit dem dieses chemisch
reagiert. Wasserstoff wird also in
solchen Metallen gelöst, welche leicht
Hydride bilden, wie Silber, Eisen,
Palladium, Tantal. Stickstoff wird in
Eisen und Molybdän gelöst, aber
nicht in Kupfer oder Silber, gegen
die es chemisch träge ist[4].

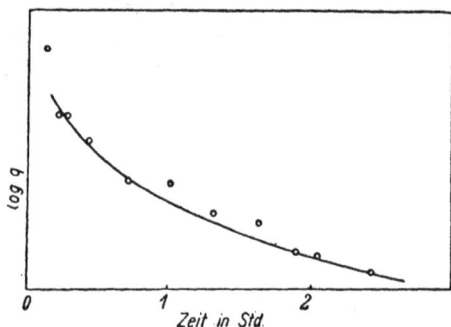

Abb. 34. Gasabgabe eines handelsüblichen Nickeldrahtes
von 1 mm Durchmesser, der mit Trichloräthylen gereinigt
worden war. (Nach Smithells)

Die Edelgase werden in keinem festen
Metall in meßbaren Mengen gelöst[5]. Wie es zu erwarten ist, ist auch keine
Durchlässigkeit von Metallen gegen Edelgase vorhanden[6].

Allgemein befolgen Gase in Metallen die Phasenregel.

Es sind zwei Typen von Lösung der Gase in Metallen möglich. Das adsorbierte
Gas kann dissoziiert und als Atome in das Metallgitter eingelagert und einge-

---

[1] L. Moreau, Bulletin d'Association Technique de Fonderie, S. 294, November
1938. – Moreau, Chaudron und Portevin, C. Rend. 201–212, 1935. Allerdings ist für
den Fall Aluminium von E. Schmidt und H. D. Graf von Schweidnitz (s. S. 118)
nachgewiesen worden, daß die scheinbar so großen Gasmengen, die durch die elektrische Methode befreit werden, nur durch adsorbiertes Wasser vorgetäuscht werden.
[2] Zusammenfassende Berichte über Gasbefreiung aus Metallen durch Erhitzen im
Vakuum: H. A. Sloman, J. Inst. Met. 391 (1945); G. Masing, Metallforschung,
Heft 7/8, 1948.
[3] O. Lejpunski, Acta Physicochimica, USSR. *10*, 4, 529, 1939.
[4] J. L. Snoek, Physica (Den Haag), Bd. 8, Nr. 7, 734, 1939.
[5] R. Seeliger, Die Naturwissenschaften *30/31*, 461, Juli 1942.
[6] W. Baukloh, Z. Kayser, Z. f. Metallkd *27*, 284, 1935.

baut werden: es findet eine Lösung statt, die der Lösung in fester Phase durchaus analog ist. Dieser Vorgang wird als einfache Lösung bezeichnet. Es ist zu unterscheiden, ob die Atome des Gases wie in der Lösung eines Metalls in einem anderen die Plätze von Metallatomen im Gitter einnehmen und sozusagen eingebaut werden (Substitution) oder ob sie in den Zwischenräumen zwischen den Metallatomen eingelagert werden (Einlagerung). Das Ergebnis aller vorliegenden Untersuchungen scheint dafür zu sprechen, daß Gasatome sich im Metall lediglich in der Form der Einlagerung aufhalten können.

Der andere Typus der Lösung ist die Bildung einer Verbindung zwischen Gas und Metall, also z. B. die Bildung eines Pd-Hydrids in Palladium durch Wasserstoff oder die Bildung von Oxyden durch Sauerstoff u. a. m. Dieser Typus der Lösung kann durch die Bildung einer sogenannten Einlagerungsverbindung charakterisiert werden[1]).

Es kommt bei einem bestimmten System Gas–Metall je nach den Bedingungen der eine oder der andere Typus der Lösung zustande.

a) Die einfache Lösung

Die einfache Lösung ist ein endothermer Prozeß; die Löslichkeit wächst also mit steigender Temperatur. In flüssiger Phase des Metalls sind gewöhnlich Gase leichter löslich als in fester. Am Schmelzpunkt ist ein plötzlicher Sprung zu beobachten. Der Vorgang ist bei der einfachen Lösung reversibel. Deshalb werden beim Festwerden geschmolzenen Metalls große Gasmengen frei[2]).

Nach Borelius ist die Löslichkeit von der Temperatur abhängig nach der Formel:

$S = c \cdot e^{\frac{-E_s}{2\,k\,T}}$, wobei c eine Konstante und E_s die Lösungswärme bedeutet

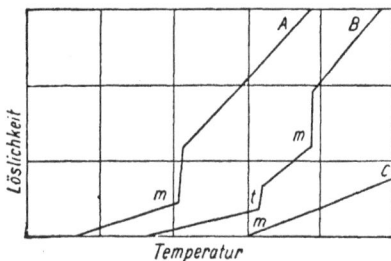

Abb. 35. Verschiedene Absorptionsisobaren, die den Sprung im Schmelzpunkt zeigen.
(Nach Smithells)

Zahlreiche Versuche haben ergeben, daß die Lösungskonzentration des Gases im Metall proportional ist der Quadratwurzel aus dem Gasdruck außerhalb des Metalls. Diese Gesetzmäßigkeit ist immer erfüllt, wenn das Atomverhältnis des gelösten Gases zum Metall nicht größer ist als 1:100. Die soeben angegebene Gesetzmäßigkeit erklärt sich leicht aus dem Massenwirkungsgesetz, wenn man annimmt, daß das im Metall gelöste Gas dissoziiert ist. Bezeichnet man nämlich den Druck des außerhalb des Metalls im molekularen Zustand befindlichen Gases mit p_1, den Partialdruck des im Metall befindlichen dissoziierten Gases mit p_2, so ist nach dem Massenwirkungsgesetz:

$$\frac{p_1}{p_2 \cdot p_2} = \frac{p_1}{p_2{}^2} = K; \qquad p_2 = \frac{1}{K}\sqrt{p_1};$$

---

[1]) H. J. Eméleus und J. S. Anderson, Ergebnisse und Probleme der modernen anorganischen Chemie, Berlin 1940, S. 233–408.
[2]) H. Hieber, Stahl und Eisen *37*, 861 (1941).

oder wenn c_2 die Molkonzentration des im Metall gelösten Gases bedeutet;

$$c_2 = \frac{p_2}{p_1} = \frac{1}{p_1} \cdot \frac{1}{K} \sqrt{p_1} = \frac{1}{K \sqrt{p_1}}.$$

Diese Überlegung zusammen mit Versuchen über die Diffusionsgeschwindigkeit von Gasen durch Metalle sowie die Tatsache, daß Wasserstoff nur *in statu nascendi*, also z. B. bei Elektrolyse, von den Metallen aufgenommen wird[1]), lassen es als sicher annehmen, daß sich das Gas im Metall im atomaren Zustande befindet und auch nur in diesem Zustande von der Metalloberfläche aufgenommen wird.

Die soeben skizzierten einfachen Gesetzmäßigkeiten werden gut erfüllt, solange nicht die Bildung neuer Phasen vor sich geht.

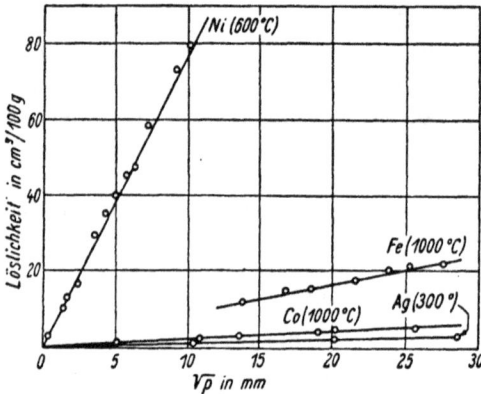

Abb. 36. Absorptionsisothermen für Wasserstoff in Nickel, Eisen, Kobalt und Silber, die das $\sqrt{p}$-Gesetz beweisen. (Nach Smithells)

An den Umwandlungspunkten der Metallphasen, besonders aber im Schmelzpunkt weisen die Isobaren für Metall–Gas-Systeme gewöhnlich Sprungstellen auf. Als Beispiel dafür sei die Löslichkeit von Wasserstoff in Mangan als Funktion der Temperatur im Diagramm dargestellt.

Wenn sich das Gas im Metall in sogenannter einfacher Lösung befindet, kann gezeigt werden, daß die Gasabgabe bei einer bestimmten Temperatur zeitlich dem zweiten Fickschen Gesetze folgt:

$$\frac{\partial c}{\partial t} = D\Delta c = D\left[\frac{\partial^2 c}{\partial x^2} + \frac{\partial^2 c}{\partial y^2} + \frac{\partial^2 c}{\partial z^2}\right];$$

wobei c die Anfangskonzentration des Gases unter Normalbedingungen auf 1 cm³ des Metalls bedeutet. D ist der Diffusionskoeffizient des Gases im Metall.

Für einen Draht mit dem Radius r nimmt die Gleichung die Form an:

$$\frac{1}{D} = \frac{dc}{dt} = \frac{d^2 c}{dr^2} + \frac{1}{r}\frac{dc}{dr};$$

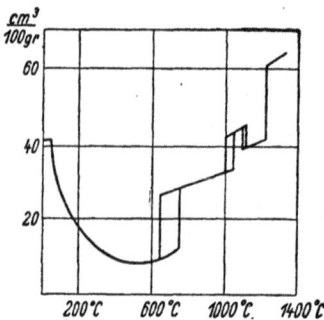

Abb. 37. Isobare des Systems Mangan-Wasserstoff; 76 mm Hg (M. Sieverts: Z. f. phys. Chemie, *180*, 249 (1937)

Eine partikuläre Lösung dieser Gleichung ist:

(1)
$$q = \frac{2cd}{r^2}\sum_{a-1}^{\infty} e^{-D\pi a^2 t},$$

---

[1]) Über elektrolytische Aufnahme von Wasserstoff durch Palladium: N. I. Kobošew und W. W. Monblanowa, Acta Physicochimica, USSR. *1*, 611 (1934), Nr. 3/4.

wobei q der Koeffizient der Gasabgabe aus dem Metall in

$$\frac{cm^3}{cm^2\ Metallfl.} \cdot \frac{1}{sec}\ \text{bedeutet.}$$

Die Gleichung kann auch in der Form geschrieben werden:

$$\log q = \log \frac{2\,c\,D}{r} + \log\left[e^{-5,8\frac{Dt}{r^2}} + e^{-30,5\frac{Dt}{r^2}} + e^{-75,0\frac{Dt}{r^2}} \ldots\right];$$

$$\pi\,a = \xi\,\frac{\alpha}{r}\,, \quad \text{wobei } \xi, \alpha \text{ die Nullstellen in der Besselschen Funktion } J_0\,(\pi) \text{ sind.}$$

Die Lösung (1) hat zwei Voraussetzungen: daß das Gas durch das ganze Metall verteilt ist und daß an der Oberfläche die Konzentration gleich Null und die Diffusionsgeschwindigkeit klein ist im Vergleich mit der Diffusionsgeschwindigkeit im Innern des Metalls.

b) Einlagerungsverbindungen

Der zweite Typus der Lösung, nämlich derjenige, bei welchem eine Verbindung zwischen Gas und Metall zustande kommt, und wo also bei Lösung von Wasserstoff in Metallen Hydride gebildet werden[1]), ist ein exothermer Prozeß. Die Konzentration des gelösten Gases im Phasengleichgewicht bei konstantem Druck sinkt mit steigender Temperatur. Das Gitter des Metalls wird durch die Gasaufnahme beeinflußt. Es sinkt die elektrische Leitfähigkeit, je mehr Gas vom Metall aufgenommen wird. Es werden auch Änderungen in dem magnetischen Verhalten der Metalle festgestellt[2]). Bei konstanter Temperatur steigt die Gaskonzentration ungefähr proportional zur Quadratwurzel aus dem Druck, solange der Druck klein ist; sie strebt aber bei höheren Drucken asymptotisch einem Grenzwert zu, welcher

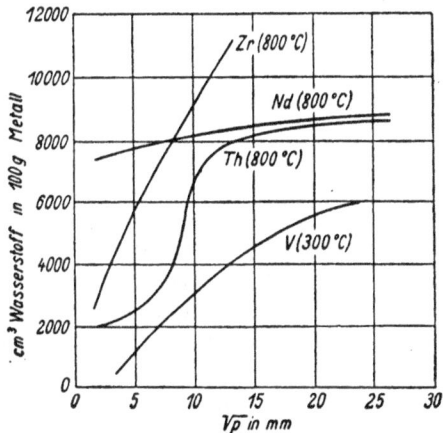

Abb. 38. Isothermen von Wasserstoff/Zr, Th, V, N.
(Nach Smithells)

einer bestimmten Verbindung [Metall] [Gas]$_n$ ($n = 1, 2, 3, \ldots k$) entspricht[3]).

Als Übergangsmetalle werden diejenigen Metalle bezeichnet, deren zweitäußerste Elektronenschale nicht ganz besetzt ist. Es gehören dazu: Ni, Pd, Pt,

---

[1]) H. J. Eméleus und J. S. Anderson, a. a. O. S. 209—233.
[2]) Siehe Vogt, Annalen der Physik 24, 1 (1932), Nr. 5.
[3]) Allgemeine Angaben und Literaturübersicht über so entstehende Verbindungen bei M. Hansen, Zweistofflegierungen, Berlin 1936. Siehe auch: G. Tammann, Heterogene Gleichgewichte, Braunschweig 1924.

Co, Rn, Ir, Fe, Ru, Os, Ti, Zr, Hf u. a.[1]). Die Übergangsmetalle bilden mit Stickstoff und Wasserstoff Phasen mit metallischen Eigenschaften, also strenggenommen Legierungen. Die Affinität der Übergangsmetalle zu diesen beiden Elementen hängt mit ihrer unabgeschlossenen d-Schale zusammen. Wenn das Verhältnis des Atomradius der genannten Metalloide zu dem des Übergangsmetalls kleiner als 0,59 ist, so bilden sich sogenannte Einlagerungsstrukturen (Hume – Rothery), das heißt metallische Gitter hoher Koordinationszahlen, in deren Fehlstellen die Metalloidatome eingelagert sind. Wenn das Verhältnis der Atomradien größer als 0,59 ist, so bilden sich die einfachen Einlagerungsstrukturen nur dann, wenn die Konzentration der H- bzw. N-Atome klein ist. Bei höheren Konzentrationen der Metalloidatome schließen sich die Atome des Übergangsmetalls um die Atome des Metalloids zu regelmäßigen Prismen, Oktaedern usw., zusammen, welche untereinander wieder ein Gitter bilden[2]).

Das Gleichgewicht eines Systems Gas–Metall ist von der Temperatur, vom Druck und von dem Vorhandensein anderer Phasen abhängig.

§ 11. Die Mischung gelöster Gase im Metall

Gewöhnlich ist im Metall eine Mischung von Gasen enthalten, welche aus Wasserstoff, Stickstoff, Kohlenoxyden oder Wasserdampf besteht. Es ist oft so, daß Gase (Substanzen), welche im Innern des Metalls gesondert existieren, dieses als Verbindung verlassen. Kohlenstoff und Sauerstoff sind im Stahl als Karbide und Oxyde enthalten; sie diffundieren an die Metalloberfläche und vereinigen sich dort zu CO und CO_2. Wenn man also Stahl im Vakuum erhitzt, entweicht aus dem Metall Kohlenstoffmonoxyd und Kohlenstoffdioxyd.

Sauerstoff kommt sowohl in „einfacher" Lösung als auch in der Lösung des zweiten Typus unter Bildung von Oxyden in den Metallen vor. Stickstoff ist in wenigen Metallen löslich, und zwar nur in solchen, die wie Eisen, Molybdän und Wolfram Nitride, bilden und nur in der Lösung des zweiten Typus, obwohl nach Smithells auch Spuren einfacher Lösung dieses Gases gefunden sein sollen. Die Edelgase sind, wie bereits einmal angedeutet, in keinem Metall in fester Phase löslich; es soll aber eine ganz geringe Löslichkeit dieser Gase in geschmolzenem Metall gefunden worden sein. Assoziierte und zusammengesetzte Gase können nur nach erfolgter Dissoziation in das Metall eindringen. Deshalb werden im Metall, sobald Kohlenstoffoxyde eindringen, sowohl Oxyde als auch Karbide gebildet. Kohlenwasserstoffdämpfe geben nach Aufnahme durch das Metall Anlaß zur Bildung von Karbiden und Hydriden–Wasserdampf zur Lösung von Wasserstoff und Bildung einer Oxydphase. Obwohl das Studium gerade dieser Gas–Metall-Systeme für die Praxis die größte Bedeutung haben müßte, liegen darüber sehr wenige Arbeiten vor[3]).

[1]) Siehe [2]) auf voriger Seite
[2]) U. Dehlinger, Chemische Physik der Metalle, Berlin 1939, S. 74. – Siehe auch: G. Tammann, Lehrbuch der Metallkunde, Leipzig 1932; P. Goerens, Einführung in die Metallographie, Halle 1932; F. Sauerwald, Physikalische Chemie der metallurgischen Reaktionen, Berlin 1930.
[3]) W. Baukloh und G. Henke, Metallwirtschaft *23*, 463 (1940).

Unter allen Gasen ist Wasserstoff das in Metallen am leichtesten lösliche. Dem Wasserstoff ist auch der größte Teil der vorhandenen experimentellen Arbeiten gewidmet, und die über das gegenseitige Verhalten von Gasen und Metallen gefundenen Gesetzmäßigkeiten betreffen vor allem das Verhalten des Wasserstoffs. Die Reaktion dieses Gases gegenüber Metallen soll in dieser Arbeit noch ausführlicher besprochen werden, weil sie in weitem Maße als typisch und besonders aufschlußreich angesehen werden kann.

§ 12. Der Einfluß gelöster Gase auf die physikalischen Eigenschaften der Metalle

Inzwischen sei noch ganz allgemein bemerkt, daß der Gasgehalt die mechanichen, elektrischen und die magnetischen Eigenschaften der Metalle beeinflussen kann. Die Beeinflussung der mechanischen Eigenschaften der Metalle, wie Zähigkeit und Brüchigkeit, durch Gasgehalt ist seit langem bekannt. Die großen Werke der Metallkunde geben darüber ausführlich Auskunft[1]).

Was die magnetischen und elektrischen Eigenschaften der Metalle betrifft, so ist das bekannteste Beispiel dafür das Ansteigen des elektrischen Widerstandes und das Abfallen der paramagnetischen Suszeptibilität des Palladiums bei fortschreitender Beladung mit Wasserstoff[2]). Es soll weiter darüber noch die Rede sein.

Die Beladung der Metalle mit Gasen hat auch einen Einfluß auf die mit der Emission von Photoelektronen zusammenhängenden Erscheinungen. Eigentlich beruht die Abhängigkeit der Photoempfindlichkeit einer Metallfläche von der Gasbeladung auf der Einwirkung der auf der Metalloberfläche adsorbierten, monomolekularen Gasschichten; denn es läßt sich allgemein sagen, daß negative, an der Metallfläche adsorbierte Ionen die Austrittsarbeit der Elektronen erhöhen, während positive Ionen die Austrittsarbeit erniedrigen und so die langwellige Grenze der Photoempfindlichkeit nach den längeren Wellen hin verschieben. Die innere Gasbeladung beeinflußt nun die Vorgänge in der Weise, daß positive Ionen aus dem Innern des Metalls an die Oberfläche treten, hier

---

[1]) Siehe z. B. Handbuch f. d. Eisenhüttenlab., hrsg. vom Chemikerausschuß des Vereins deutscher Eisenhüttenleute, Bd. II, Düsseldorf 1941. E. Houdremont, Sonderstahlkunde, Berlin 1943. Außerdem: W. Baukloh u. S. Spetzler, Korrosion und Metallschutz 16, 116/121 (1940), Nr. 4. E. Houdremont und H. Schrader, Stahl u. Eisen 28, 671 (1941). R. Scherrer, G. Riederich und H. Keßner, Stahl u. Eisen 62, 347, Nr. 17 (1942) Arch. f. Eisenhüttenwesen; 15, 87/97 (1941–42). E. Houdremont und P. A. Heller, Stahl u. Eisen, 32, 756 (1941). Fr. Willems, Aluminium 7, 337–339 (1941).
Aluminium 5, 215 (1941). W. Eilender, H. Cornelius und P. Menzen, Arch. f. Eisenhüttenwesen 14, 217–221 (1940), Nr. 5. W. M. Shoupp, Iron Age 148, 51 (1941), Nr. 26. I. A. Verö, Mitt. berg- u. hüttenmänn. Abr. Sorprom 13, 162/185 (1941). F. Linkhof, Aluminium 11, 55 (1941). J. L. Snoek, Physika (Den Haag) 8, 711 (1941), Nr. 7.
[2]) F. Fischer, Ann. d. Physik 20, 503 (1906). G. Wolf, Z. f. physik. Chemie 87, 557 (1914). E. Vogt, Ann. d. Physik 14, 1 (1932), 5. Jg. H. Fröhlich, Elektronentheorie der Metalle, Berlin 1936.

adsorbiert werden und als monomolekulare Schicht die Austrittsarbeit für Elektronen herabsetzen[1]).

In der Hauptsache ließen sich diese Erscheinungen bei der Beladung von Metallen durch Wasserstoff beobachten. Die Untersuchungen Brewers[2]) über den

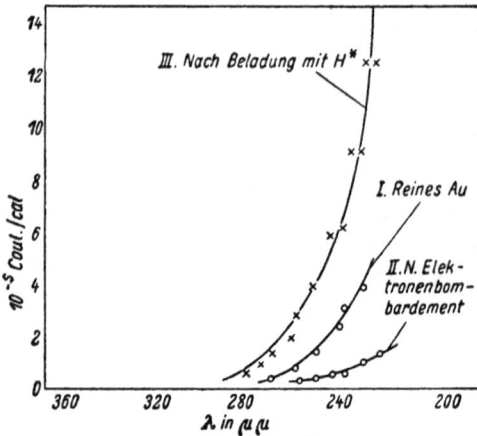

Abb. 39.
Lichtelektrische Elektronenemission von Gold in Abhängigkeit von der Wellenlänge und Gasbeladung.
(Suhrmann, Phys. Z. *30* 939 (1929)

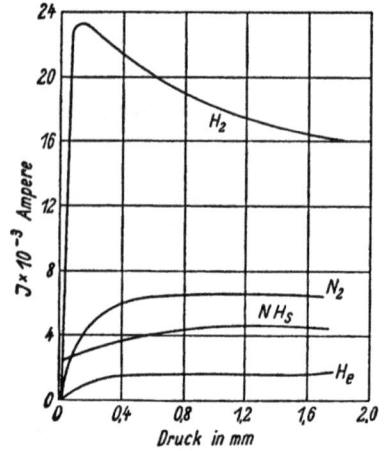

Abb. 40.
Einfluß der Gase auf den photoelektrischen Strom I aus Platin bei 455° C für = 2300 A und einer Beschleunigungsspannung von 9 Volt.
(Nach Smithells)

Tabelle XIII.

Metallfläche Eisen	Austrittsarbeit in eV
Im Vakuum	4,8
In H_2	4,5
In N_2	4,4
In NH_3	2,9
In O_2	5,4

Einfluß von Gasen auf die Elektronenaustrittsarbeit und den Photostrom ergeben u. a. folgende Resultate, die in der Tabelle XIII und Abb. 40 zusammengefaßt sind.

Nach Smithells erinnern diese Kurven sehr stark an die Adsorptions-Isothermen und legen im Hinblick auf den bekannten Effekt mit Kaliumionen die Vermutung nahe, daß die Gase zumindest teilweise ionisiert sind.

Ebenso wurde gefunden, daß eine Beladung des Metalls mit Wasserstoff den thermoelektrischen Effekt[3]), den glühelektrischen Effekt[4]) und den Hall-Effekt[5]) beeinflußt.

[1]) J. Schniedermann, Ann. d. Physik (5), *13*, 761 (1932). R. Suhrmann, Phys. Z. *30*, 939 (1929); Z. f. Elektrochem. *35*, 681 (1929). – Über die Beeinflussung der lichtelektrischen Eigenschaften des Kadmiums durch Gase berichtet H. Bomke, Ann. d. Phys., *10*, 579 (1931).
[2]) Brewers, J. Amer. Chem. Soc. *54*, 1888 (1932).
[3]) J. Schniedermann, Ann. Phys. (5), *13*, 761 (1932).
[4]) J. Schniedermann, Ann. Phys. (5), *22*, 425 (1935).
[5]) J. Wortmann, Ann. Phys. (5), *18*, 233 (1933).

§ 13. Wasserstoff in Metallen

a) Allgemeines

Wie bereits bemerkt, behandeln die meisten vorhandenen Arbeiten über das gegenseitige Verhalten von Gasen und Metallen den Wasserstoff, und auf Wasserstoff beziehen sich zunächst die meisten festgestellten Gesetzmäßigkeiten. Wenn man nun die Gesamtheit der Metalle in bezug auf ihr Verhalten zum Wasserstoff betrachtet, so wird man in diesem besonderen Falle die vorhin gemachten Feststellungen allgemeinerer Art wiederholt finden.

In ihrem Verhalten gegenüber Wasserstoff zerfallen also die Metalle in zwei Gruppen.

1. Wasserstoff und die Metalle der ersten Gruppe

In einem der ersten Gruppe zugehörigen Metall bildet der Wasserstoff eine „einfache" Lösung (Smithells). Das vom Metall aufgenommene Gas wird dissoziiert, und seine Atome sind in dem Metallgitter eingelagert. Dieser Typus der Lösung ist ein endothermer Prozeß, es steigt also bei den betreffenden Metallen im Phasengleichgewicht bei konstantem Druck die Konzentration des gelösten Wasserstoffs mit wachsender Temperatur. Zwischen der Löslichkeit S und der Temperatur T besteht die Beziehung:

$$S = c e^{-\frac{E_s}{2kT}},$$

wobei c eine Konstante und E_s die Lösungswärme bedeutet[1]. Die Konzentration des im Metall gelösten Wasserstoffs ist proportional zur Quadratwurzel aus dem Druck, woraus nach der einfachen Folgerung aus dem Massenwirkungsgesetz geschlossen wird, daß das Gas im Metall sich im atomaren Zustande befindet. Zu dieser Metallgruppe gehören Aluminium, Platin, Kupfer, Eisen, Nickel, Silber und Kobalt.

2. Wasserstoff und die Metalle der zweiten Gruppe

Zur zweiten Gruppe gehören solche Metalle, die mit Wasserstoff Hydride bilden[2]. Charakteristisch für diese Gruppe ist die hohe Absorptionsfähigkeit für Wasserstoff; das Verhältnis der Atomzahlen zueinander folgt stöchiometrischer Gesetzmäßigkeit und kann den Wert 1:1 erreichen. Die Konzentration des gelösten Wasserstoffs im Phasengleichgewicht bei konstantem Druck sinkt mit steigender Temperatur. Das Gitter des Metalles wird bei der Wasserstoffaufnahme beeinflußt, die elektrische Leitfähigkeit sinkt mit steigender Wasserstoffkonzentration. Alle Anzeichen sprechen dafür, daß ein neues Gitter gebildet wird. Die Metalle, in denen dieser Typus der Wasserstoffauflösung stattfindet, gehören der vierten oder fünften Hauptgruppe des periodischen Systems an. Der charakteristische Vertreter der soeben besprochenen Metallgruppe ist

---

[1] Borelius, Ann. d. Physik *83*, 121 (1927).
[2] H. J. Eméleus und J. S. Anderson, Probleme u. Ergebnisse d. Mod. anorgan. Chemie; übers. von K. Karbe, Berlin 1940, S. 209.

Tantal. Neben diesem gehören Vanadium, Thorium, Titan, Zirkonium und auch die seltenen Erden dieser Gruppe an.

Um den Typus derjenigen Lösung von Wasserstoff in Metallen, welche unter Bildung eines Hydrids vor sich geht, besser zu charakterisieren und die Besonderheiten eines so entstehenden Hydrids deutlicher zu machen, sei eine kurze Bemerkung allgemeinerer Art über die Verbindung von Wasserstoff mit Metallen eingeflochten.

Die Hydride zerfallen in drei Gruppen: in die flüchtigen Hydride, in die salzartigen Hydride und in eine Gruppe von Verbindungen, bei denen sich der Wasserstoffgehalt mit der Temperatur und dem Druck ändert; die Hydride dieser Gruppe sind wahrscheinlich Einlagerungsverbindungen. Flüchtige Hydride werden mit Wasserstoff von F, Cl, Br und J gebildet. Zu den salzartigen Verbindungen gehören die Hydride der Alkali- und Erdalkali-Metalle und wahrscheinlich die des Lanthans, Zers und Praseodyms. Zu der für diese Arbeit interessantesten Gruppe, nämlich den Einlagerungsverbindungen, gehören die Hydride des Titans, Thoriums, Vanadiums und Tantals[1]).

Nach Sieverts sind die Bildungswärmen dieser Hydride in den meisten Fällen positiv und in manchen größenordnungsmäßig mit den Werten für die salzartigen Verbindungen vergleichbar[2]). Die folgende, dem Buche von Eméleus und Anderson entnommene Tabelle gibt darüber Auskunft.

Tabelle XIV. Bildungswärme von Hydriden

Hydrid	Bildungswärme in cal	Hydrid	Bildungswärme in cal
$LaH_{2,76}$	40090	$PdH_{0,6}$	9280
$CeH_{2,69}$	42260	LiH	43200
$PrH_{2,85}$	39520	NaH	33200
$TiH_{2,73}$	31100	CaH_2	46000
$ZrH_{1,98}$	38900	SrH_2	42200
$TaH_{0,78}$	schwach positiv	BaH_2	40960

Die Daten für die Bildungswärme beziehen sich auf die Vereinigung von 1 Mol Wasserstoff mit dem Metall.

Die an den Hydriden durchgeführten Dichtebestimmungen zeigen, daß die salzartigen Hydride stets eine größere Dichte haben als das Metall, von dem sie sich ableiten, während die Einlagerungshydride im Verhältnis zum Metall eine Abnahme der Dichte zeigen[3]).

Was die Bindungsart zwischen den Metallatomen und dem Wasserstoff betrifft, so neigt man nach Eméleus und Anderson zu der Annahme, „daß der Wasserstoff sich an die einzelnen Metalle mit einem verschiedenen Wirkungsgrad anlagern kann, wobei eine fortlaufende Reihe von Produkten gebildet wird, be-

---

[1]) H. J. Eméleus und J. S. Anderson, a. a. O. S. 209.
[2]) H. J. Eméleus und J. S. Anderson, a. a. O. S. 235.
[3]) Sieverts und Cotta, Z. Elektrochem. angew. phys. Chemie *32*, 102 (1926); Z. anorg. allgem. Chemie *187*, 155 (1930).

ginnend mit der definierten Verbindung der Alkalimetalle, über die Hydride der seltenen Erden und andere ‚festgebundene' Einlagerungsverbindungen zu weniger fest gebundenen Stoffen derselben Art und schließlich bis zu den Oberflächen- und Adsorptionsverbindungen".

Tabelle XV. Dichte von Hydriden

Hydrid	d bei der Hydridbildung %	Hydrid	d bei der Hydridbildung %	
LiH	+ 52,8	$TiH_{1,73}$	+ 15,5	[1]
NaH	+ 44	$ZrH_{1,92}$	+ 13,2	
CaH_2	+ 10	$TaH_{0,76}$	+ 9,1	
BaH_2	+ 20	$CeH_{2,69}$	+ 17,5	
		$VH_{0,56}$	+ 6,7	

Nicht alle Metalle lassen sich ganz eindeutig in die eine oder in die andere der beiden oben beschriebenen großen Metallgruppen einordnen.

Wenn man die Metalle nach steigendem Lösungsvermögen für Wasserstoff ordnet, so erhält man etwa die Reihe: Al, Pd, Cu, Fe, Ni, Va, Ta, Th, Zr, Ti, Ce[2].

Mit dem Fortschreiten von links nach rechts wird der Abfall der Löslichkeit mit fallender Temperatur immer kleiner. Bei Palladium beginnt wieder die Löslich-

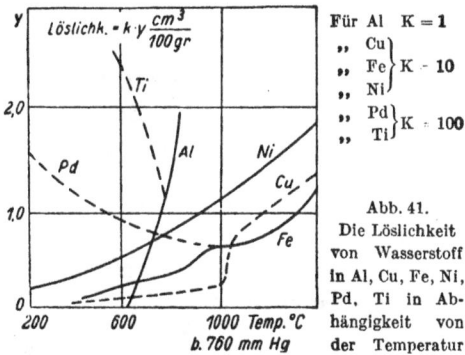

Für Al K = 1
„ Cu
„ Fe} K = 10
„ Ni
„ Pd} K = 100
„ Ti

Abb. 41.
Die Löslichkeit von Wasserstoff in Al, Cu, Fe, Ni, Pd, Ti in Abhängigkeit von der Temperatur

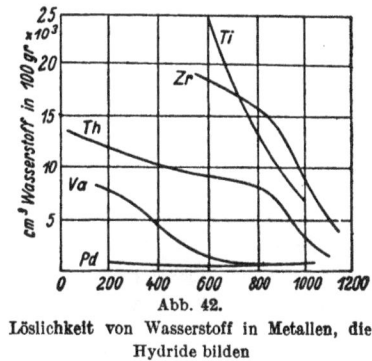

Abb. 42.
Löslichkeit von Wasserstoff in Metallen, die Hydride bilden

keit mit fallender Temperatur zu steigen (s. Abb. 41 und 42). Es folgen nun die Metalle, welche bei niedriger Temperatur sehr wasserstoffreiche Phasen bilden und überhaupt immer ausgeprägter die charakteristischen Merkmale einer Lösung in Wasserstoff unter Hydridbildung zeigen.

Das Palladium stellt also ein Mittelglied dar einerseits zwischen der Gruppe von Metallen, welche Wasserstoff in einfacher Lösung aufnehmen und andererseits der Gruppe von Metallen, die mit Wasserstoff Hydride bilden[3]. Während

[1] Siehe Fußnote [2] auf voriger Seite
[2] B. Duhm, Z. f. phys. Chemie (B) *94* (1935).
[3] Eine systematische Zusammenstellung der Metallhydride und Übersicht über die einschlägige Literatur ist auch zu finden bei M. Hansen, Zweistofflegierungen, Berlin 1936.

der Wasserstoffaufnahme wird wie bei den Metallen der zweiten Gruppe ein
neues Gitter gebildet, und in diesem findet die für die Metalle der ersten Gruppe
charakteristische einfache Lösung des Gases statt, das neugebildete Gitter hat
eine größere Gitterkonstante, seine Struktur ist aber gegenüber der des unbeladenen Metalls nicht geändert. Es ist zwischen Gas und Metall eine Verbindung mit metallischen Eigenschaften oder eine Legierung zustande gekommen.
Über die Zusammensetzung des neugebildeten Hydrids finden sich bei den einzelnen Forschern voneinander abweichende Auffassungen. Die Situation wird
kompliziert durch das Nebeneinanderbestehen einzelner verschiedener Lö-
sungsphasen[1]).

Die Menge des vom Palladium bei Zimmertemperatur gelösten Wasserstoffs
entspricht der Formel $PdH_{0,6}$. Diese ist aber nicht als Molekularformel im
strengen Sinne aufzufassen. Die Menge des gebundenen Wasserstoffs nimmt
mit steigender Temperatur rasch ab und ist oberhalb 200° C nur noch gering.
In diesem Zusammenhange vermuten Eméleus und Anderson[2]), ,,daß ein Hydrid mit salzartigen Eigenschaften, wie z. B. Lithiumhydrid, bei höheren Temperaturen ebenfalls dissoziiert und daß daher die Unterschiede zwischen einem
derartigen Hydrid und dem Palladiumhydrid mehr in der Bindungsfestigkeit
als in der Bindungsart liegt``.

b) Wasserstoff in Palladium

Unter allen Systemen Gas–Metall ist das System Palladium-Wasserstoff sicherlich das auffallendste. Palladium vermag etwa das Achthundertfache des eigenen Volumens an Wasserstoff aufzunehmen, auch können beim Erhitzen des
Metalls große Mengen von Wasserstoff durch das Palladium hindurch diffundieren. Dieses System hat deshalb zuerst die Aufmerksamkeit der Forscher auf
sich gezogen und ist am ausführlichsten bearbeitet worden.

Es liegt über den Gegenstand eine sehr umfangreiche und heute in ihrer Gesamtheit schwer übersehbare Literatur vor[3]).

Aus einer Gesamtbetrachtung der Forschungsergebnisse verschiedener Autoren
ergibt sich, daß im Anfang bei noch geringer Lösungskonzentration eine ein-

[1]) Näheres darüber u. a. bei Smithells, a. a. O. S. 159. Handbuch d. Metallphysik,
Bd. 1, Art. von Dehlinger und Borelius, Leipzig 1935. J. C. Linde und G. Borelius.
Ann. d. Physik *84*, 747 (1927). F. Krüger, G. Gehm, Ann. d. Phys. *16*, 174 (1933).
[2]) H. J. Eméleus und J. S. Anderson, a. a. O.S. 234.
[3]) Ein vollständiges Literaturverzeichnis über das System Palladium–Wasserstoff
für die Zeit vor 1900 bringt Bose, Z. f. Physik. Chemie *34*, 710 (1900). Für die Zeit
von 1900 bis 1921 hat McKeehan eine, nach seiner Auffassung lückenlose Aufzäh-
lung der veröffentlichten Arbeiten gebracht. (Phys. Rev. (2), *2*, 339 (1932). Für
die neue Zeit geben folgende Publikationen ausführliche Literaturangaben: J. O.
Linde und J. Borelius, Ann. d. Physik *84*, 747 (1927). B. Duhm, Z. f. Phys. *94*,
(1935). W. Joost, Diffusion – Chemische Reaktion in festen Stoffen, Dresden u.
Leipzig 1934. G. F. Smithells, Gases and Metals, London 1937, W. Seith, Diffusion
in Metallen, Berlin 1939. U. Dehlinger, Chemische Physik der Metalle, Berlin 1939. –
Eine besonders wertvolle Zusammenstellung des den Gegenstand betreffenden
Schrifttums bringt Gmelins Handbuch der anorganischen Chemie; System Nr. 2,
S. 229 (1927), Wasserstoff; System Nr. 65, 2. Lieferung (1942) Palladium.

fache Lösung des Wasserstoffs im Palladium stattfindet; hier, und zwar nur hier, ist auch die Konzentration des gelösten Gases der Wurzel aus dem Druck des umgebenden Gases proportional. Von einem Konzentrationswert c_0 an beginnt die Bildung einer festen Verbindung zwischen Wasserstoff und Palladium – es entsteht die sogenannte wasserstoffarme Phase (sie sei hier als A-Phase bezeichnet); von einem Konzentrationswert c_1 an wird neben dieser eine wasserstoffreiche Phase – hier B-Phase genannt – gebildet, bis eine bestimmte Konzentration c_2 erreicht ist. Die B-Phase bildet sich auch auf Kosten der A-Phase, denn bei der Konzentration c_2 läßt sich die A-Phase röntgenographisch nicht mehr nachweisen. Nach Krüger und Gehm ist mit einer dem Atomverhältnis H/Pd = 0,77 entsprechenden Konzentration c_2 die Bildung dieser Phase beendet. Nach B. Duhm ist die Bildung der Phase bei einer Wasserstoffkonzentration, welche 800 Volumenteilen des Wasserstoffs entspricht, beendet. In dem Konzentrationsbereich c_1—c_2 existieren beide Phasen, beide zeigen eine Erweiterung des Metallgitters: die wasserstoffreiche Phase in höherem Maße als die wasserstoffarme. Für die Konzentrationswerte, die höher sind als c_2, wird der Wasserstoff wieder wie in dem Gebiet 0—c_0 in einfacher Lösung aufgenommen. Dabei findet eine Weitung des Gitters statt, die der Wasserstoffkonzentration direkt proportional ist. c_0 entspricht einem Atomverhältnis H/Pd = 0,025. Über die Werte c_1 und c_2 lassen sich auf Grund der vorhandenen Literatur keine präzisen und einheitlichen Angaben machen. Smithells gibt für c_1, im Atomverhältnis ausgedrückt, den Wert 0,2 an[1]. Nach Krüger und Gehm müßte er zwischen 0,03 und 0,1 liegen[2]. Der Wert c_2 mußte nach B. Duhm bei 0,64 liegen.

Zugleich mit fortschreitender Beladung mit Wasserstoff tritt auch eine Erhöhung des elektrischen Widerstandes des Palladiummetalls ein. Die Tatsache, daß nach den Messungen von Fischer und Wolf[3] die Erhöhung des elektrischen Widerstandes annähernd eine lineare Funktion der im Pd aufgenommenen Wasserstoffmenge ist, erlaubt es auch, aus Widerstandsmessungen auf die Konzentration des im Metall gelösten Wasserstoffs zu schließen. Die meisten Messungen der Wasserstoffkonzentration im Metall stützen sich auf die Tabelle von Fischer, die übrigens auch die Abhängigkeit der linearen Ausdehnung des Palladiumdrahtes von der Konzentration des gelösten Wasserstoffs angeben.

Bei einer Übersicht der vorhandenen Arbeiten fällt es auf, daß die meisten eine Beladung des Palladiums durch Elektrolyse[4] oder bei höheren Temperaturen betreffen. Nur die sonst selten zitierte Arbeit von G. Wolf untersucht die Beladung des kompakten Pd-Metalls bei Zimmertemperatur, dessen Oberflächen

[1] Smithells, a. a. O., allerdings ließen sich für diesen Wert in der Originalliteratur vom Verfasser dieser Arbeit keine Belege finden.
[2] Krüger und Gehm, a. a. O. Siehe auch: G. Rosenhall, Ann. d. Phys. (5), *18* (1933), S. 150.
[3] Fischer, Ann. d. Phys. *20*, 503 (1906). G. Wolf, Z. f. phys. Chemie, *87*, 575 (1904). Sieverts und Brüning, Z. f. phys. Chemie, A, *163*, 409 (1923).
[4] N. Kobosew und W. Monblanowa, Acta Physiochimica USSR, vol. I, 1935, H. 3,/4 S. 611.

durch eine besondere elektrolytische Behandlung „aufgelockert" worden ist. Die meisten Untersuchungen befassen sich mit Wasserstoffaufnahme bei Temperaturen über 120°, oder falls die Untersuchung bei Zimmertemperatur stattfindet, ist deren Gegenstand entweder elektrolytisch beladenes Metall oder Palladiummohr und Palladiumschwamm. Kompaktes Metall zeigt bei Zimmertemperatur eben keine Aufnahme von Wasserstoff. Nach Smithells findet eine Adsorption von molekularem Wasserstoff durch kompaktes Metall nur bei höheren Temperaturen statt. Ähnlich äußert sich McKeehan[1]).

Bei dieser Gelegenheit sei auch an die Bemerkung von A. Sieverts erinnert: „Ein Vergleich aller bisher genauer untersuchten Palladiumproben kann sich nur auf 100° und höhere Temperaturen beziehen, denn unterhalb 100° sind alle Versuche an kompaktem Palladium zu wenig zahlreich und ergiebig[2])[3]).

Damit Palladium bei Zimmertemperatur Wasserstoff aufnimmt, muß eben die Oberfläche des Metalls „aktiviert" werden. Aktivierte Metalloberfläche kann sehr wohl Wasserstoff bei Zimmertemperatur annehmen, zumal bei höheren Drucken. Über die Methoden der Aktivierung und Behandlung der von Smithells als „kapriziös" bezeichneten Pd-Oberfläche finden sich Angaben in Gmelins „Handbuch der Anorganischen Chemie", bei Smithells[4]), bei Holt, Edgar und Firth[5]), bei Wolf und in der neueren Arbeit von Firth[6]).

Die Aktivierung der Metalloberfläche geschah bisher zumeist durch Erhitzen in Stickstoff und in der erwähnten Arbeit von Wolf durch elektrolytische Behandlung.

Andrerseits ist es bekannt, daß Metallelektroden in Entladungsröhren merkliche Gasabsorption zeigen[7]).

Es lag nahe, eine Untersuchung darüber anzustillen, ob eine Pd-Oberfläche durch eine Glimmentladung „aktiv" gemacht werden kann, um im günstigsten Falle die Beladungsgeschwindigkeit vom kompakten Pd-Metall im molekularen Wasserstoff bei Zimmertemperatur zu verfolgen. Es wurden Palladiumdrähte in einer mit Argon oder Wasserstoff gefüllten Versuchsröhre als Kathode einer Glimmentladung von etwa einer Stunde Dauer ausgesetzt[8]). Nach einer solchen Behandlung mit Glimmentladung vermochte der Draht bei Zimmertemperatur und bei einem Druck von rund 30 tor des ihn umgebenden molekularen Wasserstoffes dieses Gas bis zur höchst möglichen Beladung aufzunehmen. Wurde dann aus dem Versuchsgefäß der Wasserstoff abgepumpt, so gab der Palladiumdraht im Vakuum bei Zimmertemperatur einen großen Teil des Gases wieder ab. Wurde ein mit Glimmentladung behandelter Draht elektrolytisch mit Wasser-

[1]) McKeehan, Phys. Rev. (2) *21*, 339 (1923).

[2]) Z. f. Phys. Chemie *88*, 475 (1914).

[3]) Siehe auch ähnliche Bemerkungen bei Krüger und Gehm, Ann. d. Phys. *16*, 174 (1933).

[4]) Smithells, a. a. O., S. 113ff.

[5]) Z. f. Phys. Chemie *82*, 513 (1913).

[6]) Journal of the Chem. Soc. 1117 (1920).

[7]) Siehe z. B. R. Seeliger, „Einführung in die Physik der Gasentladungen", Leipzig 1934. E. Pietsch, Ergebnisse der exakten Naturwissenschaften. V, S. 213, 1926.

[8]) R. Ulbrich, Z. f. Physik *121*, 351 (1943).

stoff beladen, so ließ sich ihm nachher durch bloßes Abpumpen bei Zimmertemperatur ebenfalls ein großer Teil des Wasserstoffs entführen – entgegen den bisher gemachten Erfahrungen, wonach sich elektrolytisch in das Palladium eingeführter Wasserstoff nur durch Erhitzen austreiben läßt[1]). Durch Behandlung mit Glimmentladung scheint die Metalloberfläche eine besondere Durchlässigkeit für Wasserstoff zu erhalten, und zwar findet die volle Beladung des Palladiums bei Zimmertemperatur in ungefähr der gleichen Zeit statt, ganz unabhängig davon, wie groß der Druck p des den Draht umgebenden Gases ist (es wurden Versuche im Druckbereich 10—100 tor angestellt). Diese Tatsache erklärt sich leicht aus der Form der Isothermen für das Gleichgewicht zwischen gelöster und ungelöster Phase. Nach Smithells zerfällt eine solche Isotherme in drei Teile:

1. Bei tiefen Drucken findet eine Wasserstoffabsorption proportional zu p statt.

2. Bei einem bestimmten Druck (in Abhängigkeit von der Temperatur) findet eine beträchtliche Absorption bei praktisch konstantem Druck statt.

3. Die Absorption steigt bei höheren Drucken wieder mit dem Druck.

Wenn man die Konzentration des gelösten Wasserstoffs in einem durch Glimmentladung aufnahmefähig gemachten Palladiumdraht in Abhängigkeit von der Zeit in einem Diagramm darstellt, so erhält man charakteristische Zeitkurven. Abb. 44 und 45[2]). Jede der erhaltenen Zeitkurven für die Widerstandserhöhung des Palladiumdrahtes zerfällt in drei Teile: einen geraden Anfangsteil, welcher bei Glimmentladung in Argon etwa vom Nullpunkt bis 1,2 des Ordinatenwertes reicht, dann eine Gerade, welche mit der vorigen einen Winkel bildet und etwa bis zum Werte 1,6 der Ordinate aufsteigt. Der dritte Teil ist eine Kurve, welche sich asymptotisch an die im Ordinatenabstand der Höchstbeladung zur t-Achse gelegte Parallele anschmiegt. Das Zerfallen der Zeitkurve in drei

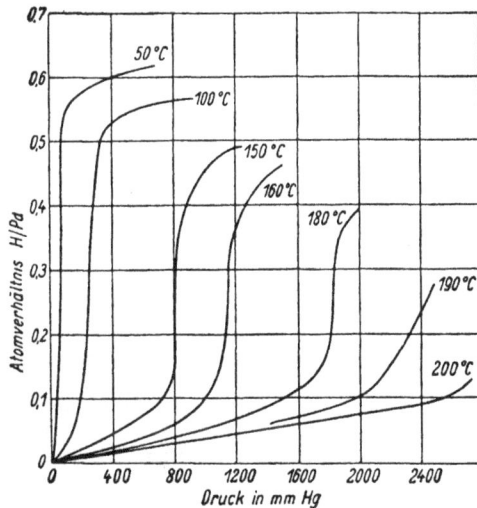

Abb. 43. Isothermen für Wasserstoff-Palladium.
(Nach Smithells)

Teile verschiedenen Charakters steht jedenfalls im Zusammenhange mit dem sonst festgestellten Phasenwechsel im Palladium mit fortschreitender Konzentration des gelösten Wasserstoffes im Metall.

Der Typus von Zeitkurven für die Widerstandserhöhung des Palladiums durch Beladung mit molekularem Wasserstoff ist schematisiert in Abb. 43 dargestellt.

---

[1]) Siehe z. B. J. O. Linde und G. Borelius, Ann. d. Physik *84*, 765 (1927).
[2]) R. Ulbrich, Z. f. Physik, a. a. O.

Als Ordinaten sind sowohl die Widerstandsverhältnisse als auch die Konzentrationswerte, wie sie etwa den Wolfschen Tabellen entsprechen würden, eingetragen. Die charakteristischen Ordinaten sind demnach c_0, c_1, c_2 bzw. W_0, W_1, W_2. Auf diesem Diagramm entspricht der Wert c_2 dem in der oben ausgeführten Darstellung ebenso benannten Konzentrationswert, bei welchem die Bildung der B-Phase beendet ist (W_2 1,6). Der Wert c_1 entspricht dem Konzen-

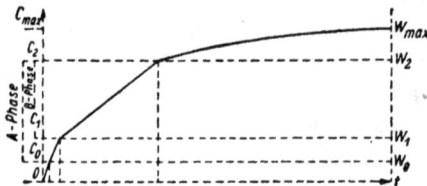

Abb. 44. Die Zeitabhängigkeit der Wasserstoffkonzentration in einem durch Glimmentladung behandelten Palladiumdraht

trationswert, für welchen der Beginn der wasserstoffreichen Phase anzusetzen ist (W_1 1,2; Atomverhältnis 0,2). Der Wert c_0 konnte in den angestellten Versuchsbedingungen nicht mehr eindeutig erfaßt werden.

Aus dem Kurvenbilde ergibt sich, daß die Geschwindigkeit des Widerstandsanstieges des Palladiumdrahtes während der Bildung der festen Verbindung des Palladiums mit Wasserstoff konstant ist. Allerdings wird die Geschwindigkeit kleiner, sobald die Bildung der wasserstoffreichen Phase einsetzt – sie bleibt aber solange konstant, bis die Bildung des Hydrids beendet ist. Weiter verläuft die Kurve asymptotisch zu dem höchst erreichbaren Werte der Konzentration. Die Tatsache, daß während der Bildung der festen Verbindungen (Hydride) die Geschwindigkeit des Widerstandsanstieges konstant bleibt, ist sicherlich sehr

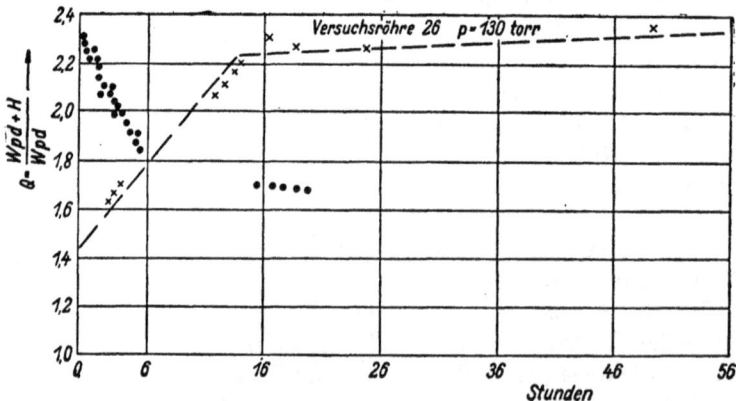

Abb. 45.

Die Zeitabhängigkeit der Wasserkonzentration in einem durch Glimmentladung behandelten Palladiumdraht

bemerkenswert. Eine befriedigende Erklärung kann aber zunächst dafür nicht gegeben werden. Wahrscheinlich ist der Grund dafür die wesentlich größere Diffusionsgeschwindigkeit des Wasserstoffs innerhalb des Metalls als durch die Oberfläche. Daß die Diffusionsgeschwindigkeit innerhalb des Metalls tatsächlich viel größer als durch die Metalloberfläche ist, wurde auch anderweitig festgestellt[1]. Der sprunghafte Abfall der allerdings weiter konstant bleibenden

---

[1] C. A. Knorr, Z. f. Phys. Chem., Abt. A, *157*, 143 (1932).

Geschwindigkeit nach Beginn der Bildung der wasserstoffreichen Phase läßt sich mit folgender Vorstellung in Einklang bringen:

Die Geschwindigkeit der Wasserstoffaufnahme wird in letzter Instanz von den Vorgängen auf der Drahtoberfläche reguliert[1]). Nun vermag die aktivierte Drahtoberfläche – wobei auf den Mechanismus des Vorganges nicht weiter eingegangen sei – in der Zeiteinheit nur eine bestimmte und begrenzte Menge des Gases passieren zu lassen. Infolgedessen muß die Bildung der wasserstoffreichen Phase langsamer verlaufen als die der wasserstoffarmen.

Außerdem sei festgehalten, daß während der Versuche der elektrische Widerstand und nicht die Wasserstoffkonzentration unmittelbar gemessen wird. Nun ist aber der elektrische Widerstand der wasserstoffreichen Phase kleiner als der der wasserstoffarmen[2]). Sobald also auch die wasserstoffreiche Phase sich

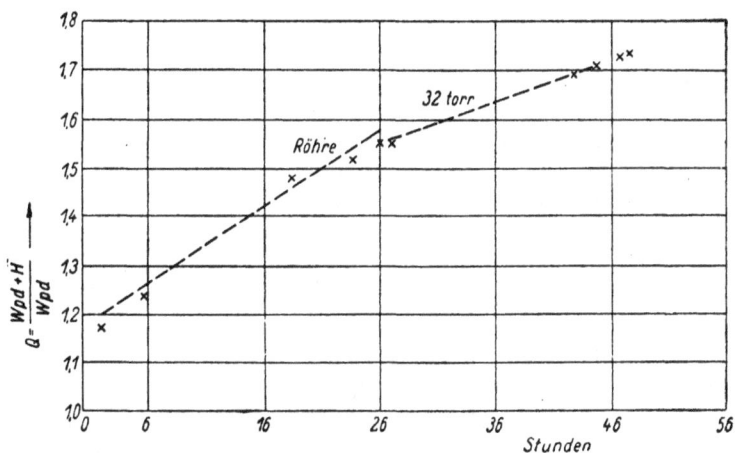

Abb. 46

zu bilden anfängt, muß der Anstieg des elektrischen Widerstandes langsamer werden. Daß aber dieser Anstieg weiter mit konstanter Geschwindigkeit erfolgt, bleibt trotzdem bemerkenswert.

Die Zeitkurve zeigt nach Erreichen des Konzentrationswertes c_2 eine asymptotische Annäherung an den höchstmöglichen Beladungswert. Diesem letzten Kurventeil entspräche nach B. Duhm wieder einfache Lösung des Gases im Metall. Es liegt nahe, daß die Kurve hier einer Differentialgleichung des Typus

$$\frac{dc}{dt} = (C_e - C)\,k$$

genügt, wobei C_e den Enddruck der Konzentration bedeutet, wie sie von F. Jurisch[3]) vorgeschlagen und von C. Wagner[4]) allerdings für geringe Konzentration diskutiert wurde.

---

[1]) C. Wagner, Z. f. Phys. Chem., Abt. A. *157*, 143 (1932).
[2]) Siehe z. B. bei Coehn und Juergens, a. a. O,,; Borelius, a. a. O.; Krüger und Gehm a. a. O.　[3]) Diss. Leipzig 1912.　[4]) C. Wagner, a. a. O.

Die durch Glimmentladung hervorgerufene Aktivierung der Metalloberfläche kann durch eine außerordentlich stark vergrößerte Adsorptionsfähigkeit zum Teil erklärt werden. Die Adsorptionsfähigkeit ist eine Grundbedingung für den Vorgang der Lösung eines Gases im Metall[1]). Nach C. Wagner wird die Lösungsgeschwindigkeit durch das Gleichgewicht zwischen gelöstem und an der Oberfläche adsorbiertem Wasserstoff bestimmt, wobei allerdings mehrere verschiedene Reaktionsgleichungen denkbar sind[2]). Die Adsorptionsfähigkeit des Metalls wird aber sicherlich noch mehr als durch die starke Zerklüftung und Vergrößerung der Metalloberfläche durch die Rückdiffusion des zerstäubten Kathodenmaterials vergrößert[3]).

Eine andere Betrachtungsweise ergibt sich aus den Arbeiten von J. B. Firth[4]). Hier wird eine amorphe und eine kristalline Phase des Palladiums angenommen. Die kristalline Phase sei grundsätzlich inaktiv, die amorphe aktiv. Die kristalline Phase des Metalls nimmt den Wasserstoff nur in Gegenwart der amorphen Form auf. Die Metalloberfläche wird durch Glühen im Vakuum oder im Wasserstoff mit einer Schicht amorphen Metalls bedeckt und nach Auffassung J. B. Firths dadurch aktiv gemacht. Die starke Aktivität der Palladiumoberfläche nach Behandlung mit Glimmentladung ließe sich also mit der Annahme erklären, daß durch Rückdiffusion bei der Kathodenzerstäubung eine Schicht von amorphem Palladiummetall aufgetragen wird. Bemerkenswert ist noch an den Resultaten von Firth und Mitarbeitern der Nachweis, daß an der Inaktivität des Palladiums in kompakter Form nicht etwa eine Oxydhaut oder irgendeine Verunreinigung der Metalloberfläche schuld ist, welche dann bei Aktivierung der Oberfläche entfernt wird.

Im Anschluß an dieses Ergebnis kann auch die aktivierende Wirkung der Glimmentladung auf das Metall nicht einfach als Säuberung von etwa dort befindlichen Oxydschichten und sonstigen Verunreinigungen aufgefaßt werden. Der Mechanismus des Vorganges muß ein anderer sein.

Wie bereits oben bemerkt, wird heute allgemein angenommen, daß der Typus der „aktiven" Adsorption eine Grundbedingung für die Aufnahme von Gasen durch Metalle ist. Die aktive Adsorption findet aber in merklichem Umfange bei Temperaturen statt, die wesentlich über der Zimmertemperatur liegen. Wenn also Palladiumdrähte, deren Oberfläche durch Glimmentladung behandelt worden war, bei Zimmertemperatur Wasserstoff bis zur höchstmöglichen Beladung absorbieren, so muß man entweder annehmen, daß allgemein die aktive Adsorption doch nicht eine notwendige Bedingung für Gasaufnahme ist, oder aber daß Adsorption an einer entsprechend behandelten Metalloberfläche auch bei tieferen Temperaturen, als es gewöhnlich angenommen wurde, möglich ist. Eine eindeutige Entscheidung in dieser Frage müßten weitere Versuche ergeben.

---

[1]) Smithells, a. a. O.
[2]) Näheres darüber bei C. Wagner, a. a. O.
[3]) R. Seeliger, Einführung in die Physik der Gasentladungen, 1934, S. 308 ff. H. Fischer, Z. f. Phys. *108*, 500 (1938).
[4]) J. B. Firth, J. Chem. Soc. *117*, 170 (1920). Holt, Edgar und Firth, Z. Phys. Chem. *82*, 513 (1913).

Über die lichtmikroskopisch wahrnehmbaren Veränderungen auf der Metalloberfläche infolge Behandlung mit Glimmentladung geben die vier beigefüg-
ten Aufnahmen Aufschluß.

Aufnahme 1 stellt die Oberfläche eines frischen, unbehandelten Palladiumdrahtes dar.

Aufnahmen 2a und 2b. Der Draht stammt aus der Versuchsröhre 22 und ist
einer Glimmentladung in Wasserstoff unterworfen worden. Er wurde nachher
nur einmal durch Wasserstoff beladen.

Aufnahmen 3a und 3b. Der aus der Versuchsröhre 26 stammende Draht
wurde einmal einer Glimmentladung in Wasserstoff ausgesetzt und nochmals
mit gasförmigem Wasserstoff beladen, nachdem das Gas inzwischen nach Eva-
kuierung des Versuchsgefäßes vom Metall zum Teil abgegeben worden war.
Bemerkenswert auf dieser Aufnahme sind die gut sichtbaren Korngrenzen an
der Metalloberfläche.

Aufnahme 4. Der Draht aus der Versuchsröhre 20 wurde einmal einer Glimmentladung in Argon unterworfen, die sich für die Aktivierung des Metalls nicht
als genügend wirksam erwies. Daraufhin wurde der Draht einer neuen Glimmentladung unterworfen, die wirkte, und nachher mehrmals mit molekularem
Wasserstoff beladen. Zwischen den einzelnen Beladungen ist der Wasserstoff
durch Erhitzen ausgetrieben worden.

Was den Zustand des im Palladium gelösten Wasserstoffs betrifft, so ist – wie
bereits oben ausgeführt – zunächst festgestellt worden, daß der Wasserstoff im
Metall in atomarer Form enthalten sein muß[1]). Die Versuche von Coehn, Wagner und Mitarbeitern[2]), welche übrigens wiederholt worden sind[3]), haben bewiesen, daß zumindest ein Teil des im Metall enthaltenen Wasserstoffs ionisiert
ist, also im Palladium in Form von Protonen existiert. Wasserstoff soll auch
bei der Lösung in Nickel und Eisen ein analoges Verhalten zeigen[4]).

Nach den Betrachtungen von J. Frank[5]) lagert sich – ähnlich wie nach den
Vorstellungen der Debye-Hückelschen Elektrolytentheorie – um jedes Proton ein
Schwarm von Elektronen. Das Proton ist im Vergleich mit den schnellen Elektronen praktisch unbeweglich. Die Elektronenschwärme schirmen die Protonen
gegen äußere elektrische Felder ab, setzen ihre Beweglichkeit herab und ver-
kleinern die effektive elektrische Ladung. Nach den Arbeiten von B. Duhm[6])

---

[1]) N. F. Mott und H. Jones, The Theory of the Properties of Metals and Alloys,
Oxford 1936, S. 100.
[2]) A. Coehn und W. Specht, Z. f. Physik *62*, 1 (1930); A. Coehn, Z. Elektrochemie,
35, 676 (1929); A. Coehn und H. Juergens, Z. f. Physik, *71*, 179 (1931); A. Coehn
und K. Sperling, Z. f. Physik *83*, 291 (1933); C. Wagner und G. Heller, Z. Phys.
Chemie *46*, 242 (1940); K. E. Schwarz, Elektrolyt. Wanderung in flüssigen und
festen Metallen, Leipzig 1940.
[3]) R. Ulbrich, Z. f. Physik, a. a. O.
[4]) T. Franzini, Nuovo Cimento, 1931.
[5]) F. Frank, Nachr. Ges. Wiss. Göttingen, Fachgr. 2, Nr. *44*, 293 (1933); K. F.
Herzfeld und M. Goeppert-Mayer, Z. f. Phys. Chemie *26*, 203 (1934).
[6]) B. Duhm, Z. f. Physik *94*, 434 (1934).

Bild 1: Palladiumdraht Ausgangszustand Bild 2a: Röhre 22, H_2, Scharfstellung auf Drahtoberfläche Bild 2b: Die
nämliche Stelle wie 2a, Scharfstellung auf Spitzen der vorstehenden Partikelchen Bild 3a: Röhre 26, Scharfstellung
auf Drahtoberfläche, H_2 Bild 3b: Scharfstellung der seitlich vorstehenden Spitzen Bild 4: Röhre 20, Argon

beträgt die „effektive" Ladung des Protons im Palladium 0,05 der Elementarladung.

Es sei noch in diesem Zusammenhang an die Bemerkung von Smithells erinnert,
wonach die charakteristischen Kurven, die für den Einfluß in der Kathode gelöster Gase auf Austrittsarbeit und Photostrom sehr stark an die Adsorptionsisothermen erinnern, auf einen ionisierten Zustand der gelösten Gase schließen
lassen.

Wenn der Wasserstoff im Palladium in Form von Protonen enthalten ist, so
könnte man vielleicht erwarten, daß sich die Wasserstoffbeladung eines Palladiumdrahtes durch Anlegen eines starken elektrischen Feldes an den als Anode
gepolten Draht herabsetzen ließe, daß man also die Protonen aus dem Draht
auf „kaltem Wege" herausziehen könnte – in Analogie zu dem bekannten Effekt
der kalten Elektronemission aus Metallen unter Einwirkung starker elektrischer Felder. T. Franzini berichtet, daß er tatsächlich auf oben beschriebene
Weise die Wasserstoffbeladung von Drähten herabsetzen konnte[1]). Er ließ nämlich Palladiumdrähte elektrolytisch mit Wasserstoff beladen und setzte die so
beladenen Drähte als Kathode gepolt der Wirkung eines elektrischen Feldes
von der Stärke bis 40 kV/cm aus. Der Draht hing während des Versuches
koaxial zu einem Ni-Zylinder. Franzini beobachtete nach 15 Minuten das Absinken des elektrischen Drahtwiderstandes von seinem, infolge H_2-Beladung
angenommenen, erhöhten Werte. Da die oben beschriebene Behandlung der
Pd-Oberfläche mit Glimmentladung die Aufnahme und Abgabe des Wasserstoffes durch das kompakte Metall stark begünstigte und, wie die Versuche
von Coehn und Juergens und Coehn und Specht bewiesen, ein Teil der im Pd-
Metall enthaltenen Wasserstoffatome ionisiert sein muß, ist zu erwarten gewesen, daß die Wirkung eines elektrischen Feldes auf vorher mit Glimmentladung behandelte und mit Wasserstoff beladene Drähte eine noch deutlichere
Senkung des elektrischen Widerstandes nach sich ziehen würde, als es Franzini
beobachtet hat. Obwohl bei wiederholten Versuchen[2]) die Feldstärken doppelt
so groß waren wie diejenigen, welche nach Franzini den Effekt hervorgerufen
haben, und auch der Versuch über eine weit längere Zeit ausgedehnt wurde,
ließ sich eine Senkung des elektrischen Widerstandes, also ein „Herausziehen"
der Wasserstoffionen aus dem Draht, nicht beobachten. Eine Abnahme des
elektrischen Widerstandes durch Anlegen eines elektrischen Feldes an einem
mit Wasserstoff beladenen Pd-Draht ließ sich auch dann nicht beobachten,
wenn die Drahtoberfläche vorher mit Glimmentladung behandelt worden war.
Das Absinken des elektrischen Widerstandes wurde nur dann festgestellt, wenn
bei einer Spannungssteigerung zwischen Zylinder und Pd-Draht auf 28 bis
32 kV (was einer Feldstärke von 112 bis 128 kC/cm entsprach) ein sekunden-
langes Aufleuchten, also eine entladungsartige Erscheinung, die vom Zusam-
menzucken der Spannung begleitet war, auftrat. In diesem Falle ist aber ein
Austreiben des Wasserstoffes durch Wärmewirkung die nächstliegende Erklärung. Erwärmung des Drahtes auf etwa 120° genügt nämlich, damit ein be-
trächtlicher Teil des Wasserstoffes entweicht.

[1]) T Franzini, a. a. O   [2]) R. Ulbrich, a. a. O.

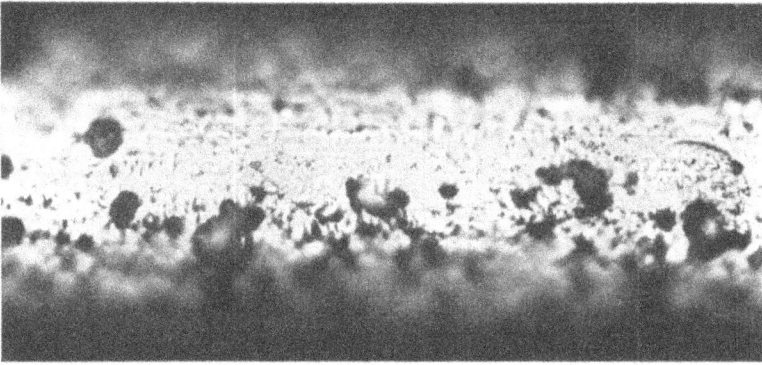

Abb. 1: H$_2$. Scharfstellung auf der Drahtoberfläche. 500 : 1

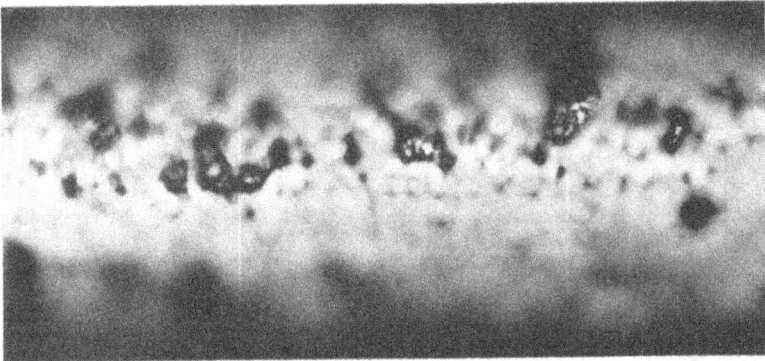

Abb. 2: Die nämliche Stelle wie Abb. 1, Scharfstellung der vorstehenden Partikelchen
500 : 1

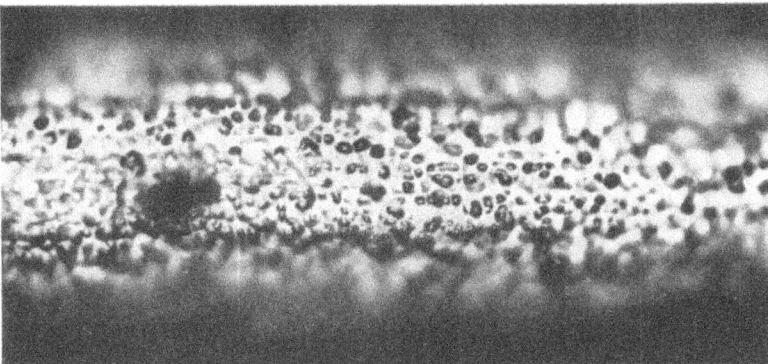

Abb. 3: Palladiumoberfläche nach Glimmentladung mit Argon

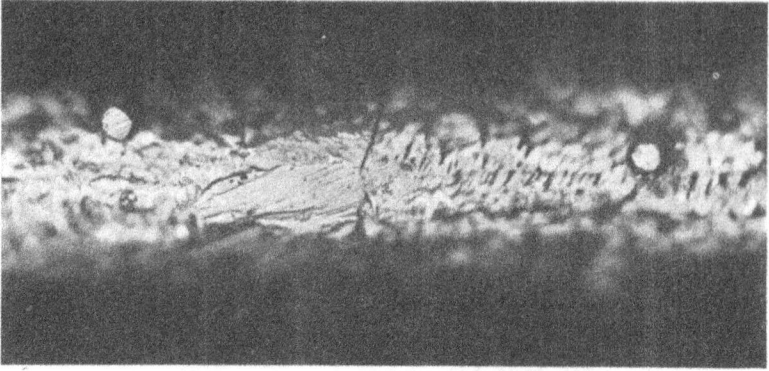

Abb. 4: H_2, Scharfstellung auf Drahtoberfläche. 500 : 1

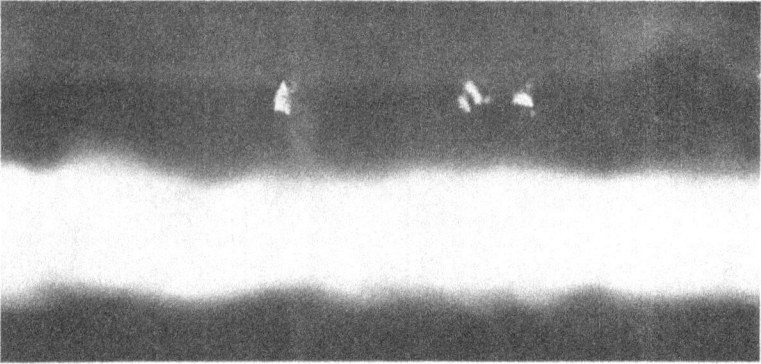

Abb. 5: Scharfstellung auf die seitlich vorstehenden Spitzen. 500 : 1

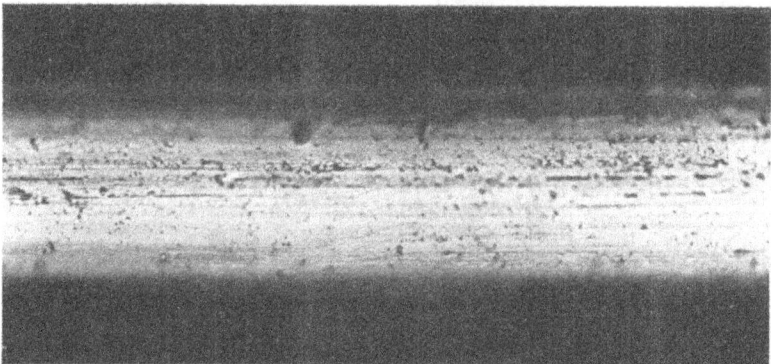

Abb. 6: Palladiumdraht im Ausgangszustand. 500 : 1

Es wurden auch Versuche angestellt, um eine Art von thermischer Emission von Ionen aus wasserstoffbeladenen Palladiumröhrchen zu beweisen. T. Franzini berichtet auf Grund von Stromspannungsmessungen und bolometrischen Auswertungen, daß unter der Einwirkung eines starken elektrischen Feldes aus einem geheizten und von Wasserstoff durchflossenen Palladiumröhrchen ein Protonenstrom austritt[1]). Ähnliche Ergebnisse zeigte der Versuch von H. Hulubey[2]). Dagegen leugnet R. G. Stansfield diese Erscheinung[3]). Analoge Versuche sind ausgeführt worden, wobei die Palladiumoberfläche vorher noch mit Glimmentladung behandelt wurde. Die erhaltenen Resultate widersprechen den Messungen von Franzini nicht und legen die Erwartung nahe, daß die Vorbehandlung der Metalloberfläche mit Glimmentladung den von Franzini beobachteten Vorgang begünstigen und die Protonenausbeute womöglich noch erhöhen würde. Der bei diesen Versuchen beobachtete Polaritätseffekt ging jedenfalls in einer von der Annahme eines Protonenaustritts geforderten Richtung.

Was die thermische Emission von Elektronen betrifft, so ist festgestellt worden, daß der Effekt beim Palladium und seinen Legierungen mit Gold und Silber nach einer Beladung mit Wasserstoff erhöht wird[4]). Ebenso wie im unbeladenen Zustande, ist aber die Glühelektronenemission am geringsten bei einer Zusammensetzung von 40% Ag und 60% Pd. Die ganze Kurve der Abhängigkeit der Glühelektronenemission von der prozentualen Zusammensetzung der Legierung ist lediglich nach oben verschoben.

Der Hall-Effekt erfährt für reines Palladium keine Beeinflussung durch Wasserstoffbeladung. Dagegen findet eine Änderung der Hall-Konstanten durch Beladung mit Wasserstoff bei den Legierungen des Palladiums mit Gold und Silber statt, worüber die beiden folgenden Tabellen Auskunft geben[5]).

Tabelle XVI. Legierung mit Gold

Pd %	Unbeladen $R - 10^{-6}$	Beladen	Prozentuale Erniedrigung der Hallkonstanten bei Beladung
100	604,3	604,3	0
90	1312,3	1018,7	22,37
80	1761,2	1364,1	22,55
70	1986,5	1346,8	32,2
60	2728,1	1360,5	53,8
50	2520,9	1381,3	45,2
40	2486,4	1761,2	29,17
30	1813	1692,1	6,67
20	1346,8	1346,8	0
10	966,9	966,9	0
0	828,8	828,8	0

[1]) T. Franzini, Nuovo Cimento 15, Nr. 2, Febr. 1938; Rendiconti Lincei 292. (1938)
[2]) H. Hulubey, C. Rend. 199 (1934)
[3]) R. G. Stansfield, Proc. Cambr. Phil. Soc., *34*, 120 (1938).
[4]) J. Schniedermann, Ann. Phys. (5), *22*, 425 (1935).
[5]) J. Wortmann, Ann. Phys. (5), *18*, 237 (1933).

Tabelle XVII. Legierung mit Silber

Pd %	Unbeladen R — 10⁻⁶	Beladen	Prozentuale Erniedrigung der *Hall*konstanten bei Beladung
100	604,3	604,3	0
90	716,6	673,3	6,02
80	1044,6	966,9	7,44
70	1225,9	759,7	38,03
60	1450,4	897,9	38,10
50	1588,5	1105,1	30,43
35	1830,3	1709,4	6,6
20	1381,3	1329,5	3,75
10	777	777	0
0	707,9	707,9	0

Der Hall-Effekt wird also bei den Palladiumlegierungen erniedrigt.
Der lichtelektrische und der thermoelektrische Effekt werden durch
adsorbierten Wasserstoff vergrößert[1]). Die folgende, der Arbeit von J. Schniedermann[2]) entnommene Tabelle faßt den Einfluß der Wasserstoffbeladung auf
die verschiedenen Elektroneneffekte des Palladiums zusammen:

Mit Wasserstoff gesättigte Pd-Ag-Legierungen

Lichtelektrischer Strom . . . Steigerung gegenüber unbeladenem Zustand
Maximum bei 40% Ag.

Thermoelektrischer Strom . . Steigerung gegenüber unbeladenem Zustand
Maximum der Prozente,
Erniedrigung bei 40% Ag.

Hallkonstante . . . . Erniedrigung gegenüber unbeladenem Zustand
Maximum bei 40% Ag.

Elektrische Leitfähigkeit . . . Erniedrigung gegen unbeladenen Zustand
Größte prozentuale Erniedrigung bei 100% Pd

Glühelektronenstrom . . . . . Erhöhung gegen unbeladenen Zustand
Minimum bei 40% Ag.

Anzahl der Leitungselektronen Erhöhung gegen unbeladenen Zustand
Minimum bei 60% Ag.

Freie Weglänge . . . . Erniedrigung gegen unbeladenen Zustand
Minimum bei 40% Ag.

Mittlere Geschwindigkeit . . Erhöhung gegen unbeladenen Zustand
Minimum bei 60% Ag.

Die drei letzten Zeilen der Tabelle sind durch rechnerische Auswertung der
*Sommerfeld*schen Elektronentheorie der Metalle begründet.

---

[1]) J. Schniedermann, Ann. Phys. (5), *14* (1932); R. Nübel, Ann. Phys. (5), *9* (1931).
[2]) J. Schniedermann, Ann. Phys. (5), *22*, 491 (1935).

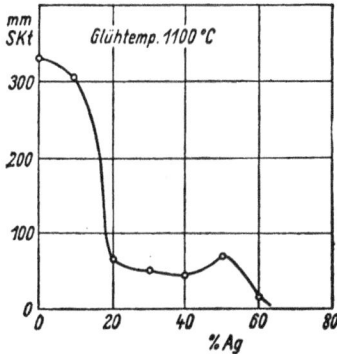

Abb. 47. Glühelektronenemission unbeladener
Pd-Ag-Legierungen

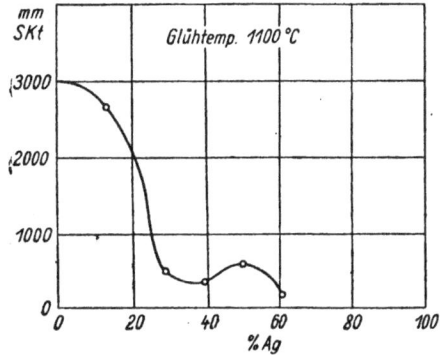

Abb. 48. Glühelektronenemission wasserstoff-
beladener Pd-Ag-Legierungen

Die Messungen der magnetischen Suszeptibilität werfen ebenfalls Licht auf den Mechanismus der Lösung von Wasserstoff in Palladium[1]). Die paramagnetische Suszeptibilität des Palladiums fällt mit wachsender Wasserstoffbeladung des Metalls und schwindet, wenn das Atomverhältnis der Lösung den Wert 1:1 erreicht. Die Lösung des Wasserstoffes in Palladium wird gewöhnlich als ein spezieller Fall der Lösung zweier fester Phasen angesehen, wobei man oft das hier besprochene Gas–Metall-System parallel zur Lösung eines Edelmetalles, also z. B. des Goldes, in Palladium betrachtet.

Der Vorgang im Inneren des Metalls läßt sich qualitativ mit folgender Vorstellung in Einklang bringen, welche sich in ihren Ansätzen auf die etwas modifizierten Gedankengänge von E. Vogt zurückführen läßt:

Das Palladium ist ein Übergangs-

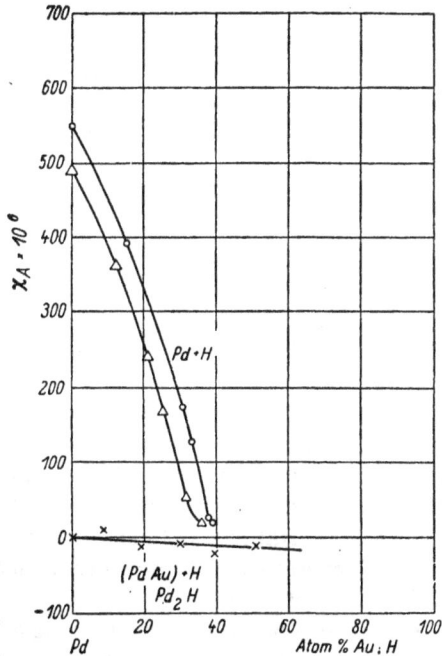

Abb. 49. Die magnetische Suszeptibilität von Palladium
und von einer Palladium-Gold-Legierung in Abhängigkeit vom Wasserstoffgehalt.
(E. Vogt, Ann. Phys. *14*, 32 (1932)

metall. Bei den Atomen eines Übergangsmetalls ist auch die zweitäußere Elektronenschale, nämlich die d-Schale, nicht vollständig besetzt. (Die Bezeichnung der äußersten unabgeschlossenen Schale einfach mit s, p, d ist in der Physik der Metalle üblich.)

Es ist natürlich zu unterscheiden zwischen den freien Metallatomen des Palladiums im Dampfzustande, bei welchen die d-Schale mit 10 Elektronen voll-

---

[1]) E. Vogt, Ann. Phys. *14*, 1 (1932); B. Svensson, Ann. Phys. (5), *17*, 299 (1933).

ständig besetzt ist, und den im Metallgitter gebundenen Atomen, von denen sich
nur sagen läßt, daß die Gesamtzahl der Elektronen in der d- und s-Schale, also in
den beiden äußersten Elektronenschalen, zusammen gleich 10 ist. Eine spektro-
skopische Entscheidung über die Elektronenverteilung in den beiden äußersten
Schalen ist, anders als bei der Dampfphase für das Metallgitter, nicht möglich.

Der ausgeprägte Paramagnetismus des Palladiums stammt jedenfalls von der
unvollständigen Besetzung der d-Schale. Es besteht aber für die d-Schale die
Neigung, sich aufzufüllen. Die nun bei der Lösung hinzutretenden Atome des
Wasserstoffes liefern ihre Elektronen an die d-Schale und werden auf diese
Weise an das Palladium metallisch gebunden (Legierung!). Sobald die bisher
unvollständig besetzte d-Schale der Gitteratome des Palladiums besetzt ist, und
das Atom in seiner Konsistenz einen mehr edelgasartigen Charakter angenommen hat, schwindet der Paramagnetismus, und die Atome haben nur die
temperaturunabhängige diamagnetische Komponente. Die Kerne der an die
Metallatome gebundenen Wasserstoffatome können nun abgespalten werden:
das mit Wasserstoff beladene Metall enthält Protonen, die nun, wie die bereits
erwähnten Versuche von Coehn und Mitarbeitern beweisen, im Metall eine gewisse Beweglichkeit haben. Der Vorgang läßt sich etwa durch die von E. Vogt
vorgeschlagene symbolische Gleichung beschreiben:

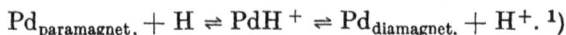

$$Pd_{paramagnet.} + H \rightleftharpoons PdH^+ \rightleftharpoons Pd_{diamagnet.} + H^+. \text{[1])}$$

c) Gasbeladung und Elektronentheorie der Metalle

Das Ansteigen des elektrischen Widerstandes des Metalls bei fortschreitender
Beladung mit Wasserstoff läßt sich im Rahmen der von Sommerfeld, Nordheim,
Bloch, Fröhlich sowie Mott und Jones u. a. entwickelten Elektronentheorie
der Metalle zunächst einmal qualitativ gut verstehen. In dieser Theorie wird
bekanntlich einem Elektron die Vorstellung der Welle zugeordnet[2]. Der elektrische Widerstand ist auf Abweichungen von der strengen Periodizität des
Metallgitters zurückzuführen, welche Streuungen der Elektronen verursachen.
Bei der Temperatur des absoluten Nullpunktes müßten reine Metalle und per-
fekte Einkristalle einen unendlich kleinen Widerstand haben, weil die Periodizität des Metallgitters ideal ist.

Drei Ursachen bewirken eine Streuung der Elektronen und damit ein Zustandekommen des elektrischen Widerstandes, der als eine Interferenzerscheinung
aufzufassen ist:

1. Die Temperatur des Metallgitters,
2. Verzerrung des Metallgitters und
3. Einlagerung von Fremdatomen.

---

[1]) Nähere Einzelheiten sind nachzulesen bei: H. Fröhlich, Elektronentheorie der
Metalle, Berlin 1936; N. F. Mott u. H. Jones, The Theory of the Properties of
Metals and Alloys, Oxford 1939; K. L. Wolf, Theoretische Chemie, Leipzig 1942,
2. Teil; U. Dehlinger, Z. f. Physik 96, 620 (1935); E. Vogt, a. a. O.; H. J. Eméleus
u. J. S. Anderson, Ergebnisse u. Probleme d. mod. anorg. Chemie, übers. von K.
Karbe, Berlin 1940, S. 233/408.

[2]) Siehe M. Laue, v. Materiewellen und ihre Interferenzen, Leipzig 1944.

Die Temperaturschwingungen bewirken den normalen temperaturabhängigen Widerstand.

Die beiden anderen Ursachen, die oft kombiniert auftreten, sind im Gegensatz zu der unter 2. genannten nicht dynamischer, sondern statischer Natur und deshalb temperaturunabhängig.

Daraus ergibt sich zwanglos die Mathiesensche Regel, wonach der Gesamtwiderstand einer Legierung aus einem temperaturunabhängigen und aus einem temperaturabhängigen Summanden besteht[1])[4]). Die Hauptursache für den Zusatzwiderstand der Legierungen ist die statistisch unregelmäßige Verteilung von Fremdatomen in den Gitterpunkten des Metalls[2]). Die Leistungsfähigkeit der Theorie ist aber nicht so groß, daß sich auf ihrer Grundlage über qualitative Vorstellungen hinausgehende Abhängigkeiten vom Material fixieren ließen. Die Voraussetzungen der Theorie sind vor allem für die Alkalimetalle gut erfüllt. Die in ihrer Elektronenfiguration von diesen abweichenden Metalle geben immer schlechtere Übereinstimmung zwischen Theorie und Experiment. Außerdem lassen neuere Untersuchungen von E. Justi und Mitarbeitern Zweifel darüber entstehen, ob sich ein einheitlicher Mechanismus für die Leitfähigkeit in allen Metallen denken läßt. Schon bei tieferen Teperaturen, also beim Einfrieren der thermischen Gitterschwingungen, ergeben sich experimentell bedeutende Abweichungen von den Größen, die auf Grund des von der Elektronentheorie entworfenen, allgemeinen Leitfähigkeitsmechanismus errechnet werden. Die von Justi durchgeführten Experimente deuten auf die Existenz mehrerer Typen von Leitfähigkeitsmechanismen[3]). Die tiefere Ursache für die vom Experiment geforderte Klassifizierung der Typen elektrischer Leitfähigkeit liegt nach E. Justi und H. Scheffers in der Notwendigkeit, die Anisotropie der Gitterschwingungen, an welchen die Elektronenwellen gestreut werden, und die Anisotropie der Potentialfelder der Ionen zu berücksichtigen. Bei höheren Temperaturen und bei Metallproben, die aus vielen Kristallen bestehen, wird allerdings die Anisotropie durch die Temperaturschwingungen und durch die makroskopische Anordnung der Kristalle verwischt, und eine Isotropie wird vorgetäuscht. Es ist im Augenblick noch nicht möglich, eine über das allgemeine Bild der Elektronentheorie hinausgehende, auch quantitativ vollauf befriedigende Theorie der Leitfähigkeit zu geben, welche über die Abhängigkeit vom

---

[1]) Ältere Literatur über elektr. Widerstand der Legierungen bei A. L. Norbury, Trans. Faraday Soc. 16, 570 (1921).

[2]) Erschöpfende Literaturangaben im Handb. d. Metallphysik, 1. Bd., 1. T., im Beitrag von Borelius, S. 360. – Die exakte Theorie ist in folgenden Arbeiten niedergelegt: L. Nordheim, Ann. Phys. (5), 9, 608/641 (1931); N. F. Mott und H. Jones, The Structure of the Metals and Alloys, Oxford 1939; H. Fröhlich, Elektronentheorie der Metalle, Berlin 1936; F. Bloch, Z. f. Physik 59, S. 208 (1930); E. Wigner und F. Seitz, Phys. Rev. 43, 804 (1933, 46, 509 (1934). F. Seitz, The Modern Theory of Solids, 1940. The Physics of Metals. New York 1943.

[3]) E. Justi und H. Scheffers, Phys. Z., 30 (1929), 37, 383 (1939); Metallwirtschaft 17, 1357 (1938); E. Justi, Elektrotech. Z. 62, 721/745 (1941); J. Rottgart und O. Stierstadt, Metallwirtschaft 31, 32, 37 (1941).

[4]) Von einem neuen Gesichtspunkte aus ist das Problem der elektrischen Leitfähigkeit behandelt von F. Skaupy, Technik 2, 77—79, Februar 1947.

Material genaue Auskunft liefern würde. Erst recht ist es nicht möglich, für die einzelnen Legierungen und auch für die spezielle Legierung Palladium – Wasserstoff – denn die Lösung von Wasserstoff in Palladium ist ja eine Legierung – im Rahmen einer Theorie eine Rechnung anzustellen, welche die Leitfähigkeit dieses Systems Gas–Metall in genauer Übereinstimmung mit dem Experiment beschreiben würde.

d) Wasserstoff in anderen Metallen

1. *Wasserstoff in Metallen der ersten Gruppe*

Was nun die Löslichkeit des Wasserstoffs in anderen Metallen betrifft, so kann man, wie bereits oben bemerkt, die Gesamtheit aller Metalle in zwei Gruppen einteilen; der ersten Gruppe gehören solche Metalle an, in welchen Wasserstoff eine sogenannte einfache Lösung bildet (s. S. 95), und zwar sind es: Aluminium, Kupfer, Silber, Eisen, Nickel und Kobalt. Zur zweiten Gruppe gehören solche Metalle, mit denen Wasserstoff eine Legierung bildet: Palladium, Zirkonium, Titan und Tantal.

Es seien nun kurz die zur ersten Gruppe gehörenden Metalle in ihrem Verhältnis gegenüber Wasserstoff besprochen.

Aluminium: Die Löslichkeit des Wasserstoffes im festen Metall ist außerordentlich gering. Weil aber Durchlässigkeit in fester Phase beobachtet worden ist, muß man auch Löslichkeit voraussetzen[1]). Trotzdem klingen die Angaben über die Diffusion von Wasserstoff auch in noch so geringen Mengen wenig wahrscheinlich, und zwar in Anbetracht dessen, daß auch Versuche über Wasserstoffdiffusion in statu nascendi negativ verlaufen sind[2]). Die beobachteten Daten über Lösung des Wasserstoffs in geschmolzenem Aluminium gibt folgende Tabelle am besten wieder[3]):

Tabelle XVIII. Löslichkeit von H_2 in Aluminium

Verfahren	Probenart	$\dfrac{cm^3\ H_2}{1000\,g\ Metall}$	Beobachter
Gleichgewichtsbestimmung	Reinaluminium	0,2 (700°) 4,5 (1000°)	Röntgen und Braun (1932)
Heißextraktion bei 900°	Reinaluminium	0,5	Steinhäuser (1934)
Kaltentgasung durch Ionenbeschießung	Reinaluminium Al 99,7; sehr dünne Al-Folie	127 135 220	Portevin, Chaudron, Moreau (1935) Vgl. Fußnote S. 94
Heißextraktion n. wiederh. Kälteverformung	Aluminium 99,5	161	Winterlager (1938)
Chem. Bestimmung	Al-Feilspäne	3,5—17	Chrétien (1939)

[1]) W. Baukloh und H. Kayser, Z. Metallkunde *27*, 281 (1935); C. J. Smithells und C. E. Ransley, Proc. Roy. Soc., London, A, 152, 706 (1935).

[2]) H. Lichtenberg, Metallwirtschaft *17*, 22 (1938).

[3]) Entnommen der Arbeit: E. Schmid und H. D. Graf v. Schweidnitz, Aluminium *21*, Nr. 11. 772/778 (1939), – Andere Arbeiten über Lösung von Wasserstoff in Aluminium: Röntgen und Braun, Metallwirtsch. *11*, 459 (1932); Röntgen und Müller, Metallwirtsch. *13*, 81 (1934); Bircumshaw, Trans. Fraraday Soc. *31*, 1439, (1935); F. Willems, Alum. *23*, Nr. 7 337/339, (1941); C. Baukloh und M. Redjali, Metallwirtsch. *32*, 45/46, 683, (1942).

Die Tabelle zeigt, daß je nach Behandlungsart und je nach Art der Metallprobe voneinander außerordentlich differierende Meßergebnisse des Wasserstoffgehaltes in Aluminium festgestellt wurden. *E. Schmid* und *H. D. Graf v. Schweidnitz* haben nachgewiesen[1]), daß durch Einfluß der Luftfeuchtigkeit die Meßergebnisse gefälscht werden. Die Gestalt der Metallprobe, d. h. das Verhältnis von Oberfläche zum Volumen spielen dabei eine große Rolle. Besonders die großen Wasserstoffwerte, die nach der Methode der Heißextraktion und nach der elektrischen Methode von *A. Portevin*, *G. Chaudron* und *L. Moreau* erhalten worden sind, erschienen nach einer kritischen Betrachtung durch Oberflächenreaktion mit adsorbiertem Wasser gefälscht. Als oberste Grenze für den Wasserstoffgehalt in Aluminium wird die von *Steinhäuser*[2]) gefundene Zahl von

$$0,5 \ \frac{cm^5 \, H_2}{100g}$$

angesetzt.

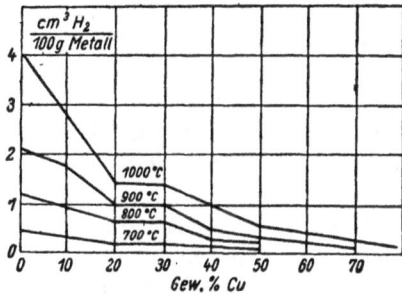

Abb. 50. Löslichkeit von Wasserstoff in Aluminium nach verschiedenen Autoren

Der Zusatz von anderen Komponenten zu Aluminiumlegierungen wirkt sich im allgemeinen so aus, daß Metalle mit höherer Absorptionsfähigkeit die Lösungsfähigkeit in der Aluminiumlegierung erhöhen, während die Metalle mit geringerer Lösungsfähigkeit diese bei der Legierung erniedrigen.

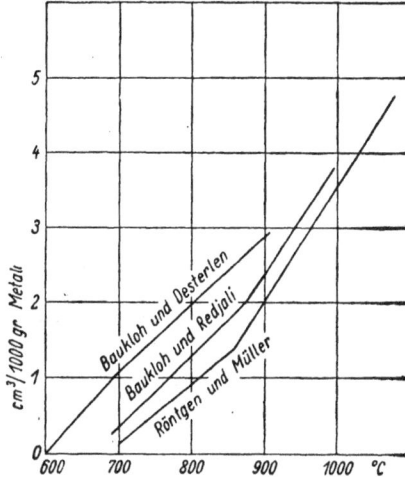

Abb. 51. Lösungsfähigkeit von Wasserstoff in Legierungen von Aluminium und Kupfer

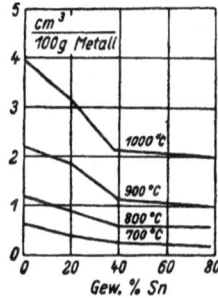

Abb. 52. Lösungsfähigkeit von Wasserstoff in Legierungen von Aluminium und Zinn

So erniedrigen z. B. Kupfer und Zusätze die Lösungsfähigkeit der Aluminiumlegierung für Wasserstoff, während Zusätze von Titan und Thorium sie erhöhen[3]).

---

[1]) E. Schmidt und H. D. Graf v. Schweidnitz, Aluminium, *21*, 772 (1939).
[2]) A. Portevin, G. Chaudron und L. Moreau, C. Rend. 210—212, (1935).
[3]) K. Steinhäuser, Metallkunde *26*, 136 (1934).

Die größte praktische Bedeutung hat die Kenntnis über die Löslichkeit von
Wasserstoff in E i s e n. Allgemein läßt sich sagen, daß die Löslichkeit in der
γ-Phase des Eisens sehr viel größer ist als in der α-Phase[1]). Nach Franzini soll
übrigens der Wasserstoff in Eisen – ähnlich wie in Palladium – als Proton enthalten sein. Versuche von *Güntherschulze* über Diffusion von Wasserstoff durch
kathodisch gepoltes Eisenblech in einer Glimmentladung sprechen ebenfalls
für diese Auffassung[2]). Die für die Praxis interessante Frage nach der Abhängigkeit der Wasserstofflöslichkeit vom Gehalt an Kohlen-
stoff und anderen Legierungspartnern, des Eisens
und Stahls, ist bis jetzt noch nicht erschöpfend
bearbeitet worden. Noch
schwieriger ist es, auf Grund
des heute zur Verfügung
stehenden Versuchsmate-
rials eine Übersicht über das
allgemeine Problem zu ge-
winnen, wie die einzelnen
Partner einer aus mehreren
Elementen bestehenden Le-
gierung auf ihr gegenseitiges
Verhalten Einfluß nehmen
und in welcher Wechselwirkung sie stehen. Es ist durch
die Arbeiten von *E. Houdre-*
mont festgestellt worden, daß Wasserstoff im Gußeisen als Legierungselement
im Sinne der Karbidstabilisierung wirkt. Bei Stahl erhöht Wasserstoff die
Härtefähigkeit. Bei Stählen, die zu starker Zementitzusammenballung neigen,
kann Wasserstoff eine normale Zementit- und Perlitausbildung herbeiführen. In
ähnlichem Sinne wirkt Wasserstoff bei Gußeisen. Der Wasserstoff wirkt nämlich
bei Stahl als Legierungspartner in analoger Weise wie Mangan oder Chrom[3]).
Über den Gasgehalt eines „mittelharten, unlegierten Baustahles", welcher nach
einem Verfahren von *L. G. Katzen* ermittelt wurde, berichtet *G. Hieber*[4]),
dessen Beitrag nebenstehende Tabelle XIX entnommen ist.
Über die Verschiebung der Umwandlungspunkte der Eisenphasen finden sich
bei den einzelnen Autoren voneinander abweichende Angaben.
K u p f e r löst den Wasserstoff in ganz geringem Maße in einfacher Lösung[5]).
Obwohl ein Hydrid des Kupfers, welches allerdings wenig existenzfähig ist, mit

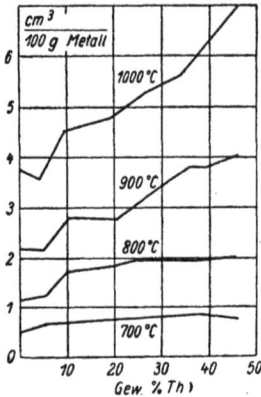

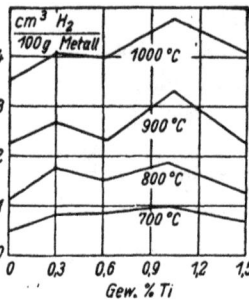

Abb. 53. Lösungsfähigkeit von
Wasserstoff in Legierungen von
Aluminium und Thorium

Abb. 54. Lösungsfähigkeit von
Wasserstoff in Legierungen von
Aluminium und Titan

[1]) Sieverts, Z. Phys. Chemie *77*, 591 (1911); J. O. Sauter und W. R. Ham, Phys.
Rev. *47*, 337 (1935); *49*, 195 (1936); W. Baukloh und H. Kayser, Z. Metallkunde,
27, 287 (1935); Paul Bastien, C. R. Hebd, Séances Acad. Sci. *214*, 354–357, 23/2
(1942); A. Sieverts, H. Moritz, Ber. d. dtsch. chem. Ges. *75*, 1726–29, (1943).
[2]) Güntherschulze, H. Beetz und H. Kleinwächter, Z. f. Physik *111*, H.14, 657 (1939).
[3]) E. Houdremont und P. Heller, Stahl u. Eisen *61*, H. 32. 756 (1941).
[4]) G. Hieber, Stahl u. Eisen *61*, 861 (1941).
[5]) Röntgen und Möller, Metallwirtsch. *13*, 81 (1934); Sieverts, Z. Phys. Chem. *77*,
591 (1911); W. Baukloh und H. Kayser, Z. Metallkunde *27*, 281 (1935).

chemischen Methoden hergestellt werden kann[1]), ist die Bildung eines Hydrids unter Einwirkung von molekularem Wasserstoff nicht beobachtet worden. Silber löst den Wasserstoff nur als geschmolzenes Metall[2]).

Tabelle XIX. In Siemens-Martin-Ofenschmelzen festgestellte Gasmenge und Zusammensetzung

Schmelzverlauf	Gasmenge cm³/kg	Gaszusammensetzung in %					
		CO_2	O_2	CO	H_2	CH_4	N_2
Einlaufen	650– 950	1,8–3,2	0,2–0,8	18–28	62–70	0–0,7	5–10
Beginn d. Kochens	750–1000	1,6–2,4	0,2–0,8	14–22	68–76	0–0,7	5– 9
Vor dem Oxydieren	700– 900	1,6–2,4	0,2–0,8	12–20	70–78	0–0,7	4– 9
Nach dem Oxydieren	700–1000	1,6–2,4	0,2–0,8	9–17	76–84	0–0,7	3– 9

Nickel vermag besonders große Mengen von Wasserstoff im Vergleich mit anderen zu dieser Gruppe gehörigen Metallen zu lösen. Die Aufnahmefähigkeit steigt sehr stark im Schmelzpunkt[3]). Es ist zwar die Existenz eines Nickelhydrids spektroskopisch festgestellt worden[4]), aber bei der Absorption von Wasserstoff in der Gasphase durch das Metall wurde das Hydrid niemals beobachtet.

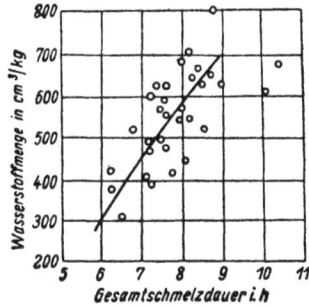

Abb. 56.
Einfluß der Gesamtschmelzdauer auf den Wasserstoffgehalt des Stahles

Kobalt: Die Löslichkeit des Wasserstoffs steigt in diesem Metall sehr rasch mit der Temperatur, obwohl die Löslichkeit – absolut genommen – gering ist[5]).

Angaben über die Hydride, die von den, zu der soeben genannten Gruppe gehörenden Metallen gebildet werden, finden sich in dem Buche von Eméleus und Anderson.

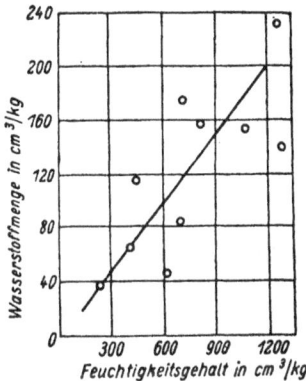

Abb. 55. Einfluß des Feuchtigkeitsgehaltes von Bauxit auf den Wasserstoffgehalt des Stahles

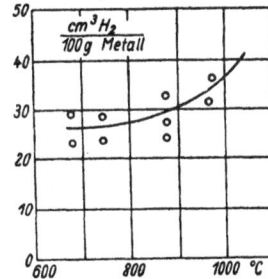

Abb. 57.
Temperaturabhängigkeit der Löslichkeit von Wasserstoff in Magnesium

[1]) H. J. Eméleus und H. S. Anderson, a. a. O., S. 236.
[2]) Steancie und Johnson, Proc. Roy. Soc. 117, 662 (1928).
[3]) Smittenburg, Rec. Trav. Chim. 53, 1065 (1934); W. Baukloh und H. Kayser, a. a. O.
[4]) Gaydon und Pearce, Nature 134, 287 (1934).
[5]) Sieverts und Hagen, Z. Phys. Chem. 169, 237 (1934); H. J. Eméleus u. J. S. Anderson, a. a. O.

2. Wasserstoff in Metallen der zweiten Gruppe

Zur zweiten Gruppe werden solche Metalle gezählt, die mit Wasserstoff eine feste Verbindung oder eine sogenannte Einlagerungsverbindung bilden. Der klassische Vertreter dieser Gruppe ist Tantal.

Tantal absorbiert Wasserstoff bei Temperaturen, die höher als 400° C sind. Das gebildete Hydrid entspricht einer Zusammensetzung $TaH_{0,78}$, sobald das Metall mit Wasserstoff voll beladen ist[1]).

Der elektrische Widerstand steigt proportional zur Gasbeladung und erreicht bei Vollbeladung eine Steigerung von 30%. Nach den Arbeiten von *Hägg*[2]) gibt es in Abhängigkeit von der Wasserstoffbeladung folgende Phasen des Metalls:

α Raumzentriert kubisches Gitter, bis zu 12 Atomprozent 4.

β Ta_2H; Hexagonales Gitter, 12 bis 33 Atomprozente H.

γ TaH; Raumzentriert kubisches Gitter, 33 bis 50 Atomprozent H.

Zirkon hat einen Umwandlungsprozeß von dem hexagonalen Raumgitter der α-Phase zu dem kubisch-raumzentrierten Gitter der β-Phase bei 682° C[2]), Wasserstoff wird in Temperaturen über 800° rasch aufgenommen. Die α-Phase kann bis 5 Atomprozent Wasserstoff aufnehmen, wobei sich die Gitterkonstante um $^1/_2\%$ ausdehnt. Zwischen 5 und 33 Atomprozent Wasserstoffbeladung existieren zwei Phasen. Dieser Umstand erinnert stark an das System Wasserstoff–Palladium. Wasserstoffaufnahme ist proportional zur $\sqrt{p}$ bis zur Erreichung der vollen Beladung und bleibt dann vom Druck unabhängig. Das entstehende Hydrid hat die Zusammensetzung $ZrH_{1,92}$[3]).

Titan verhält sich ähnlich wie Zirkon. Es hat einen Umwandlungspunkt der hexagonalen α-Phase in die β-Phase mit flächenzentriertem, kubischem Raumgitter bei 882°! Die Zusammensetzung des Hydrids entspricht der Formel $TiH_{1,73}$[4]).

Thorium beginnt Wasserstoff bei 400° zu absorbieren, wobei ein Hydrid der Formel $ThH_{3,07}$ gebildet wird[5])·

Über die mit den seltenen Erden: Zer, Lanthan und Praseodym gebildeten Hydride findet man Auskunft bei Sieverts und Cotta[6]). Es sei hier noch bemerkt, daß Wasserstoff sich aus allen Metallen durch Erhitzen im Vakuum entfernen läßt.

Natrium und die Erdalkalimetalle sind in bezug auf die Wasserstofflöslichkeit insofern besonders interessant, als es wahrscheinlich ist, daß die Wasserstoff-teilchen darin eine negative Ladung haben. Nach den Untersuchungen von

---

[1]) Sieverts und Roell, Z. Anorg. Allgem. Chem., *153*, 289 (1926); Eméleus und Anderson, a. a. O., S. 235.

[2]) Hägg, Z. Phys. Chem. *11*, 433 (1931).

[3]) R. Vogel und W. Tone, Z. Allgem. Anorg. Chem. *202*, 292 (1931).

[4]) Sieverts und Cotta, Z. Anorg. Allgem. Chem. *187*, 155 (1930); *199*, 384 (1931).

[5]) Sieverts und Roell, a. a. O.

[6]) Sieverts und Cotta, Z. Elektrochem. Angew. Phys. Chemie *32*, 102 (1926); Z. Anorg. Allgem. Chem. 155 (1930).

Hüttig und Brodkorb[1]) soll Natrium 3 bis 5 Atomprozent Wasserstoff in fester Lösung enthalten. Erst bei größeren Konzentrationen wird das Hydrid NaH gebildet. In dieser Verbindung spielt Wasserstoff die Rolle eines Halogens, und es kann vermutet werden, daß die Teilchen des in Natrium gelösten Wasserstoffs negativ geladen sind. J. D. Fast vermutet, daß sie sich bei einem elektrolytischen Versuch nach der Anode bewegen würden, allerdings mit einer viel kleineren Geschwindigkeit, als das bei der Bewegung des Wasserstoffs zur Kathode in Eisen und Palladium der Fall ist[2]).

In den Metallen Zn, Te, Cd, Pb, Sn, Ge wurde keine Löslichkeit des Wasserstoffs beobachtet.

Tabelle XX.

Die Löslichkeit von Wasserstoff in Metallen der zweiten Gruppe

(Nach Smithells: „Gases and Metals", S. 161)

Temp. °C	Löslichkeit des Wasserstoffs cm$_3$/100 g Metall								
	Ce	La	Nb	Pd	Ta	Th	Ti	Va	Zr
20	—	—	5500	—	—	12500	40300	15000	—
150		—	—	—	—	—	—	8200	—
300	184000	19200	4400	330	3400	10700	40000	6000	27000
400	17600	18200	3700	230	2400	9700	38400	3800	24000
500	16800	17200	2300	190	1300	9100	35400	1840	21000
600	16000	16300	990	180	630	8800	32000	1000	18400
700	15200	15300	510	170	450	8450	32000	640	17600
800	14500	14300	330	162	320	8100	14000	450	16500
900	13800	13400	220	157	260	7700	9000	320	13800
1000	13000	12300	160	155	230	2600	6500	240	7800
1100	11300	11100	130	154	210	1900	4000	200	4600
1200	5300	4100	—	153	—	1750	—	—	3200

§ 14. Stickstoff und Sauerstoff in Metallen

1. Stickstoff in Zirkon, Titan, Eisen, Molybdän und Aluminium

Ebenso wie es für Wasserstoff eine Gruppe von Metallen gibt, welche das Gas in einer festen Lösung oder genauer gesagt in einer Legierung, und zwar in einem stöchiometrischen Verhältnis aufnehmen, wobei die Löslichkeit mit steigender Temperatur abnimmt – die Lösungswärme also positiv ist – gibt es auch Metalle, die gegenüber Stickstoff und Sauerstoff ein ähnliches Verhalten zeigen[3]). Ja man kann sogar sagen, daß Stickstoff von Metallen nur unter Bildung von Nitriden aufgenommen wird, also es gibt für dieses Gas nur denjenigen Typus der Löslichkeit, wie sie für Wasserstoff mit den Metallen der zweiten Gruppe zustande kommt. J. D. Fast hat die Metalle, die den Sauer-

---

[1]) Hüttig und Brodkorb, Z. Anorg. Allgem. Chem. *161*, 353 (1927).
[2]) J. D. Fast, Philipps Techn. Rundschau, Forschungslaboratorium 6, H. 12, 374 (1941).
[3]) M. Hansen, Zweistofflegierungen, Berlin 1936.

stoff und Stickstoff absorbieren, vor allem aber Zirkon und Titan[1]), einem genauen Studium unterzogen[2]).

Zirkon vermag größere Mengen von Sauerstoff und Stickstoff unter Bildung der wohldefinierten Verbindung ZrN und ZrO_2 aufzunehmen. Röntgenographische Untersuchungen haben ergeben, daß die obere Grenze der Löslichkeit für Sauerstoff bei 40 Atomprozent, für Stickstoff bei 20 Atomprozent liegt. Die Lösung von Sauerstoff und Stickstoff in Zirkon ist – im Gegensatz zur Wasserstofflösung in Palladium, welche reversibel ist – ein irreversibler Vorgang. Nachdem die Gase einmal vom Metall aufgenommen worden sind, können sie nicht mehr ausgetrieben werden. Erhitzen im Vakuum vermag – anders wie es bei Wasserstoff der Fall ist – weder Stickstoff noch Sauerstoff aus dem Metall zu entfernen. Das ist ein Hinweis darauf, daß die Sauerstoff- bzw. Stickstoffatome durch sehr starke chemische Kräfte an das Metall gebunden sind. Dieser früher am Beispiel des Systems Palladium–Wasserstoff besprochene Lösungstypus liegt hier also in einer noch reineren Form vor. Das Beispiel der Löslichkeit des Stickstoffs und Sauerstoffs in Zirkon illustriert deutlich die Eigenart der Löslichkeit von Gasen in Metallen, die in ausschlaggebender Weise von chemischen Kräften bestimmt wird. – Vogel und Tonn[3]) haben den Übergangspunkt des α-Zirkons in die β-Phase in Abhängigkeit von dem Stickstoffgehalt studiert.

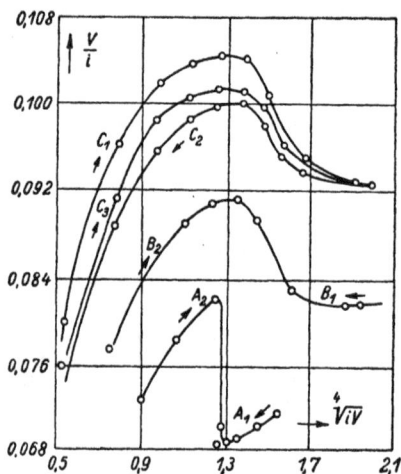

Abb. 58. Widerstandsmessungen an reinem Zirkon (Kurve A), Zirkon mit 5 Atomprozent Sauerstoff (Kurve B) und Zirkon mit 5 Atomprozent Sauerstoff, zuzüglich 5 Atomprozent Stickstoff (Kurve C). (Nach H. J. de Boer und J. D. Fast, Rec. trav. chim. 55, 459 (1936)

Nach einer Aufnahme von Sauerstoff oder Stickstoff oder auch beider Gase erfolgt die Umwandlung des α-Zirkons in die β-Phase nicht mehr bei einem bestimmten Temperaturpunkt, sondern sie dehnt sich über eine Temperaturspanne aus, deren Weite von der gelösten Gasmenge abhängt; bei 10 Atomprozent Sauerstoffgehalt beträgt die Temperaturspanne 600° C. Die α-Phase hat einen größeren Temperaturkoeffizienten des elektrischen Widerstandes als die β-Phase. Im Umwandlungspunkt sinkt der elektrische Widerstand plötzlich um 16,5% des Höchstwertes. Bei weiterem Temperaturanstieg nimmt der Widerstand wieder zu. Die Kurven für steigende und sinkende Temperatur (Abb. 58) fallen völlig zusammen. Nach einer Sauerstoffaufnahme von 5 Atomprozent tritt der kristallographische Übergang nicht mehr bei einer bestimmten Temperatur auf, sondern er dehnt sich über eine ganze Temperaturspanne aus (Kurve B_1 und B_2). Die Kurven B_1 und B_2 bei sinkender und

[1]) Über Nitride des Titans: A. Brager, Acta Physicochimica USSR 10, 6, 887 (1939).
[2]) J. D. Fast, Metallwirtsch. 17, 24, 641 (1938).
[3]) R. Vogel und W. Tonn, Z. Anorg. Allgem. Chem. 202, 292 (1931).

steigender Temperatur decken sich. Nachdem nun Zirkon auch noch 5 Atomprozent Stickstoff aufgenommen hat, wurde nicht nur der elektrische Widerstand weiter gesteigert, sondern es traten auch Hysteresiserscheinungen auf[1]).
Eisen: Molekularer Stickstoff wird von Eisen nur dann aufgenommen, wenn die Metalloberfläche aktiviert worden ist. Mit Rücksicht auf die große praktische Bedeutung der Löslichkeit von Stickstoff in Eisen gibt es darüber viele Untersuchungen[2]). Stickstoff ist im α-Eisen weniger löslich als im β-Eisen. Besonders groß ist die Löslichkeit in geschmolzenem Eisen. Es findet eine elektrolytische Bewegung des Stickstoffs in Eisen zur Anode statt[3]). Eine kurze Übersicht über die Löslichkeit des Stickstoffs in Eisen gibt die folgende, dem Buche von *Smithells* entnommene Tabelle:

Löslichkeit von Stickstoff in Eisen bei 760 mm Druck

Temperatur °C	Löslichkeit cm³ 100 g		Temperatur °C	Löslichkeit cm³ 100 g
750	0,32		1420	7,9
890	1,6		1450	8,7
900	20		1500	9,5
1300	17,5	flüssig	1540	24,5
1390	16,6			

Die Diffusionsgeschwindigkeit des Stickstoffes in Eisen und seine Eindringtiefe wird vergrößert durch die Einwirkung von Ultraschall[5]).

[1]) Als Maß für die Temperatur wurde $\sqrt[4]{iv} = \sqrt[4]{\text{Watt}}$ genommen. Nach dem Stefan-Boltzmannschen Gesetz ist die Gesamtstrahlung eines schwarzen Körpers prop. der 4. Potenz der absol. Temp. Für einen nichtschwarzen Körper kann die Gesamtstrahlung n. f. ein großes Temperaturgebiet durch die emp. Bez. $n = CT^k$ wiedergegeben werden, worin C und k Konstanten sind. Für β-Zirkon erwies sich die Gesamtstrahlung als prop. T 4,7. Für α-Zirkon und für sauerstoff- und stickstoffhalt. Zirkon wurde noch k nicht bestimmt, aus dem Grunde wurden Abweichungen vom Stefan-Boltzmannschen Gesetz nicht berücksichtigt.
[2]) Über neuere Arbeiten zur Stickstoffbestimmung im Stahl: Arch. Eisenhüttenwesen *15*, 397–401 (1941/42). Weitere Arbeiten über Stickstoff in Eisen: T. Kootz, Arch. Eisenhüttenwesen *15*, S. 77–82 (1941/42). C. F. Floe, Metal Progress. *50*, 1212–20 (1946). G. Naeser, Stahl u. Eisen 21/22 (1948).
[3]) K. E. Schwarz, Elektrolyt. Wanderung in flüss. und festen Metallen, Leipzig 1940.
[4]) Folgende Arbeiten neueren Datums über Löslichkeit von Nickel: R. Scherer, G. Riederich und H. Keßner, Stahl u. Eisen *62*, 17, 341 (1942); Fry, Stahl u. Eisen *43*, 12, 71 (1923); Sieverts und Zapf, Z. Phys. Chemie *172*, 314 (1935); W. Eilander, H. Cornelius und P. Menzen, Arch. Eisenhüttenwesen, *14*, 5 217–220 (1940); Handb. f. d. Eisenhüttenlab. Bd. 2 Düsseldorf 1941; J. L. Snoek, Physica (Den Haag), *8*, 7, 711 (1941); E. Houdremont und P. A. Heller, Stahl u. Eisen 765 (1941); A. Bramley, F. W. Hayood, A. T. Coopers und J. Th. Watts, Trans. Faraday Soc. *31*, 73 (1935); W. Altpeter, Stahl u. Eisen *62*, 48, 997 (1942); O. Meyer und W. Eiländer, Z. V. D. I. *76*, 317 (1932); J. L. Snoek, Physica, *8*, 711–733 (1941).
[5]) G. Mahoux, C. Rend *191*, 1328 (1930); Mécanique *21*, 281 (1937); L. Quillet, C. Rend., *191*, 1331 (1930).

Molybdän: Die große Löslichkeit[1]), welche mit steigender Temperatur abnimmt, weist schon darauf hin, daß die Lösung unter Bildung von Verbindungen stattfindet. Die Untersuchungen von Hägg[2]) ergeben die Abhängigkeit der
Löslichkeit von der Phasenbildung in folgender Weise:

Mo   raumzentriert, kubisch. Keine feste Lösung mit Stickstoff.

Mo_3N flächenzentriert, tetragonal. Nur über 600° dauerhaft, enthält 28 Atom-
            prozent Stickstoff.

Mo_2N flächenzentriert, kubisch. Bei allen Temperaturen dauerhaft, enthält
            33 Atomprozent Stickstoff.

MoN   hexagonal, enthält 50 Atomprozent Stickstoff.

Die Arbeiten von Hägg betreffen übrigens auch die Löslichkeit von Stickstoff
in Wolfram und Mangan.

Aluminium vermag nur in geschmolzenem Zustand größere Mengen von
Stickstoff zu lösen. Das feste Metall hat nur eine geringe Fähigkeit, Stickstoff
zu absorbieren.

Die Metalle, die Stickstoff aufnehmen, zeigen eine ähnliche Änderung der mechanischen und der elektrischen Eigenschaften wie die Metalle, die unter Bildung von Hydriden Wasserstoff aufnehmen. Lafitte und Grandadam untersuchten in einer Reihe von Metallen die Änderung des elektrischen Widerstandes
infolge Nitrierung[3]).

Es wurde gefunden, daß Stickstoff unlöslich ist in Gold, Silber, Kupfer, Kobalt,
Kadmium, Thallium, Wismut, Zinn und Blei. Hägg fand auch, daß Stickstoff
in Wolfram unlöslich ist[4]).

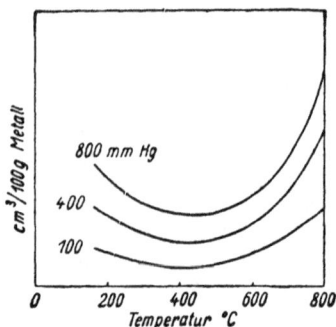

Abb. 59. Löslichkeit des Sauerstoffs in
Silber bei verschiedenen Drucken in
Abhängigkeit von der Temperatur

2. Sauerstoff in Silber, Kupfer und Palladium

Sauerstoff ist fast in allen Metallen mit Ausnahme einiger Edelmetalle löslich. Besonders
interessant ist das Verhalten des Systems Sauerstoff–Silber.

Geschmolzenes Silber vermag etwa das 20fache
seines eigenen Volumens an Sauerstoff in der
Nähe des Schmelzpunktes aufzunehmen, was
etwa 200 cm³ Gas pro 100 g Metall entspricht.
Bei weiterem Temperaturanstieg fällt die Löslichkeit des Sauerstoffes. Etwa 50° unterhalb
des Schmelzpunktes beträgt die Löslichkeit
10 cm³/100 g. Steacie und Johnson[5]) betrachten
jedoch den Schmelzpunkt nicht als eine Sprung-
stelle in der Zeitabhängigkeitskurve der Löslichkeit. Es wird lediglich eine
große Steilheit der Kurve in der Umgebung des Schmelzpunktes angenommen.

---

[1]) Sieverts und Brüning, Arch. Eisenhüttenwesen 7, 641 (1933).
[2]) Hägg, Z. Phys. Chemie 7, 339 (1930).
[3]) Lafitte und Grandadam, C. Rend. 200, 1039 (1935).
[4]) Hägg, Z. Phys. Chemie B 7, 340 (1930).
[5]) Steacie und Johnson, Proc. Roy. Soc. 112, 542 (1926).

Auf der raschen Abgabe des gelösten Sauerstoffs unterhalb des Schmelzpunktes beruht das sogenannte „Spucken" des erstarrenden Silbers.

Kupfer ist in bezug auf die Löslichkeit von Sauerstoff von Rhines und Matthewson[1]) untersucht worden. Die entsprechenden Meßergebnisse sind in der nebenstehenden Tabelle zusammengestellt.

Sonst liegen über die Löslichkeit von Sauerstoff in Metallen weniger Angaben vor. Erwähnt sei noch, daß Palladium sich mit Sauerstoff elektrolytisch beladen läßt, wenn es als Anode gepolt wird. Es finden dabei Änderungen der elektrischen Leitfähigkeit statt[2]).

Tabelle XXI.

Löslichkeit von O_2 in Kupfer

Temperatur	cm³, 100 g
600	5
800	6,6
950	7
1050	10,9

3. Sauerstoff an der Metalloberfläche

Jedes Metall (auch die Edelmetalle), das der Wirkung der Luft ausgesetzt wird, ist mit einem Oberflächenoxyd bedeckt. Es ist sehr schwer, eine sauerstofffreie Metalloberfläche zu bekommen.

Der Sauerstoff bildet an Metalloberflächen eine elektrische Doppelschicht, mit der negativen Seite vom Metall abgekehrt. Diese Oxydhaut beeinflußt die physikalischen und chemischen Oberflächeneigenschaften des Metalls sowie die Elektronenaustrittsarbeit[3]), Benetzungsfähigkeit, Reaktionsfähigkeit u. a. m. Die Benetzung der Oberfläche von Wolfram oder Zirkon durch Quecksilber geht viel schlechter vor sich, wenn die Wolfram- bzw. Zirkonoberfläche mit einer Oxydschicht überzogen ist, als wenn sie noch nicht mit Sauerstoff in Berührung gekommen ist.

Die Intensität der chemischen Reaktion zwischen der Zirkonkristalloberfläche und dem Jod ist viel stärker, wenn die Oberfläche sauerstofffrei ist. Oxydbildung an der Zirkonoberfläche verlangsamt den Vorgang beträchtlich[4]).

Wird ein Wolframdraht in Sauerstoff bei $p \approx 10^{-6}$ mm Hg erhitzt $t = 1300°$ K, so entsteht eine Oberflächenoxydschicht. Oberflächenoxydschichten bewirken eine Steigerung der Elektronenaustrittsspannungen und Herabsetzung der Elektronenemission[5]). Die Kontaktpotentialmessungen haben eine Erhöhung der Austrittsarbeit um 0,8 Volt ergeben[6]). Für Gold ergab die Oxydschichtbildung eine Potentialerhöhung um 1,56 Volt[7]).

[1]) Rhines und Matthewson, Trans. A. I. M. E. *111*, 337 (1934).

[2]) P. D. Smith, Z. f. Physik *78*, 815 (1932).

[3]) W. Schottky und H. Rothe, Handb. d. Experimentalphysik *13*, 2, 204–10 (1928); O. W. Richardson, The Emission of Electricity from Hot Bodies (1921); B. Gudden, Lichtelektrische Erscheinungen (1928), 54ff.; A. L. Hoghes und L. A. Du Bridge, Photoelectric Phenomena (1932); 48ff.

[4]) J. H. de Boer und J. D. Fast, Z. f. anorg. u. allg. Chemie *187*, 195 (1930),

[5]) J Langmuir, Industr Engng Chem. *22*, 390, (1930),; Nobel Lecture Chem. Rev., *13* 147 (1933); Ang. Chem. *46*, 720 (1933).

[6]) J. Langmuir und K. H. Kingdon, Phys. Rev. *34*, 129 (1929).

[7]) H. K. Whalley und E. K. Rideal, Proc. Roy. Soc. A. *140*, 484 (1933).

Es ist sehr schwer, Oxydschichten von der Metalloberfläche zu entfernen. Trotz des Erhitzens von Platin bis zu Temperaturen, bei denen das Platin zu verdampfen beginnt, trotz der Behandlung der Platinoberfläche mit Quecksilberdampf konnte die Oxydschicht nicht entfernt werden. Nur durch Erhitzen des Platindrahtes in reinem Wasserstoffgas konnte die Adsorptionsschicht beseitigt werden, aber an die Stelle des Sauerstoffs trat die Wasserstofffadsorptionsschicht an der Platinoberfläche[1]).

Auch bei anderen Metallen, die der Lufteinwirkung ausgesetzt sind, bildet sich eine Oberflächenoxydschicht. Sie läßt sich sehr schwer entfernen, sie verschwindet langsam beim Erhitzen auf sehr hohe Temperaturen. Sauerstoff findet oft Aufnahme im Metall, nimmt Platz zwischen den normalen Bausteinen des Gitters und bewirkt die Änderung der Metalleigenschaften (Schmelzpunkt, Gitterkonstante, elektrischer Widerstand, Umwandlungspunkt der beiden Modifikationen[2]).

---

[1]) H. Cassel und E. Glückauf, Z. f. Phys. Chemie, *18* (1932), 347.
[2]) J. H. de Boer, P. Clausing u. J. D. Fast, Rec. trav. chim. *55*, 450 (1936), und *55*, 459 (1936).

II. DYNAMISCHER ZUSTAND

§ 15. Vorbemerkungen: Definition der Diffusion

Sind Gasatome in das Metallgitter eingedrungen, so wird mit Lösung der Gleichgewichtszustand bezeichnet. Von Diffusion wird allgemein gesprochen, sobald der Gleichgewichtszustand fehlt. Nun sei sogleich vorgegriffen mit der Bemerkung, daß die Diffusion von Gasen in Metallen nur eine sehr äußerliche Ähnlichkeit hat, z. B. mit der Diffusion von Gasen durch Silikate, die man als mechanische Diffusion bezeichnen könnte, oder gar mit dem Vorgang, den man in der Diffusion von Flüssigkeiten kennt und welcher nach den Worten von W. Seith darin besteht, „daß jedes flüssige System, welches aus mischbaren Komponenten besteht und sich in einem abgeschlossenen Raume konstanter Temperatur befindet, nach einem Ausgleich der Konzentration strebt". In jener Kategorie von Erscheinungen gilt das Grahamsche Gesetz, während es bei der Diffusion von Gasen in Metallen nicht gilt. Die Diffusion ist ein Teilvorgang der Gasdurchlässigkeit durch Metalle, ebenso die Adsorption. Die Durchlässigkeit von Metallen für Gase ist ein sehr komplizierter Vorgang und setzt sich aus vielen Einzelprozessen zusammen, welche bei den Untersuchungen scharf auseinandergehalten werden müssen[1]), und für welche „Durchlässigkeit" die Gesamtbezeichnung ist.

Die Diffusion von Gasen durch Metalle wird in entscheidendem Maße von quasi chemischen Kräften (Valenzkräfte!) dirigiert[2]). Die notwendige Bedingung für die Diffusion eines Gases durch ein Metall ist die Adsorption des Gases an dem betreffenden Metall. Wie bereits im ersten Teil dieser Arbeit ausgeführt, findet aktive Adsorption und Löslichkeit nur zwischen solchen Metallen und Gasen statt, die gegeneinander chemisch rege sind. Also diffundiert unter normalen Bedingungen kein Edelgas durch ein Metall.

§ 16. Phänomenologische Betrachtungen

Wie gesagt, haben die Vorgänge bei der Diffusion von Gasen durch Metalle nur eine äußerliche Ähnlichkeit mit der Diffusion im üblichen Sinne, wie sie bei der Diffusion von Gasen durch Glas, bei der Diffusion von mischbaren Flüssigkeiten u. a. stattfindet. Nun ist für viele Betrachtungen, was Konzentrationsverteilung und zeitlichen Verlauf betrifft, die Beachtung jener äußerlichen Ähnlichkeit recht nützlich. Deshalb können für die erste Betrachtung die bei der Diffusion im üblichen Sinne verpflichtenden und rein phänomenologisch gültigen, allgemeinen Gesetzmäßigkeiten, also die Fickschen Gesetze, auch beim Studium der Gasdiffusion in Metallen berücksichtigt werden, wenn man sich

---

[1]) Adsorption und Diffusion sind Teilvorgänge bei Durchgang von Gasen durch Metallschichten. Die Durchlässigkeit von Metallen für Gase ist eigentlich die zusammenfassende Bezeichnung.

[2]) J. H. Simon und W. Ham, J. chem. Physic. 7, 899–902 (1939).

dabei vor Augen hält, daß die darin auftretenden Konstanten in kompliziertem Zusammenhange mit dem Beweglichkeitsmechanismus der einzelnen Teilchen stehen, wie er z. B. in sehr instruktiver Weise von der allgemeinen Theorie der Fehlordnungserscheinungen von Wagner und Schottky[1]) erfaßt werden konnte. Man kann also zunächst die Ausbreitung einer mit dem Index i bezeichneten Komponente in einer bestimmten Grundsubstanz betrachten. Es gelten also die beiden Fickschen Gesetze:

$$S_{ix} = -qD\,\frac{\partial c_i}{i\,\partial x}; \qquad S_i = -q\,D_i\,\text{grad}\,c_i. \tag{I}$$

(Es ist zu beachten, daß in dem ersten *Fick*schen Gesetz allein über den Diffusionskoeffizienten D_i noch keine Einschränkungen gemacht worden sind.) Der Diffusionsstrom der Komponente in Richtung des Konzentrationsgefälles ist dem Konzentrationsgefälle proportional.

$$\left.\begin{array}{ll} \dfrac{\partial c_i}{\partial t} = D_i\,\dfrac{\partial^2 c_i}{\partial x^2}\,; & \dfrac{\partial c_i}{\partial t} = D_i\,\text{divgrad}\,c_i, \qquad \dfrac{\partial c_i}{\partial t} = -\dfrac{1}{q}\,\text{div}\,S_i; \\[3mm] \dfrac{\partial c_i}{\partial t} = D_i\,\Delta c_i = D_i\left[\dfrac{\partial^2 c_i}{\partial x^2} + \dfrac{\partial^2 c_i}{\partial y^2} + \dfrac{\partial^2 c_i}{\partial z^2}\right]; & \end{array}\right\} \tag{II}$$

Dabei ist die nicht selbstverständliche Voraussetzung gemacht, daß D_i konstant ist. In dieser Form gelten also die Fickschen Gesetze nur für homogene und isotrope Systeme. Man kann sich auch vorstellen, daß D_i von der Richtung der Konzentration abhängt. Der Diffusionskoeffizient möge dann durch einen symmetrischen Tensor dargestellt werden können.

$$\begin{array}{ccc} D_{xx} & D_{yx} & D_{zx} \\ D_{xy} & D_{yy} & D_{zy} \\ D_{xz} & D_{yz} & D_{zz} \end{array}$$

Wenn man die Achsen eines rechtwinkligen Koordinatensystems nach den Hauptachsen dieses Tensors orientiert, so gibt es nur drei Hauptdiffusionskoeffizienten, und die Gleichung (1) kann geschrieben werden:

$$\left.\begin{array}{l} S_x = -D_{xx}\,\dfrac{\partial c}{\partial x} \\[3mm] S_y = -D_{yy}\,\dfrac{\partial c}{\partial y} \\[3mm] S_z = -D_{zz}\,\dfrac{\partial c}{\partial z} \end{array}\right\} \tag{Ia}$$

Man erhält auch die zu (II) analoge Gleichung:

$$\frac{\partial c}{\partial t} = D_{xx}\,\frac{\partial^2 c}{\partial x^2} + D_{yy}\,\frac{\partial^2 c}{\partial y^2} + D_{zz}\,\frac{\partial^2 c}{\partial z^2}. \tag{IIa}$$

[1]) C. Wagner und W. Schottky, Z. Phys. Chemie, *11*, 163 (1930).

Durch den Ansatz:

$$\xi = x\sqrt{D}/\sqrt{D_{xx}}; \qquad \eta = y\sqrt{D}/\sqrt{D_{yy}}; \qquad \zeta = z\sqrt{D}/\sqrt{D_{zz}}$$

kann die Gleichung (II) auf die Form gebracht werden:

$$\frac{\partial c}{\partial t} = D_i \left[\frac{\partial^2 c}{\partial \xi^2} + \frac{\partial^2 c}{\partial \eta^2} + \frac{\partial c^2}{\partial \zeta^2} \right].[1]$$

Es seien noch einige im Zusammenhange mit den Diffusionsvorgängen stehende molekulartheoretische Betrachtungen in Anlehnung an W. Jost[2] wiedergegeben.

Auf ein ungeladenes Teilchen i wirkt bei Ausschluß äußerer Kräfte in Richtung des Konzentrationsgefälles im Mittel die Kraft:

$$K_{ix} = \frac{\partial \mu_i}{\partial x} \cdot \frac{1}{N_L}.$$

Es bedeutet: μ_i das chemische Potential[3] der Komponente i, bezogen auf ein Mol; N_L die Loschmidtsche Zahl. Die x-Achse fällt mit der Richtung des Konzentrationsgefälles zusammen.

Andererseits sei B_i die mittlere Geschwindigkeit des Teilchens i unter der Wirkung der Kraft 1; d. h. $B_i = 1/f$, wenn f_i der auf ein Teilchen wirkende Reibungswiderstand ist. Die stationäre Geschwindigkeit des Teilchens in der x-Richtung unter der Einwirkung der Kraft K_{ix} ist dann:

$$V_{ix} = K_{ix} \cdot B_{ix} = \frac{\partial \mu_i}{\partial x} \cdot \frac{B_i}{N_L}.$$

Der Diffusionsstrom S_{ix} bei der Konzentration c_i der Teilchen i durch den Querschnitt (senkrecht zum Konzentrationsgefälle) q ist:

$$S_{ix} = q \cdot V_{ix} \cdot c_i = \frac{\partial \mu_i}{\partial x} \cdot \frac{c_i B_i}{N_L} \cdot q. \tag{1}$$

Für ideal verdünnte Lösungen gilt die Beziehung:

$$\mu_i = \text{const} + RT \ln c_i.$$

Der allgemein gültige Ausdruck (1) für S_{ix} geht für den besonderen Fall ideal verdünnter Lösungen in die Form über:

$$S_{ix} = \frac{\partial c_i}{\partial x} q \cdot \frac{RTB_i}{N_L}. \tag{1a}$$

---

[1] Über die Integration dieser Gleichungen findet man Auskunft bei Ph. Frank und R. v. Mises, Die Differential- und Integralgleichungen der Physik, Braunschweig 1930/35, und bei W. Jost, Diffusion und chem. Reaktion in festen Stoffen, Dresden u. Leipzig 1937.

[2] Die Beziehungen sind bei Wagner und Schottky abgeleitet. Z. Phys. Chemie *21*, 25 (1933); W. Schottky, Wiss. Veröffentl. Siemens-Werke Konz. 2 (1935).

[3] Siehe S. 140.

Phänomenologisch gilt das erste Ficksche Gesetz (Diffusion):

$$S_{ix} = -\frac{\partial c_i}{\partial x} \cdot q \cdot D_i.$$ (Ia)

Aus (Ia) und (I) folgt die Einsteinsche Beziehung:

$$D_i = -\frac{R\,T\,B_i}{N_L},$$ (2)

wobei D_i noch nicht eine Konstante zu sein braucht.

Aus (1) gewinnt man die Differentialgleichung für die zeitliche Änderung der Konzentration:

$$\frac{\partial c_i}{\partial t} = -\frac{1}{q}\,\text{div}\,(S_{ix}).$$

Im besonderen erhält man für das eindimensionale Problem unter Benutzung von (1):

$$\frac{\partial c_i}{\partial t} = -\frac{1}{q}\frac{\partial}{\partial x}\left(S_{ix}\right) = -\frac{\partial}{\partial x}\left(\frac{\partial \mu_i}{\partial x}\,c_i\,B_i\right)$$ (3)

als allgemeine Differentialgleichung.

Für ideal verdünnte Lösungen gilt: $\mu_i = \text{const} + R\,T\,\ln c_i$ und man erhält (3) unter Benutzung der Beziehung (2):

$$\frac{\partial c_i}{\partial t} = \frac{\partial}{\partial x}\left(D_i\frac{\partial c_i}{\partial x}\right).$$

oder allgemeiner

$$\frac{\partial c_i}{\partial t} = \text{div}\,(D_i\,\text{grad}\,c_i) = \frac{\partial}{\partial x}\left(D_i\frac{\partial c_i}{\partial x}\right) + \frac{\partial}{\partial y}\left(D_i\frac{\partial c_i}{\partial y}\right) + \frac{\partial}{\partial z}\left(D_i\frac{\partial c_i}{\partial z}\right).$$

Die Integration dieser Differentialgleichung ist unter gewissen Annahmen nach einer von L. Boltzmann angegebenen Methode möglich. Unter der Voraussetzung einer ideal verdünnten Lösung unter der Annahme, daß D_i konstant ist, erhält man die bekannte Form der Diffusionsgleichung: $\frac{\partial c_i}{\partial t} = D_i\,\text{divgrad}\,c_i$ oder in rechtwinkligen Koordinaten:

$$\frac{\partial c_i}{\partial t} = D_i\,\Delta c_i = D_i\left[\frac{\partial^2 c_i}{\partial x^2} + \frac{\partial^2 c_i}{\partial y^2} + \frac{\partial^2 c_i}{\partial z^2}\right].$$

Für die Abhängigkeit des Diffusionskoeffizienten von der Temperatur gilt die auf empirischem Wege gefundene Formel $D = A \cdot e^{-B\,T}$ (2). A und B sind darin Konstanten, welche von der Temperatur unabhängig sind. Die Gleichung kann auch in der Form geschrieben werden:

$$D = A \cdot e^{-\frac{Q}{R\,T}},$$ (2a)

hier bedeutet R die Gaskonstante und Q die Ablösungsenergie. Es gibt auch noch andere Formeln für die Temperaturabhängigkeit des Diffusionskoeffizienten[1]), doch lassen diese, obwohl unter ziemlich willkürlichen Annahmen aufgestellt, in bezug auf die Übereinstimmung mit den Versuchsergebnissen kaum einen Fortschritt im Vergleich mit den experimentellen Formeln (2) und (2a) erkennen. Auf Grund der Fehlordnungstheorie von Wagner und Schottky gelangt man übrigens zu einer Formel, die dem Ausdruck (2a) analog ist.

Nach Frenkel[2]) geht die Diffusion als spezieller Fall der Platzwechselvorgänge auf die Weise vor sich, daß ein Atom von einem Gitterplatz auf einen Zwischengitterplatz springt und von dort nach einem gewissen Verweilen auf einen leeren Gitterplatz gelangt. In der von Frenkel gefundenen Formel kommt daher die Ablösungsarbeit Q_g und Q_z vor und die Verweilzeiten τ_g und τ_z der Atome:

$$D = \frac{d^2}{\sqrt[6]{\tau_g \tau_z}} \cdot e^{-\frac{Q_g + Q_z}{2RT}} .$$

§ 17. Fehlordnungstheorie

a) Problemstellung

Die soeben besprochenen Diffusionsgleichungen, welche die Fickschen Gesetze ausdrücken, haben, obwohl sie sich für die phänomenologische Betrachtung gewisser Diffusionsvorgänge in festen Stoffen verwerten lassen, ihren Ursprung in der Analyse des zum Konzentrationsausgleich in flüssigen und gasförmigen Systemen führenden Prozesses. Die Erklärung für die Diffusionserscheinungen in Gasen und Flüssigkeiten fand man in der unregelmäßigen Wärmebewegung der Molekeln. Die aus der Betrachtung von flüssigen und gasförmigen Systemen gewonnenen Vorstellungen mußten aber versagen, sobald man sie auf diffusionsartige Vorgänge in festen Stoffen übertragen wollte. Lange Zeit herrschte zwar die Überzeugung, daß infolge der Unbeweglichkeit oder zumindest Gebundenheit der Kristallatome an bestimmte Gleichgewichtslagen jegliche Reaktionsfähigkeit der festen Körper ausgeschlossen sei, aber bald lernte man die Erscheinungen kennen, welche für die Möglichkeit der Durchdringung fester Körper sprachen. Faraday soll der erste gewesen sein, der eine Legierungsbildung in fester Phase beobachtet hat. Der Mechanismus des Eindringens von festem Kohlenstoff in Eisen blieb jahrhundertelang unbekannt. Robert Austen[3]) war der erste, der systematische Untersuchungen über Diffusion in festem Metall anstellte. Inzwischen ist eine Reihe von Untersuchungen über den Gegenstand angestellt worden[4]).

Nach den Vorstellungen vom Aufbau der Kristalle sind deren Elementarbausteine, seien es Atome, Ionen oder Molekeln, an feste Plätze oder Gleichgewichts-

---

[1]) I. A. M. Liempt, Z. anorg. Chemie 195, (366) 1931; M. Polanyi und E. Wigner, Z. Phys. Chemie A 139, 439 1928; H. Braune, Z. Phys. Chemie 110, 147, (1924).
[2]) I. Frenkel, Z. Phys. 35, 652 (1926).
[3]) Robert Austen, Phil. Trans. Roy. Soc. London A 187, 404 (1896).
[4]) Als eine der neueren Arbeiten sei genannt: J. Cichocki, Étude théoretique de la diffusion des solides; Journ. Physique et le Radium 7 (7), 420 (1936).

lagen im Gitter gebunden, die zumeist einfachen geometrischen Gesetzmäßigkeiten folgend, sich im Raum periodisch wiederholen und eine Stabilität des
ganzen Gittersystems zur Voraussetzung haben. Es entstand nun das Problem,
wie sich die Diffusionsvorgänge und Reaktionen in festen Stoffen mit den Vorstellungen vom Aufbau des festen Körpers vereinbaren lassen, denn für diese
Vorgänge muß ja ein beweglicher Mechanismus angenommen werden, der es
den Elementarbausteinen gestattet, die Gleichgewichtslage zu verlassen. Hat
doch lange genug die einer Denkgewohnheit entsprungene Regel die Vorstellungen der Chemiker beherrscht: ,,Corpora non agunt nisi liquida.`` Die festen
Körper aber waren von jeglicher Reaktion ausgeschlossen[1]. Das betrachtete
Problem ist Gegenstand der Fehlordnungstheorie von C. Wagner und W.
Schottky.

b) Theorie von Wagner und Schottky

Die Theorie von Wagner und Schottky betrachtet zunächst alle Platzwechsel-
reaktionen, d. h. alle Vorgänge, bei denen Atome ihre Gitterplätze verlassen
und sich an anderen Gitterplätzen oder Zwischengitterstellen festlegen. Die Diffusion im üblichen Sinne stellt nur einen speziellen Fall der allgemeinen Platzwechselvorgänge dar. Das Charakteristikum dieser besonderen Platzwechsel-
reaktion besteht darin, ,,daß die Platzwechselvorgänge innerhalb der homoge-
nen Phase vor sich gehen und zu einem Konzentrationsausgleich führen``[2]. Es
soll hier nur der für die Fehlordnungstheorie von Wagner und Schottky charakteristische allgemeine Gedankengang kurz gestreift werden, ohne auf spezielle Folgerungen, welche in den einschlägigen Arbeiten zu finden sind, einzugehen.

aa) Fehlordnungen

Der Fundamentalbegriff, mit welchem die Theorie von Wagner und Schottky
operiert, ist der Begriff der Fehlordnung. Unter einer Fehlordnungserscheinung
ist allgemein eine Abweichung von der idealen Periodizität des Metallgitters zu
verstehen. Um die Vorstellung zu fixieren, sei die Annahme gemacht, daß der
Stoff B in geringer Menge in den Stoff A eindringt.
Dann sind folgende Möglichkeiten der Fehlordnungserscheinungen denkbar:

A A A A A A A	Einlagerungsmischkristall.
A A^{B}A A`A A A	Der Stoff B wird zwischen den Gitterplätzen A unregel-
A A^{B}A A^{B}A A A	mäßig eingelagert. Der Fall tritt ein, wenn die Teilchen
A A A A A A A	der Komponente B sehr klein sind und wenn zwischen den
A A A A A A A	Gitterplätzen von A genügend Platz vorhanden ist. Ein
	Beispiel einer solchen Einlagerung ist die Lösung H in Pd.
A A A B A A A	Ein Teil der A-Gitterplätze wird von B besetzt, wobei die
B A A A B A A	Teilchen B unregelmäßig über den Kristall verteilt sind
A A A A A A A	(Substitutionsmischkristall).

[1] Einen zusammenfassenden Bericht bringt: J. A. Hedwall, Reaktionsfähigkeit
fester Stoffe, Leipzig 1938. Siehe auch: W. Seith, Diffusion in Metallen, Berlin 1939.
[2] C. Wagner und W. Schottky, Z. Phys. Chemie *11*, 163 (1930); W. Schottky, H.
Ulich und C. Wagner, Thermodynamik, Berlin 1929; W. Schottky, Z. Phys. Chemie
291, 335, 1938 (Ionenkristalle); C. Wagner, Z. Phys. Chemie *38*, 325 (1938).

A B A B A B   Die Mischung A B kann auch ideal geordnet auftreten.
B A B A B A
A B A B A B

A A □ A A A A   Es sind auch in einem reinen Kristall sogenannte Löcher
A A □ A A □ A   oder leere Gitterplätze denkbar, die ebenfalls als Fehlord-
A A A □ A A A   nungen aufzufassen sind.
A A A A A A A

Falls auch Überschuß der einen Komponente da ist, so kommen Mischkristalle vor, über deren Typen in einigen einfachsten Fällen folgende Skizzen Auskunft geben:

A B A B A B A B	A B A B □ B	A B B̲ B A B A
B A B A^{B}B A B A	B □ B A B A	B A B̲ A B A B
A B A B^{B}A B A B	A B A B A B	A B A B A B A
A B A B^{B}A B A B	B A B □ B A	B A B B̲ B A B
Einbau von überschüssigem B in AB durch Einlagerung. Typ I.	Einbau von überschüssigem B in AB; Lücken im Teilgitter von A. Typ II.	Einbau von überschüssigem B in AB durch Substitution. Typ III.

Diese drei Möglichkeiten seien entsprechend mit Typ I, II und III bezeichnet.

bb) Arten der Diffusion durch Metalle

Zu dem inneren Mechanismus der Diffusion durch Metalle läßt sich zunächst allgemein sagen, daß für den Vorgang folgende Möglichkeiten bestehen:

1. Diffusion entlang der Korngrenzen,
2. Diffusion durch das Gitter.

Die Diffusion längs der Korngrenzen ist nur bei Systemen Metall–Metall beobachtet worden. Bei Systemen Gas–Metall wurde lediglich die Diffusion durch das Gitter festgestellt.

Die Gitterdiffusion ihrerseits kann entweder dadurch vor sich gehen, daß der eindringende Fremdstoff zwischen den Gitterplätzen der Kristalle sichbewegt unter Bildung einer Einlagerung, oder daß das diffundierende Element selbst reguläre Gitterplätze einnimmt, wobei ein Substitutionsmischkristall gebildet wird.

Im Einlagerungsmischkristall kann man sich den Diffusionsvorgang als Platzwechselmechanismus leicht vorstellen, indem man annimmt, daß alle Gitterplätze von den Atomen des Grundmetalls besetzt sind. Der Zusatzstoff lagert sich im Zwischengitter, wo nun Sprünge von einem stabilen Zwischengitterplatz zu einem benachbarten sich zu dem Integraleffekt der Diffusion summieren.

A A A A A	Schema der Diffusion im Einlagerungsmischkristall. Nach W. Seith.	A A A A A A	Schema der Diffusion im Substitutionsmischkristall
A A^{B}A A A		B A A A A A	
A A A A^{B}A		A A B A A A	
A A A^{B}A A		A A A A A A	
A^{B}A A A A		A A A A A B	

In einem Substitutionsmischkristall ist wohl ein Plätzeaustausch zwischen zwei benachbarten Atomen als Elementarvorgang der Diffusion denkbar, aus energetischen Gründen ist jedoch eine solche Annahme abzulehnen. Es sind von I. Frenkel[1]) und unabhängig davon von Smekal[2]) Versuche unternommen worden, um die Schwierigkeit zu umgehen. I. Frenkel versuchte in seiner Überlegung, welche auf Gleichgewichtsbetrachtungen basierte, den Vorgang des Plätzeaustausches benachbarter Atome in weitere Elementarvorgänge zu zerlegen, während Smekal Lockerstellen im Gitter annahm, ohne auf Gleichgewichtsbetrachtungen einzugehen.

Die Ergebnisse aller bisher durchgeführten Untersuchungen bürgen aber dafür, daß Gase durch Metalle nur in Form der **Einlagerungsmischkristallbildung** hindurchdiffundieren[3]). Für das System Wasserstoff–Eisen glauben W. Baukloh und W. Retzlaff[4]) den direkten Beweis für eine Gitterdiffusion erbracht zu haben.

Einem Aufsatz von W. Baukloh und Knapp[5]) sei eine Übersicht über Resultate der die Diffusionsart betreffenden Arbeiten entnommen.

Tabelle XXII

System	Gitterdiffusion, festgestellt durch	Bemerkungen über das Zustandsschaubild	Atomvolumen $V = A^3$
H_2–Fe	Edwards Smithells u. Ransley W. Baukloh u. W. Retzlaff W. Baukloh u. H. Guthmann	Wasserstoff bildet mit Eisen einen Einlagerungsmischkristall, bei dem die H-Atome in die Gitterlücken des Eisensein gelagert sind	
C–Fe	D. Wells	Einlagerungsmischkristall, Gitterplätze sind von Fe-Atomen besetzt, C-Atome sind in der Würfelmitte des kubisch-flächenzentrierten Gitters eingelagert. Maximale Löslichkeit 1,7% Kohlenstoff	
N_2	D. Wells	Lage der N-Atome im aufgeweiteten kubisch-raumzentrierten Fe-Gitters nicht bekannt	
H_2–Ni	W. Baukloh u. H. Kayser	Nichts näheres bekannt	
Zn–Cu	Elam	Maximale Löslichkeit von Zn in festem Cu: 39 %. Substitionsmischkristall	Zn: 15,12 Cu: 11,72

[1]) I. Frenkel, Z. Physik, *33*, 652 (1926).
[2]) A. Smekal, Z. Techn. Physik *8*, 561 (1927); Z. Physik *26*, 707 (1925); Handbuch der Physik *24*, II.
[3]) W. Baukloh und W. Knapp, Metallwirtsch. *17*, 49, 1302 (1938); J. D. Fast, Philipps Techn. Rundschau, *6*, 12. 342 (1941),
[4]) W. Baukloh und W. Retzlaff, Arch. Eisenhüttenwesen *11*, 97 (1937/38).
[5]) W. Baukloh und W. Knapp, a. a. O. Siehe auch: Paul Bastien, C. r. hebd.; Séances Acad. Sci. 23/2, *214*, 354–357 (1942).

cc) Allgemeiner Inhalt der Theorie von Wagner und Schottky

Die allgemeinen Beziehungen für die Fehlordnungserscheinungen geordneter Mischphasen seien nun nach der thermodynamischen Methode von Wagner und Schottky skizziert.

Es sei N_i^l und N_i^z entsprechend die Anzahl der Teilchen mit der mit dem Index i bezeichneten Sorte, die auf den Leerstellen bzw. Zwischengitterstellen des Kristalls sitzen. Die Anzahl der Teilchen der Sorte i, welche auf regulären Gitterpunkten gelagert sind, sei ohne oberen Index geschrieben, also N_i.

In der Theorie von Wagner und Schottky wird nun das Gibbssche Potential eines Gitters mit ganz allgemeiner Fehlordnung, also eines solchen, in welchem die Fehlordnungstypen I, II und III vorkommen, berechnet. Das Gibbssche Potential G ist eine Funktion der Anzahl der einzelnen Teilchen auf normalen Gitterplätzen, auf Zwischengitterplätzen und den Fehlstellen, also

$$G = G\,(N_i, N_i^l, N_i^z); \quad i = 1,2.$$

Indem man das Potential G nach der Anzahl der Teilchen der Sorte mit dem Index i auf den Plätzen s, also nach N_i^s differenziert, erhält man das chemische Potential μ_i^s [1]) der entsprechenden Komponente. Man berechnet also die Ausdrücke $\dfrac{\partial G}{\partial N_i}$, $\dfrac{\partial G}{\partial N^z{}_i}$ usw. Aus der Minimumbedingung für G, also aus dem Verschwinden der Variation $\delta G_{p,\,T,\,N_1\,N_2}$ (bei konstantem p.T. $N_1 N_2$) wird das Gleichgewicht bestimmt.

Im Gleichgewicht müssen die chemischen Potentiale für eine Komponente auf den Normalplätzen, auf den Leerstellen und auf den Gitterplätzen gleich sein. Außer den aus diesen Ansätzen gewonnenen Gleichungen lassen sich noch genügend Größen berechnen.

Es soll hier, nachdem der allgemeine Gedankengang skizziert worden ist, nur noch das Gibbssche Potential berechnet werden, ohne auf die Anwendung für Spezialfälle einzugehen.

Das System besteht aus zwei Komponenten mit den hier entsprechend angewandten Indizes „1" und „2". Bei der Teilchenzahl N bedeute der obere Index l die Teilchenzahl auf Leerstellen, g die Teilchenzahl auf Gitterplätzen, z die Teilchenzahl auf Zwischengitterplätzen. Die Bezeichnungen bedeuten also:

N^g die Anzahl aller Gitterplätze

N_1^g die Anzahl der Gitterplätze für die Teilchen „1"

N_2^g die Anzahl der Gitterplätze für die Teilchen „2"

N_1 die Anzahl der Teilchen „1"

N_2 die Anzahl der Teilchen „2"

N^z die Anzahl der Zwischengitterplätze

N_1^z die Anzahl der Teilchen „1" auf Zwischengitterplätzen

N_2^z die Anzahl der Teilchen „2" auf Zwischengitterplätzen

---

[1]) Siehe W. Schottky, Thermodynamik, Berlin 1929.

N_1^l die Anzahl der leeren Plätze der Teilchenart 1
N_2^l die Anzahl der leeren Plätze der Teilchenart 2
N_L die Loschmidtsche Zahl
R die Gaskonstante
K R/N_L - Boltzmannsche Konstante
T Absolute Temperatur, S.-Entropie
p Druck, V Volumen
U Gesamtenergie

Für das Gibbssche Potential gilt der Ausdruck

$$G = U - TS + pV.$$

Um das thermodynamische Potential G zu ermitteln, müssen die Größen U, S und V berechnet werden. Im folgenden wird der Fall kleiner Fehlordnungen angenommen, d. h. $N_1^z \ll N_1$; $N_1^z \ll N_1^g$; $N_1^z \ll N_2^g$; $N_1^z \ll N^z$; analoge Ungleichungen gelten für N_2^z, N_1^l und N_2^l. Die Gesamtenergie U wird nun mit großer Annäherung durch den Ausdruck gegeben sein:

$$U = \frac{1}{N_L} (N^g u^g + N_1^z u_1^z + N_2^z u_2^z + N_1^l u_1^l + N_2^l u_2^l),$$

wobei u die Gitterenergie pro N_L-Teilchen bedeutet.

u_1^z ist die Energieänderung, die umgesetzt wird, wenn ein Mol von Teilchen „1‘, vom Unendlichen auf Zwischengitterplätze gebracht wird.

u_1^l ist die Energieänderung, bei Entrückung eines Mols der Teilchen „1“ von normalen Gitterplätzen ins Unendliche. Analoge Bezeichnungen gelten für „2“. Die Gesamtentropie des Systems S besteht aus zwei Anteilen: S_{osc} – die der Verteilung der Schwingungsenergie entspricht – und dem Unordnungsglied $k \log Z$, wo Z die Anzahl der Realisierungsmöglichkeiten des betreffenden Systems bedeutet. Also

$$S = S_{osc} + k \log Z.$$

Für Z wird nach einer nicht allzu schwierigen Überlegung, die hier nicht wiederholt wird, gefunden:

$$Z = \frac{N_1^g!}{N_1^l!\,(N_1^g - N_1^l)!} \cdot \frac{N_2^g!}{N_2^l\,(N_2^g - N_2^l)!} \cdot \frac{N^z!}{N_1^z\,'N_2^z\,'(N_z - N_1^z - N_2^z)!}$$

Durch Anwendung der für große N gültigen Stirlingschen Formel $\log (N!) = N \log N - N$ erhält man nach einer leichten Umordnung:

$$K \log Z = -\left(N_1^z \log \frac{N_1^z}{N^z} + N_2^z \log \frac{N_2^z}{N^z} + N_1^z \log \frac{N_1^l}{N_1^g} + N_2 \log \frac{N_2^l}{N_2^g} + \right.$$

$$+ (N_1^g - N_1^l) \log \frac{N_2^g - N_1^l}{N_1^g} + (N_2^g - N_2^l) \log \frac{N_2^g - N_2^l}{N_2^g} +$$

$$\left. + (N^z - N_1^z - N_2^z) \log \frac{N^z - N_1^z - N_2^z}{N^z} \right).$$

Was S_{osc} betrifft, so kann man setzen

$$S_{osc} = \frac{1}{N_1} (N^g s^g + N_1^z s_1^z + N_2^z s_2^z + N_1^l s_1^l + N_2^l s_2^l),$$

wobei die Bedeutung der einzelnen Buchstaben ohne weiteres klar ist.
Es ist auch gerechtfertigt, das Volumen als eine lineare Funktion der Teilchenzahl aufzufassen, nämlich

$$V = \frac{1}{N_1} (N^g v^g + N_1^z v_1^z + N_2^z v_2^z + N_1^l v_1^l + N_2^l v_2^l).$$

Nun setzt man noch:

$$\mu^g = n^g - T s^g + p v^g$$
$$\mu_1^z = n_1^z - T s_1^z + p v_1^z$$

und analog für die übrigen Indizes.

Für das thermodynamische Gibbssche Potential G erhält man demnach:

$$G = U - TS + pV = \frac{1}{N_2} (N^z \mu^g + N_1^z \mu_1^z + N_2^z \mu_2^z + N^l \mu + N_2^l \mu_2^l) +$$

$$+ \frac{RT}{N_2} N_1^z \log \frac{N_1^z}{N^z} + N_2^z \log \frac{N_2^z}{N_2} + N_1^l \log \frac{N_1^l}{N_1^g} + N_2^l \log \frac{N_2^l}{N_2^g} +$$

$$+ (N_1^g - N_1^l) \log \frac{N_1^g - N_1^l}{N_1^g} + (N_2^g - N_2^l) \log \frac{N_2^g - N_2^l}{N_2^g} +$$

$$+ (N^z - N_1^z - N_2^z) \log \frac{N^z - N_1^z - N_2^z}{N^z}.$$

Hiermit ist G berechnet und die weitere Rechnung wäre nach dem oben angedeuteten Gedankengang für besondere Fälle fortzusetzen.

Die Theorie fortführend, nimmt nun C. Wagner in seinen Überlegungen, durch welche er eine Reihe von Platzwechselscheinungen bei den Salzkristallen klären und dann auch die Vorgänge bei den Metallen erfassen konnte[1]), an, daß in dem System eine Kombination der Fehlordnungstypen I und III in dem Sinne auftritt, daß ein Bruchteil der Atome A und der Zusatzkomponente B sich auf Zwischengitterplätzen befinden. Die Diffusion kommt dadurch zustande, daß die Atome sowohl eine Beweglichkeit im Zwischengitter haben, als auch durch einen Sprung Gitterplätze vertauschen. Das ist der erste von C. Wagner behandelte Fall. Im zweiten Falle wird angenommen, daß Leerstellen bestehen und daß ein Atom, in eine solche ihm benachbarte Leerstelle tretend, seinen Beitrag zur Diffusion geben kann. Aus diesen Überlegungen C. Wagners, welche das thermodynamische Gleichgewicht betreffen, ließen sich mit ziemlich guter Annäherung an Experimentalergebnisse Beziehungen zwischen den Diffusionskoeffizienten des Zusatzelementes und dem Koeffizienten der Selbstdiffusion des Grundmetalls ableiten. Auch die Abhängigkeit des Diffusionskoeffizienten von der Konzentration ließ sich behandeln.

---

[1]) C. Wagner, Z. Phys. Chemie *38*, 325 (1938).

c) Fehlordnungstheorie und Diffusion

Es seien noch kurz einige Beziehungen zwischen der Fehlordnungstheorie von
Wagner und Schottky und den Diffusionsvorgängen angegeben[1]).
Es wird eine Mischphase des Typus I/II, also z. B. den Verhältnissen für Eisen-
hydrid entsprechend, angenommen. Die Komponente 2 wird im Überschuß auf
Zwischengitterplätzen eingebaut, und außerdem kommt ein Überschuß von 1
durch Leerstellen im Teilgitter 2 zustande. Für die fehlgeordneten Teilchen N_2^z und
N_2^l im Volumen V seien die Diffusionskoeffizienten mit D_2^z und D_2^l bezeichnet.
Bei einem Konzentrationsgefälle in der Richtung ξ wandert durch den Querschnitt q in der Zeit dt die Substanzmenge.

$$(dN_2)\text{ diff} = -\left(D_2^z \frac{\partial\left(\frac{N_2^z}{v}\right)}{\partial\xi} - D_2^l \frac{\partial\left(\frac{N_2^l}{v}\right)}{\partial\xi}\right) q\,dt. \tag{1}$$

Nun ist
$$\frac{N_2^z}{N^g} = \alpha a_2; \quad \frac{N_2^l}{N^g} = \frac{\alpha}{a_2}, \tag{2}$$

wobei a_2 die auf bestimmte Weise normierte Aktivität[2]) $a_2 = C \cdot e \cdot \mu_2 / RT$ bedeutet, μ das chemische Potential und α die Fehlordnungskonzentration für
stöchiometrisch zusammengesetzte Phase.
Es gelten die Beziehungen[3]):

$$a_1 = \sqrt{1 + \left(\frac{\Delta X_2}{\alpha}\right)^2} - \frac{\Delta X_2}{\alpha}; \tag{3}$$

$$a_2 = \sqrt{1 + \left(\frac{\Delta X_2}{\alpha}\right)^2} + \frac{\Delta X_2}{\alpha};$$

Δx_2 ist hier der Überschuß der Konzentration 2 über die Ordnungskonzentra-
tion. Sobald (2) in die Beziehung (1) eingesetzt wird, erhält man:

$$(dN_2)_\text{diff} = -\left[D_2^z \frac{\partial}{\partial\xi}\left(\frac{\alpha N^g}{v} a_2\right) - D_2^l \frac{\partial}{\partial\xi}\left(\frac{\alpha N^g}{v} \cdot \frac{1}{a_2}\right)\right] q\,dt. \tag{4}$$

Man kann N_g/v mit guter Näherung als konstant annehmen und erhält aus (4):

$$\left(\frac{dN_2}{dt}\right)_\text{diff} = -q\alpha \frac{N_2}{V}\left[D_2^z \frac{\partial a_2}{\partial\xi} - D_2^l \frac{\partial}{\partial\xi}\left(\frac{1}{a_2}\right)\right]; \tag{5}$$

Diese Gleichung drückt das erste *Fick*sche Diffusionsgesetz aus; es muß aber
ein stationärer Zustand vorausgesetzt werden. In diesem Falle kann man (5)
umformen in
$$\left(\frac{dN_2}{dt}\right)_\text{diff} d\xi = -q \frac{\alpha N^g}{V}\left[D_2^z\,da_2 - D_2^l\,d\left(\frac{1}{a_2}\right)\right].$$

---

[1]) In Anlehnung an die Darstellung von W. Jost, Diffusion und chem. Reaktion in
festen Stoffen, Dresden u. Leipzig 1937.
[2]) Über die Definition des Chemischen Potentials und der Aktivität ist nachzulesen
bei A. Eucken, Lehrb. d. Chem. Phys. II, S. 66, 75 u. 934, oder W. Ulich, Chemische
Thermodynamik, Leipzig 1930. S. 168 ff.
[3]) C. Wagner, Z. Phys. Chemie 22, 181 (1931).

Wenn man die Stationärität dadurch ausdrückt, daß die geordnete Mischphase als Platte der Dicke 1 angenommen wird, wobei auf beiden Seiten derselben die Aktivität $\underset{..}{a}'_2$ und $\underset{..}{a}''_2$ konstant gehalten werden, und wenn man also unter der Voraussetzung der Konstanz von D_2^z und D_2^l integriert,

so erhält man:
$$\int\limits_0^L \left(\frac{dN_2}{dt}\right)_{\text{diff}} d\xi = -q \int\limits_{\underset{..}{a}'_2}^{\underset{..}{a}''_2} \alpha\,\frac{N^g}{v}\left[D_2^z\,d\underset{..}{a}_2 - D_2^l\,d\left(\frac{1}{\underset{..}{a}_2}\right)\right];$$

$$\left(\frac{dN_2}{dt}\right)_{\text{diff}} = -\frac{\alpha\,q\,N^g}{l\,v}\left[D_2^z\,(\underset{..}{a}'' - \underset{..}{a}'_2) + D_2^l\left(\frac{1}{\underset{..}{a}'_2} - \frac{1}{\underset{..}{a}''_2}\right)\right].$$

Für $\underset{..}{a}'_2$ und $\underset{..}{a}''_2$ sind die sich aus (3) ergebenden Ausdrücke einzusetzen. In dieser Form des Diffusionsgesetzes ist der Ausdruck auf der rechten Seite in der Klammer nur in besonderen Fällen der Konzentrationsdifferenz proportional.

Eine allgemeine Diskussion der Gründe für die Existenz der Fehlordnungen und ein genauer Entwurf einer Vorstellung für den Mechanismus der Platzwechselvorgänge ist in dem Rahmen dieser Betrachtung nicht möglich[1]). Die diesbezügliche Arbeit ging jedenfalls bis jetzt in zwei Richtungen. Die eine Richtung befaßt sich mit den Platzwechselvorgängen in Metallen, während die andere sich den Erscheinungen zuwendet, die bei den Salzkristallen auftreten.

§ 18. Bedeutung der Theorie von Wagner und Schottky
und theoretische Weiterentwicklung

Die Überlegungen der Fehlordnungstheorie erlauben es, ein modellmäßiges Verständnis der Platzwechsel- und Diffusionsvorgänge zu übermitteln[2]). Eine quantitative allgemeine Berechnung der darin auftretenden Größen, wie der Fehlordnungsenergie, der Fehlordnungsgrade, der Fehlstellenbeweglichkeit, ist nach dem derzeitigen Stande der Dinge nicht möglich. Eine Kritik der Fehlordnungstheorie von Wagner und Schottky hat G. Moliere und F. Thiessen gegeben[3]).
Im Sinne der Theorie von Wagner und Schottky bestehen die Kristalle aus vielen voneinander unabhängigen energetischen Systemen. Jedes an seinen Gitterplatz gebundene Atom stellt ein solches System dar und ist unabhängig. Es ist hier eine ähnliche Situation wie in der kinetischen Theorie der idealen Gase und in der von Einstein vorgeschlagenen Theorie des idealen festen Körpers, der danach aus voneinander unabhängigen harmonischen Oszillatoren bestünde. Die Atome sind in völlig geordnetem Zustande an bestimmte für sie

---

[1]) W. Jost, Diffusion und chem. Reaktion in festen Stoffen. Genauere Informationen darüber sind zu finden bei: J. Cichocki, Étude théoretique de la diffusion des solides, Journal Physique et le Radium 7, 7, 420 (1936).
[2]) C. Wagner, Z. f. Phys. Chemie (B) 38, 1.
[3]) G. Moliere, Metallwirtschaft 17, 24, 150 (1938).

„richtige" Gitterplätze gebunden. Wird ein Atom von einem „richtigen" auf einen „falschen" Gitterplatz gebracht, so wird dabei eine Fehlordnungsarbeit geleistet. Wenn alle Atome auf ihren „richtigen" Plätzen sitzen, wenn also der ganze Kristall vollständig geordnet ist, hat er ein Minimum von Energie. Die Leistung einer Fehlordnungsarbeit bedeutet einen Energiezuwachs. Die Energieerhöhung zu einem bestimmten Grade der Fehlordnung im Kristall ist der Anzahl der an „falschen" Gitterplätzen befindlichen Atome proportional. Es ergibt sich ein kontinuierlicher Übergang von geordneten zu ungeordneten Zuständen. Hier liegt der Widerspruch mit der Erfahrung, die ja einen sprunghaften Übergang von geordneten zu den ungeordneten Zuständen zeigt. Die Theorie von Wagner und Schottky, bei der, wie das an den oben aufgeschriebenen Formeln leicht zu sehen ist, die Ausdrücke für die Fehlordnungskonzentration den bekannten Ausdrücken für die Zustandssummen aus der statistischen Theorie der idealen Gase ganz analog sind, kann einen plötzlichen Phasensprung von geordnetem zu fehlgeordnetem Zustande nicht erfassen. Der tiefere Grund dafür liegt darin, daß in ihrem Ansatz der Kristall aus voneinander unabhängigen energetischen Systemen angenommen wird. – Die später entstandenen Theorien nehmen nun in ihrem Ansatz an, daß eine Abhängigkeit der energetischen Zustände der einzelnen Atome vom gesamten Ordnungszustand im Kristall besteht. Im einzelnen gesehen: Es ist für die Fehlordnungsarbeit bei einem bestimmten Atom nicht gleichgültig, ob sich in dessen Nachbarschaft weitere Fehlstellen befinden oder nicht. Die Theorie von Wagner und Schottky hat aber jedenfalls das Verdienst, die ersten leitenden Gedanken und die Problemstellung klar herausgearbeitet zu haben.

Die Theorie der Platzwechselvorgänge ist, nachdem Wagner und Schottky die ersten brauchbaren Ansätze gemacht hatten, von Bragg und Williams[1] weiter entwickelt worden. Ähnlich wie die Theorie von Wagner und Schottky, beruht diese auf thermodynamischen Gleichgewichtsbetrachtungen sowie auf Berechnung des Ordnungsanteils der Entropie; außerdem aber wird die Abhängigkeit der Energie von der gegenseitigen Anordnung der Atome in Betracht gezogen. Die Theorie ist von Bethe[2], Peierls[3] und Kirkwood[4] ausgebaut worden. Es wird darin zwischen der im Kristall herrschenden Ordnung im großen und der sogenannten Ordnung im kleinen, welche durch die Anzahl der Paare gleicher Nachbarn bestimmt ist, scharf unterschieden. Die Theorie ist in der Fassung von Kirkwood den vorliegenden Problemen gut angepaßt. Inzwischen kann aber von einer vollkommenen theoretischen Beherrschung des Problems im Sinne einer quantitativen Auswertung immer noch nicht gesprochen werden[5].

[1] W. L. Bragg und E. J. Williams, Proc. Roy. Soc. (A) *145*, 699 (1934); *151*, 540 (1935); E. J. Williams, Proc. Roy. Soc. (A), *152*, 231 (1935).
[2] H. A. Bethe, Proc. Roy. Soc. (A) *150*, 552 (1935).
[3] R. Peierls, Proc. Roy. Soc. (A) *154*, 207 (1936).
[4] J. G. Kirkwood, J. Chem. Phys. *6*, 70 (1938).
[5] Zusammenfassende Darstellung auch bei Eucken, Lehrbuch der Chemischen Physik, Bd. II (V. 2a), Leipzig 1944.

§ 19. Experimentelle Befunde

Die Diffusion eines Stoffes in festem Metall ist unabhängig davon, ob der Stoff außerhalb des Metalls als Gas oder ob er in fester Phase vorliegt; es ist genau der gleiche Vorgang, ob Kohlenstoff oder ob Stickstoff durch Eisen diffundiert. Die Diffusion (zum Unterschied von der Durchlässigkeit!) ist auch unabhängig von der Beschaffenheit der Metalloberfläche. Wenn zuweilen der Beschaffenheit der Metalloberfläche ein Einfluß auf die Diffusion zugeschrieben wird, so liegt das daran, daß die Begriffe der Diffusion und der Durchlässigkeit – worauf z. B. W. Seith mit Recht hinweist – verwechselt werden. Die Diffusion ist nämlich ebenso wie die Lösung und Adsorption, besonders die Adsorption des aktivierten Typus, nur ein Teilvorgang des Gasdurchgangs durch ein Metall. Wenn also in den außerordentlich zahlreichen Untersuchungen über die Gasdurchlässigkeit von Metallen die experimentellen Ergebnisse verschiedener Autoren so oft voneinander abweichen, so ist die Ursache davon in dem Umstand zu sehen, daß die Trennung der Einzelvorgänge, aus denen sich der Gasdurchgang durch Metalle zusammensetzt, nicht genügend scharf durchgeführt worden ist.

Die einzelnen Teilvorgänge sind durch verschiedene Gesetzmäßigkeiten bestimmt. Für die Geschwindigkeit des Gasdurchganges durch ein Metall ist je nach den Umständen der eine oder andere Teilvorgang entscheidend. Gewöhnlich wird die Gasdurchlässigkeit oder Geschwindigkeit des Gasdurchganges durch eine Metallschicht in fester Phase von dem am langsamsten verlaufenden Teilvorgang reguliert.

Grob gesehen, findet an der Metalloberfläche aktivierte Adsorption und Dissoziation der Gasmoleküle statt. Die Atome sind erst jetzt in der Lage, in das Metallgitter einzudringen. An der anderen Seite der Metallschicht findet der umgekehrte Vorgang statt. Der Prozeß kann – im Falle des Wasserstoffs – durch folgende Reaktionsgleichung festgehalten werden:

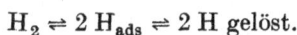

$$H_2 \rightleftharpoons 2\,H_{ads} \rightleftharpoons 2\,H \text{ gelöst.}$$

In diesem Sinne ist aktivierte Adsorption eine notwendige Bedingung für die Durchlässigkeit, aber nicht wie fälschlicherweise Smithells spricht, für die Diffusion.

In den meisten, die „Diffusion" von Gasen durch Metall betreffenden experimentellen Arbeiten wird einfach die Durchlässigkeit gemessen, also der ganze Vorgang des Gasdurchgangs durch eine Metallschicht oder eine Metallfolie, die eigentliche Diffusion ist dabei nur ein Teilprozeß. Der größte Teil des vorliegenden Versuchsmaterials betrifft eigentlich auch die Gesamtdurchlässigkeit, obwohl dabei von „Diffusions"-Messungen die Rede ist[1]. So ist z. B. auch in den theoretischen Betrachtungen über den Diffusionskoeffizienten in dem Buche Smithells der Unterschied von Diffusion und Durchlässigkeit nicht festgehalten, wodurch verwirrende Scheinprobleme entstanden sind.

---

[1] So in der Arbeit von H. S. Coleman und H. L. Yagley, Jour. of Chem. Phys. *11*, 135 (1943).

Experimentelle Ergebnisse, bei deren Gewinnung die eigentliche Diffusion von den übrigen Teilvorgängen der Durchlässigkeit streng unterschieden ist, gibt es nur wenige.

So ist es z. B. bei von Jost und Widmann sowie B. Duhm durchgeführten Messungen über Diffusion von Wasserstoff und Deuterium durch Palladium gelungen, den Einfluß der Oberflächenprozesse zu eliminieren[1]).

Im folgenden sind die Meßresultate aus der erwähnten Arbeit gegeben:

Der Diffusionskoeffizient D von Wasserstoff und Deuterium in Palladium:

Wasserstoff:

Temperatur $^\circ$ C	192,5	248,5	302,5°	10^{-5} cm^3 sec^1.
	1,21	2,43	3,95	

Deuterium:

Temperatur $^\circ$ C	192,5	302,5	
	0,97	3,01	10^{-5} cm^3 sec^1.

Das Entstehen neuer Phasen während einer Diffusionsmessung kann ebenfalls die Ergebnisse verfälschen.

Für die rechnerische Auswertung von Diffusionsmessungen bedient man sich heute noch oft der Tabellen von Stefan und Kawalki[2]).

Wenn das zweite Ficksche Gesetz in der Form $dc/dt = D\, d^2c/dx^2$ geschrieben wird, so hat die dadurch gegebene Differentialgleichung das partikuläre Integral:

$$c_1 = \frac{c}{2}\left[1 - \gamma\left(\frac{x}{2\sqrt{Dt}}\right)\right] \tag{1}$$

wobei $\gamma(\xi) = 2/\sqrt{\pi}\int_0^\xi c^{-2}\,d\mu$ bedeutet; und zwar für ein in der x-Richtung unendlich ausgedehntes System mit den Anfangsbedingungen:

$$\left.\begin{array}{l} c_1 = c; \quad \text{für} \quad x \leqq 0 \quad \text{und} \quad t = 0 \\ c_1 = 0; \quad \text{für} \quad x > 0 \quad \text{und} \quad t = 0 \end{array}\right\}. \tag{2}$$

Stefan hat für ein begrenztes homogenes System die Lösung dieser Gleichung tabellarisch dargestellt. Kawalki hat zu den Tabellen einige Verbesserungen gegeben.

Falls man also für die Bestimmung des Diffusionskoeffizienten D die Tabellen von Stefan-Kawalki benutzen will, so muß die Versuchsanordnung so sein, daß die Bedingungen (2) für das partikuläre Integral (1) erfüllt werden.

§ 20. Definition des Durchlässigkeitskoeffizienten

Weil die meisten vorliegenden Meßergebnisse die Durchlässigkeit betreffen, sei den nachfolgenden Daten die Definition des Durchlässigkeitskoeffizienten vorausgeschickt.

[1]) W. Jost und A. Widmann, Z. Phys. Chemie (B) *29*, 247 (1935); (B) *45*, 285 (1940); B. Duhm, Z. Phys. *94*, 434 (1935); *95*, 801 (1935).

[2]) A. Stefan, Wien. Ber. II. Abt. *77*, 371–409; *79*, 161–214 (1879); Kawalki, Wien. Ann. *52*, 166 (1894).

Der Durchlässigkeitskoeffizient D bedeutet dasjenige Gasvolumen, welches unter Normalbedingungen von einer Metallplatte von 1 cm² Oberfläche und einer Schicht von 1 mm Dicke des Metalls pro Sekunde hindurchgelassen wird.

Allen folgenden Angaben ist diese Definition des Durchlässigkeitskoeffizienten zugrunde gelegt.

Der Durchlässigkeitskoeffizient D ist abhängig von der Temperatur, vom Druck, von der Beschaffenheit der Metalloberfläche, von der Art des Metalls und des Gases, vom Reinheitsgrad des Metalls und von der Zusammensetzung der Metallegierung. Falls das Gas in das Metall auf elektrolytischem Wege eindringt, so ist auch eine Abhängigkeit von Strom und Spannung festzustellen.

§ 21. Die Parameter des Durchlässigkeitskoeffizienten

1. Die Abhängigkeit des Durchlässigkeitskoeffizienten von der Temperatur

Sie läßt sich durch die Beziehung ausdrücken:

$$D = \frac{K}{d}\sqrt{p} \cdot e^{-\frac{E_0}{2KT}}.$$

Hierbei bedeutet d die Dicke der Metallplatte, E_0 die Aktivierungsenergie der Diffusion, p die Druckdifferenz, k die Boltzmannsche Konstante.

Tabelle XXIII

Durchlässigkeitskoeffizienten von Gasen in Metallen

System	$E_0 = \dfrac{Cal}{Gr. Mol}$	K	Autor
H₂-N	30 840	$2,3\ 6 10^{-2}$	Lombard
	27 720	$0,85-10^{-2}$	Deming und Hendricks
H₂-Ni	27 600	$1,4\ -10^{-2}$	Borelius und Lindblom
	26 800	$1,05-10^{-2}$	Ham
	26 520	$1,44-10^{-2}$	Smithells und Ransley
H₂-Pt	39 200	$1,41-10^{-2}$	Richardson
	36 000	$1,18-10^{-2}$	Ham
H₂-Mo	40 400	$0,93-10^{-2}$	Smithells und Ransley
H₂-Pd	8 400	$4,1\ -10^{-2}$	Lombard und Eichner
	8 900	— --	Melville und Rideal
H₂-Sn	33 200	$2,3\ -10^{-2}$	Smithells und Ransley
	39 400	$1,5\ -10^{-3}$	Breaten und Clark
H₂-Fe	19 200	$1,63-10^{-3}$	Smithells und Ransley
	18 800	$1,60-10^{-3}$	Borelius und Lindblom
	22 000	$2,40-10^{-3}$	Ryder
H₂-Al	61 600	$3,3\ -0,42$	Smithells und Ransley
O₂-Ag	45 200	$3,75-10^{-2}$	Speners
	45 200	$2,06-10^{-2}$	Johnstone und Larose
N₂-Mo	90 000	$8,3\ -10^{-2}$	Smithells und Ransley
N₂-Fe	47 600	$4,5\ -10^{-3}$	Ryder
CO-Fe	37 200	$1,3\ -10^{-3}$	Ryder

Diese Gleichung geht eigentlich auf den von Richardson angegebenen Ausdruck für die Diffusionskoeffizienten zurück, nämlich:

$$D = \frac{k}{d} \sqrt{p\,T} \; \frac{5}{4} \, e^{-\frac{E_0}{2\,K\,T}}; \qquad \frac{cm^3}{cm^2 \; sec \; min} \,.$$

Die für die Konstanten K und E_0 in der Formel

$$D = \frac{k}{d} \sqrt{p} \cdot e^{-\frac{E_0}{2\,K\,T}}; \qquad \frac{cm^3}{cm^2 \; sec \; min}$$

von den einzelnen Autoren gefundenen Werte sind in der vorstehenden von Smithells zusammengestellten Tabelle XXIII angegeben.

2. Abhängigkeit des Durchlässigkeitskoeffizienten vom Druck

(Es wird angenommen, daß das Gas vom Druck p durch die Metallplatte gegen Vakuum diffundiert.)

Sie wird durch die mit der Erfahrung gut übereinstimmende Formel angegeben;

$$D = k \sqrt{p}.$$

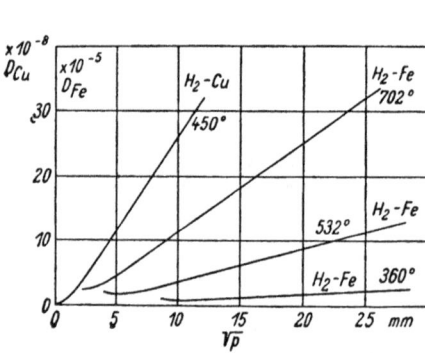
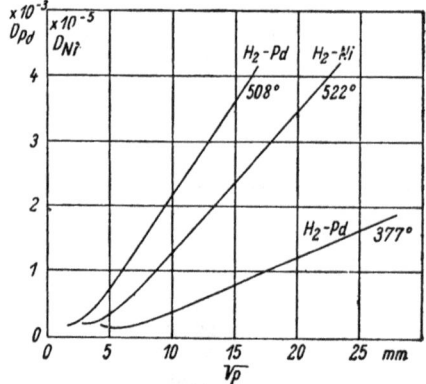

Abb. 60.   Abb. 61.

Abhängigkeit des Durchlässigkeitskoeffizienten vom Druck für verschiedene Metalle

In den vorstehenden Diagrammen ist die Druckabhängigkeit des Durchlässigkeitskoeffizienten für einige Systeme Gas–Metall festgehalten.

Bei Gasgemischen ist der Durchlässigkeitskoeffizient jedes einzelnen Gases lediglich abhängig von dem Partialdruck des Gases im Gemisch.

Beschaffenheit der Metalloberfläche

Es ist klar, daß die Beschaffenheit der Metalloberfläche für die Durchlässigkeit eines Metalls für Gas große Bedeutung haben muß, weil ja die Adsorption des Gases an der Metalloberfläche bei der „Steuerung" des Vorganges entscheidenden Anteil hat. Durch mechanische Behandlung kann die Metalloberfläche in ihrer Eignung für die Gasdurchlässigkeit weitgehend geändert werden; die

folgende Angabe gibt Auskunft über den Einfluß der Oberflächenbeschaffenheit
für Nickel:

Metall	Behandlung	Temperatur	Druck	Durchlässigkeitskoeffizient
Nickel	poliert und oxydiert	750	0042	$1,39 \cdot 10^{-6}$

Vergiftung der Metallfläche durch Zusätze kann ebenfalls großen Einfluß auf
die Gasdurchlässigkeit haben, indem sie die Vorgänge an der Metalloberfläche
beeinflußt. So verändert eine Vergiftung der Eisenoberfläche durch Zusätze
von Antimon und Arsen die Durchlässigkeit für Wasserstoff dadurch, daß die

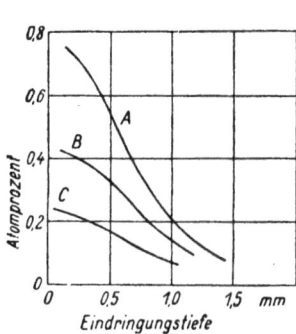

Abb. 62. Einfluß von gelöstem Sauerstoff auf die Diffusion von Stickstoff in
Eisen. Vor der Nitrierung in Ammoniak
wurden die Proben folgendermaßen behandelt: A. Unbehandeltes Schwedi-
sches Eisen; B. 30 Stunden lang oxydiert bei 1100° in 75% 25% CO_2;
C. 100 Stunden lang im Schmiedeofen
oxydiert

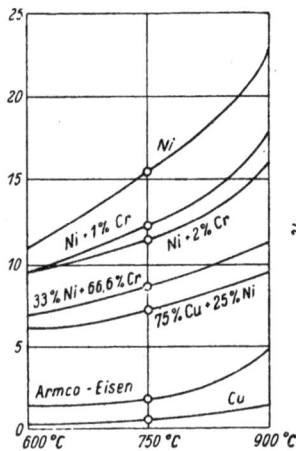

Abb. 63. Wasserstoffdurchlässigkeit
einiger Metallproben 7,5 mm Wandstärke und 100 mm² Glühzone;
Versuchsdauer: 70 Minuten

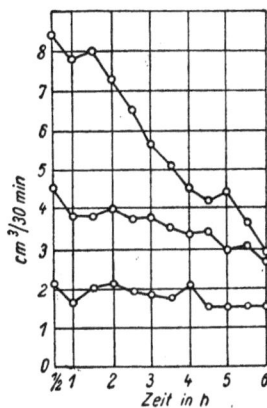

Abb. 64. Wasserstoffdurchlässigkeit einer Nickelprobe;
Wandstärke: 1 mm, Druckgefälle 114 mm Quecksilber bei
1600° C, 900° C und 800° C

katalytische Wirkung der Eisenoberfläche auf die Rekombination der H-Atome
zu H_2-Molekülen verändert wird.

Die Konstitution des Metalls, sein Reinheitsgrad und Zusätze, die Orientierung
der Gitternetzebenen und Metalloberfläche haben ebenfalls Einfluß auf die
Durchlässigkeit der Gase. Zumeist hemmt das Vorhandensein eines gelösten
Gases im Metall die Durchlässigkeit für ein anderes.

Als Beispiel sei aus *Smithells*: ,,Die Eindringungstiefe von Stickstoff in Stahl
in Abhängigkeit vom Sauerstoffgehalt" angeführt.

Die Durchlässigkeit von Metallegierungen in Abhängigkeit von deren prozen-
tualer Zusammensetzung ist ebenfalls diskutiert worden.

Angaben über die Durchlässigkeit von reinem Nickel, Kupfer und Armco-Eisen
gibt das Diagramm Abb. 66 von Baukloh und Kayser. Die beiden genannten
Verfasser fanden auch eine zeitliche Abhängigkeit für die Durchlässigkeit von
Nickel für Wasserstoff. Nachstehendes Diagramm zeigt das Ergebnis der diesbezüglichen Versuche.

Bemerkenswert ist noch das von W. Baukloh und H. Kayser gefundene Ergebnis, daß reines Eisen im γ-Umwandlungspunkt keine Durchlässigkeit für Wasserstoff zeigt. Ein Zusammenhang zwischen Löslichkeit und Durchlässigkeit der Metalle konnte trotz dahin gehender Versuche nicht gefunden werden. So ist Kupfer für Wasserstoff nur sehr schwach durchlässig, während die Löslichkeit des Wasserstoffes in diesem Metalle zwischen der des Nickels und des Eisens liegt.

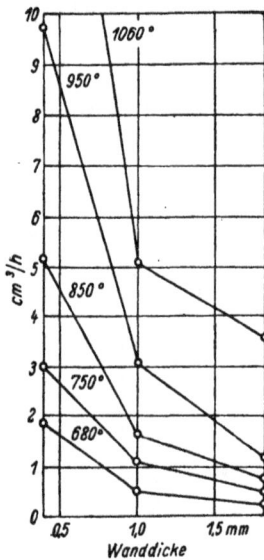

Abb. 65. Wasserstoffdurchlässigkeit einer Nickelprobe in Abhängigkeit von der Wandstärke. Druckgefälle 114 mm Quecksilber

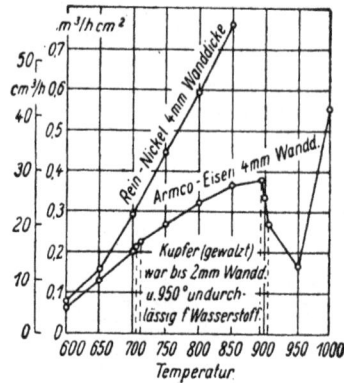

Abb. 66.   Vergleich der Durchlässigkeit für Ni, Cu und Armco Eisen [1]

Zusammenhang zwischen Legierung und Durchlässigkeit

Aus den Arbeiten von W. Baukloh und H. Kayser geht hervor, daß man nur qualitativ sagen kann: beim Legieren einer Komponente zu einem Grundmetall steigt die Durchlässigkeit mit wachsendem Anteil der Legierungskomponente, sofern diese Komponente eine höhere Durchlässigkeit hat als das Grundmetall. So wachsen z. B. die Durchlässigkeiten von Legierungen wasserstoffdurchlässiger Metalle mit Kupfer, das in einem reinen Zustand fast undurchlässig für Wasserstoff ist, sowohl etwa proportional zum Anteil des Legierungspartners als auch zur eigenen Durchlässigkeit des Zusatzmetalles. Es kann nur gesagt werden, daß das Wachstumsverhältnis „etwa" der Proportionalität entspricht, weil genauere zahlenmäßige Verhältnisse, welche eventuell die Vorausberechnung der Wasserstoffdurchlässigkeit der Legierung aus ihrer Zusammensetzung ermöglichen würde, sich nicht festlegen ließen. Allerdings steigt mit wachsendem Nickelanteil bei einer Legierung mit Kupfer, welches für Wasserstoff selbst undurchlässig ist, die Durchlässigkeit viel krasser als bei einer Legierung des Nickels mit Eisen, weil die Durchlässigkeit dieser beiden Metalle sich nicht allzusehr unterscheidet [2].

---

[1] W. Baukloh und H. Kayser, Z. Metallkunde 156 (1934).
[2] Über den Einfluß dritter Elemente bei der Diffusion: J. Hauk, Metallforschung, II, Heft 2, 1947.

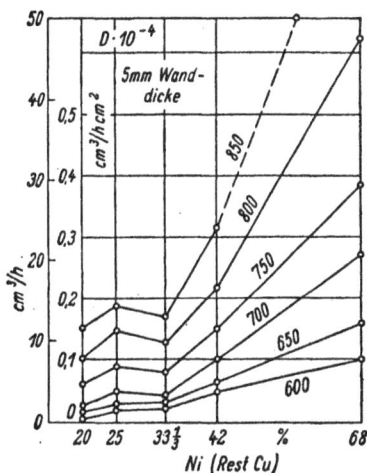

Abb. 67. Wasserstoffdurchlässigkeit von Cu Ni-Legierungen; Rohr mit 5 mm Wandstärke

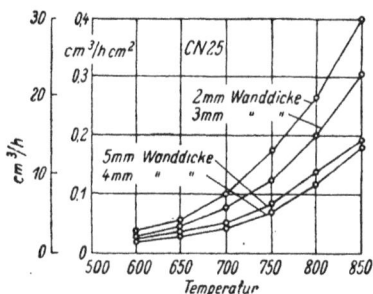

Abb. 69. Wasserstoffdurchlässigkeit von Fe-Ni-Legierungen, Rohr mit 5 mm Wandstärke

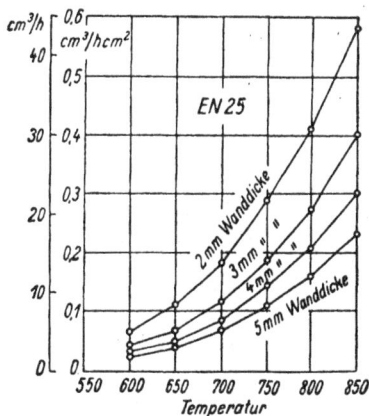

Abb. 68. Wasserstoffdurchlässigkeit einer Cu-Ni-Legierung mit 25% Ni bei Rohren von 2, 3, 4 und 5 mm Wandstärke

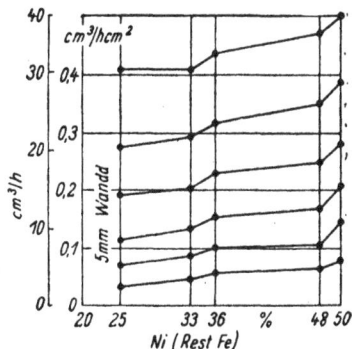

Abb. 70. Wasserstoffdurchlässigkeit einer Fe-Ni-Legierung mit 25% Ni, bei Rohren von 2, 3, 4 und 5 mm Wandstärke

Abhängigkeit des Durchlässigkeitskoeffizienten von Stromstärke und Spannung bei elektrolytischer Wanderung

Für die Abhängigkeit des Durchlässigkeitskoeffizienten von der Stromstärke und angelegter Spannung bei elektrolytischer Wanderung von Gas-Ionen durch das Metall hat Bodenstein die Formel angegeben:

$$\overline{D} = K \sqrt{I}$$

$$\log \overline{D} = \frac{c}{m} + a.$$

Die Stromdichte I wird in Ampere pro cm² der Metalloberfläche gemessen. Die Spannung c wird in Volt angegeben. K, m, a sind Konstanten[1]).

---

[1]) M. Bodenstein, Z. f. Elektrochemie **28**, 517 (1922).

Die Gasaufnahme und Durchlässigkeit von Metall-Kathodenflächen in einer Glimmentladung

Innerhalb der Gesamtheit der Erscheinungen, welche mit der Durchlässigkeit und Löslichkeit von Gasen zusammenhängen, scheinen diejenigen zu einer besonderen Gruppe zu gehören, bei denen Gas von Metall aufgenommen wird, bzw. eine Durchlässigkeit von Metall für Gas stattfindet, sobald das Metall Kathode in einer brennenden Glimmentladung wird. Und zwar handelt es sich hierbei um solche Fälle, in welchen bei normalen Bedingungen keine Gasaufnahme durch das Metall stattfindet. So werden Edelgase unter normalen Bedingungen, wie bereits oben bemerkt, von keinem Metall absorbiert. Dagegen werden Edelgase von Metallkathoden in einer Glimmentladung aufgenommen. R. Seeliger[1]) berichtet über diesbezügliche Versuche, die von ihm und seinen Mitarbeitern W. Funk, W. Bartolomejczyk, H. Althertum und A. Lompe durchgeführt worden sind.

§ 22. Die Gasaufzehrung durch Kathoden in einer Glimmentladung

Die erwähnten Versuche bestanden zum Teil in Lebensdauermessungen von Entladungsröhren, welche mit Neon gefüllt waren. Die Röhren wurden stets auf denselben Anfangsdruck gefüllt und vor der Pumpe abgeschmolzen. Dann wurden sie bis zum Verlöschen gebrannt, was auf Grund von durchgeführten Vorversuchen zu der Annahme zwang, daß der Druck in ihnen bis auf einen Bruchteil eines Torrs gesunken ist. Um vergleichbare Angaben zu haben, wurde an Stelle der tatsächlichen Lebensdauer T die sogenannte Lebensdauerzahl $Z = T\,i/p\,v$ eingeführt. Die folgende Tabelle gibt die Abhängigkeit zwischen Z, Kathodenfall von V und Kathodenmaterial wieder.

Auf Grund weiterer Versuche kommt R. Seeliger zu der Annahme, daß die Gasteilchen des Neons während der Glimmentladung in das Kathodenmetall hineingeschossen werden. Die sogenannte „Einschußfunktion" $F(x)$ gibt an, welcher Anteil der auf der Oberfläche ankommenden Gasteilchen in der Einschußtiefe x steckenbleibt. Durch diese Einschußfunktion wird aber nur der primäre

---

[1]) R. Seeliger, Die Naturwiss, *30/36*, 461 (1942); W. Lompe und R. Seeliger, Z. f. Physik *9* u. *10*, 546 (1943); W. Bartolomejczyk, Ann. Phys. (5), *42*, 534/560 (1943). Siehe auch: E. Pietsch, Erg. d. ex. Naturw. V, 2/31926. R. Seeliger und W. Bartolomejczyk, Ann. Phys. (6), *1*, 241–50, 1947, G. Mierdel, Z. Physik *122*, 614–19, 12/9, 1944.

Kathoden-material	V	Z	Kathoden-material	V	Z
Nb	315	4,7	Pb	430	17,0
Ta	320	4,9	Ni	360	17,2
Al	340	6,5	Cu	390	22,9
Ag	370	11,5	Cr	340	23,9
Fe	350	15,4	Mo	275	25,4
W	395	16,5	Mg	270	35,9

Mechanismus des Vorganges bestimmt. Es kommen noch zwei Vorgänge hinzu, welche erst zusammen mit dem primären Einschußmechanismus die Größe der Gasaufzehrung regeln, und zwar sind das die stündliche Abtragung der obersten Metallschicht durch die Kathodenzerstäubung, wodurch wieder ein Teil des „eingeschossenen" Edelgases befreit wird, und die Rückdiffusion des zerstäubten Kathodenmaterials. Als Resultat dieser beiden Vorgänge verschiebt sich die Metalloberfläche mit einer gewissen Geschwindigkeit v ins Innere des Metalles. Die Aufzehrung des Gases, die durch Druckabnahme im Gefäß tatsächlich festgestellt wird, ist die Differenz zwischen den „eingeschossenen" und der durch Kathodenzerstäubung wieder befreiten Gasmenge. Wenn noch angenommen wird, daß die Ionen bei der in Frage kommenden Kathodentemperatur am Orte ihres Einschusses steckenbleiben, so läßt sich die Aufzehrungsgeschwindigkeit durch die Formel darstellen:

$$\frac{dN}{dt} = \int_{v}^{\infty} f\, x\, (d\,x).$$

Allgemein sei noch bemerkt, daß die quantitative Reproduzierbarkeit der Versuche aus bisher ungeklärten Gründen viel zu wünschen übrigläßt.

§ 23. Durchgang von Wasserstoff durch eine Eisenkathode bei Glimmentladung

Bemerkenswert ist die Diffusion von Wasserstoff durch Eisen, wenn das Eisen die Kathode einer Glimmentladung ist. Die Erscheinung ist von Güntherschulze[1] und Mitarbeitern zuerst beobachtet worden. Die Versuche wurden von R. Ulbrich wiederholt, und die experimentellen Ergebnisse von Güntherschulze sind qualitativ bestätigt worden.

Güntherschulze fand auf Grund der Diskussion der Abklingkurve der Diffusion von Wasserstoff durch Eisen, das als Plättchen die Kathode einer Glimmentladung bildet, daß zwei Arten von Teilchen hindurchdiffundieren müssen. Die schnellere Teilchenart besteht nach seiner vorsichtigen Annahme aus Protonen. Wenn das als Kathode gepolte Eisenplättchen dünner als etwa 0,17 mm ist, so diffundieren alle aufprallenden Wasserstoffprotonen durch das Eisen aus dem Entladungsraum in den Meßraum der Versuchsanordnung hindurch.

[1] A. Güntherschulze, H. Beetz und Kleinwächter, Z. f. Physik *114*, 82 (1939).

Die Erscheinung ließ nach Güntherschulze nur in der Kombination Eisen-kathode–Wasserstoff beobachten. Bei allen anderen Zusammenstellungen von Gasen und Metallkathoden fand sie nicht statt. Die Wasserstoffdiffusion

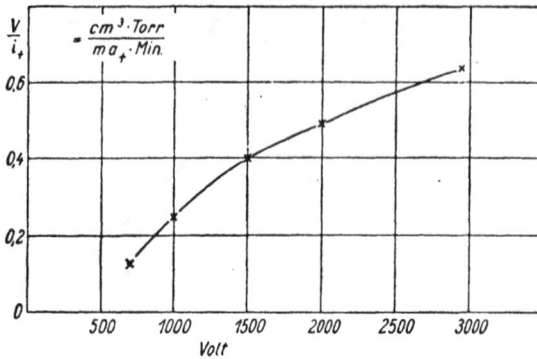

Abb. 71. Abhängigkeit der pro Zeiteinheit und pro Einheit der Strom-stärke (+) durch eine zylindrische Eisenkathode von 0,1 mm Wand-stärke hindurch diffundierten Wasserstoffmenge vom Kathodenfall (R. Ulbrich)

erfolgte auch nicht, wenn in demselben Elektroden-system unmittelbar vor dem Versuch eine Ent-ladung mit Argon ge-brannt hatte.

Die von R. Ulbrich durch-geführten Versuche be-stätigen im großen und ganzen die Angaben von Güntherschulze, wenn auch der Diffusionsstrom je nach Eisenprobe um eine Zehnerpotenz von den seinigen differierte. (Das Meßresultat ist in Abb. 72 angegeben.) Allerdings wurde nicht wie bei Güntherschulze eine Eisenplatte, sondern eine zylindrische Eisenkathode von 0,1 mm Wandstärke verwendet, welche aus einem massiven Stück gebohrt und gedreht war. Die Verstopfung des Eisens durch Argon für die Wasserstoffdiffusion, wie sie Güntherschulze beschreibt, konnte dagegen nicht beobachtet werden.

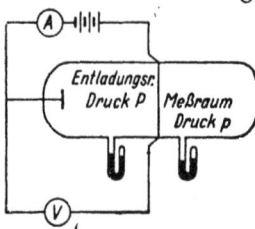

Abb. 72.
Schematische Darstellung des Versuches von Güntherschulze

Die Diffusion oder das Durchschießen des Wasserstoffs durch Eisen fand unbeeinflußt davon statt, ob un-mittelbar vorher eine Glimmentladung mit Argon ge-brannt hatte oder nicht (Abb. 72).

In einer schematisch in Abb. 73 dargestellten Versuchs-anordnung wird ein Glasgefäß durch eine dünne Eisen-platte in zwei Räume: den Meßraum und den Ent-ladungsraum geteilt. Die Platte ist so angebracht, daß die Trennung der beiden Räume vakuumdicht ist. Im Entladungsraum befindet sich noch eine Gegen-elektrode, um das Abbrennen einer Glimmentladung zu ermöglichen. Wird im Entladungsraum Wasserstoff unter einem Druck P von einigen Torr ein-geschlossen, so läßt sich, sofern keine Glimmentladung brennt, auch keine Diffusion von Gas in den evakuierten Meßraum beobachten. Sobald nach An-legen einer Spannung an die Gegenelektrode die Glimmentladung zu brennen begonnen hatte, ließ sich sofort durch Druckanstieg im Meßraum eine Diffusion von Wasserstoff durch die Eisenplatte beobachten. Wenn die Entladung im Entladungsraum bei einem gewissen Druck P zu brennen begonnen und im Meßraum Klebevakuum geherrscht hatte, so sank nach einer Brennzeit von einigen Minuten der Druck im Entladungsraum merklich, und nach kurzer Zeit verlöschte die Entladung, während der Druck p im Meßraum anstieg und bei

fallendem Druck im Entladungsraum schließlich größer wurde als dieser Druck P.
p. Ja, wenn der Anfangsdruck im Meßraum beliebig hoch war, also 200 Torr
und mehr betrug, diffundierte bei einem An-
fangsdruck im Entladungsraum der Wasserstoff während einer Glimmentladung trotzdem in den Meßraum. Die Eisenplatte wirkte
sozusagen als Ventil für den Wasserstoff,
welcher nach den Worten Güntherschulzes
von der einen Seite durch das Eisen „hin-
durchgeschossen" werden konnte.

Die Einschußtiefe war abhängig vom Kathodenfall in der Glimmentladung. Bei einer
0,128 mm dicken Eisenplatte lagen die Dinge
so, daß beginnend mit einem Kathodenfall von
200 Volt mit steigender Spannung immer mehr

Abb. 73. Abhängigkeit der pro Zeiteinheit
und pro Einheit der Stromstärke (+) durch
eine Eisenplatte von 0,128 mm Stärke hindurch diffundierter Wasserstoffmenge
(Güntherschulze) .

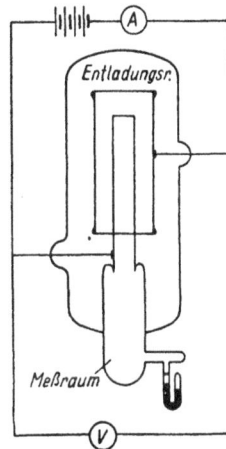

Wasserstoff je Zeiteinheit und je Einheit der Stromstärke in der Glimmentladung durch die Platte hindurch diffundierte, bis bei 3500 Volt eine Art
Sättigungsstrom erreicht war. Abb. 74 gibt die Verhältnisse wieder.

Güntherschulze fand auf Grund der Diskussion der Abklingkurve der Diffusion
von Wasserstoff durch Eisen, das als Plättchen die Kathode einer Glimmentladung bildete, daß zwei Arten von Teilchen verschiedener
Geschwindigkeit hindurchdiffundieren müssen. Die
schnellere Teilchenart bestünde nach seiner vorsichtigen
Annahme aus Protonen.

Über den Mechanismus des Durchgangs bzw. Durch-
schießens von Wasserstoffionen durch Eisenplatten läßt
sich vorläufig nichts sagen. Alle Versuche, die von
R. Ulbrich durchgeführt wurden, um die auf der anderen
Seite des Eisenplättchens bzw. einer zylindrischen Elektrode etwa austretenden Ionen von der Metalloberfläche
zu trennen und durch ein starkes elektrisches Feld ab-
zusaugen, sind negativ verlaufen. Im Hinblick auf die
auch negativ verlaufenen ähnlichen Versuche mit wasserstoffbeladenen Palladiumdrähten und geheizten Palladiumröhrchen muß es einen tieferen Grund dafür geben,
daß die geladenen Teilchen an der Metalloberfläche
ohne Rücksicht auf das Feld sofort nach ihrem Austritt
neutralisiert und assoziiert werden. Sowohl im Falle des
Einschießens von Edelgasatomen, wie es R. Seeliger beschreibt, als auch bei dem Durchschießen von Wasserstoff-

Abb. 74. Schematische Darstellung der im Labor für
Elektronen- und Ionenlehre
durchgeführten Versuche an
Wasserstoff und Eisen

atomen durch Eisen, ist über die Elementarvorgänge wenig bekannt. Das Wort
„Durchschießen" ist in beiden Fällen lediglich als Schlagwort zu gebrauchen.
Ob tatsächlich aus dem Eisen auf der Meßseite Protonen austreten, müßten
weitere Versuche erweisen.

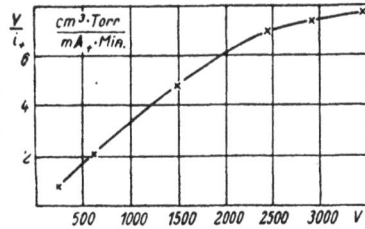

Namenregister

Adam, N. K. 60
Ahearn 67
Althertum, H. 150
Altpeter, W. 125
Amdur, J. 62, 63
Anderson, J. S. 97, 101, 102, 116, 121
Aron, A. 90
Auston, R. 133

Baker, E. B. 89
Bardeen, J. 35
Bartholomejczyk, W. 150
Bastien, P. 120
Baukloh, W. 9, 94, 98, 99, 118, 120, 121, 137, 147, 148
Beebe, R. A. 55
Beetz, H. 151
Benton, A. F. 50, 55, 59
Bertram, A. 61
Bethe, H. A. 142
Bircumshaw 118
Bloch, F. 117
Bodenstein, M. 149
Boedecker 37
Boer, J. H. de 41, 60, 83, 127, 128
Bohr, N. 69
Boltz, H. A. 89
Boltzmann, L. 21, 125, 131
Bomke, H. 100
Borelius, G. 101, 104, 107, 109, 117, 145
Bose 104
Bosworth 67
Bovie 67
Bowden, F. P. 58
Boyle 20
Bradley, R. S. 41
Brager, A. 124
Bragg, W. L. 142
Bramley, A. 125
Braun 118

Braunbeck, H. 90, 91
Braune, H. 133
Breaten 145
Brewers 100
Brodkorb 123
Brunauer, S. 41, 42, 44, 55

Caillietet 9
Cassel, H. 129
Cassie, A. B. D. 43, 45
Chaudron, G. 94, 118, 119
Chrétien 119
Cichocki, J. 14, 133
Clark 155
Clausing, P. 128
Coehn, A. 109, 111
Coleman, H. S. 143
Constable, F. H. 58
Cook, M. A. 43
Coopers, A. T. 125
Cornelius, H. 99, 125
Cotta 102, 122
Custers, J. F. H. 60

Damköhler, G. 39, 45
De Broglie, L. 73, 91
Debye, P. 21, 22, 111
Dehlinger, U. 98, 104, 116
Deming 145
Dirac 69
Drude 24
Du Bridge 67
Duhm, B. 103, 104, 111
Duhn, J. H. v. 87
Dushmann, S. 83

Edgar 106, 110
Eichner 145
Eiländer, W. 99, 125
Einstein, A. 72, 80
Eméleus, H. J. 97, 101, 102, 116, 121
Emmet, P. H. 41, 55
Ende, W. 87, 88

Espe, W. 83, 89
Estermann, J. 47
Eucken, A. 41, 52, 61, 64, 140
Ewing, D. T. 60

Fast, J. D. 123, 124, 127, 128
Fermi 69
Fick 130, 140
Firth, J. B. 106, 110
Fischer, F. 99, 105
Floe, C. F. 125
Fowler, R. M. 39, 45
Fox 67
Frank, J. 111
Frank, Ph. 131
Franzini, T. 111, 112, 113, 120
Freitag 67
Frenkel, J. 133, 137
Freundlich 37
Fröhlich, H. 116, 117
Fry 125
Funk, W. 150

Gay 20
Gaydon 121
Gehm 104, 109
Geiger, H. 21
Gibbs 43, 138
Giebenhain, H. 52
Glasoc 67
Glückauf, E. 128
Goldmann, F. 41
Graham 9, 129
Grandadam 126
Gregg, S. J. 42
Griffin, C. W. 59
Grilly, E. R. 62
Grover 67
Guggenheim, E. A. 45
Güntherschultze, A. 120, 121

Hägg 122, 126
Halsey, Z. 42
Ham, W. R. 120, 129, 145
Hansen, M. 97, 102, 123
Harkins, W. D. 43, 44
Hartree, R. D. 31
Hassid 50
Hauk, J. 148
Haywood 125
Hedwall, J. A. 133
Heitler, W. 22, 27, 29
Heller, G. 111
Heller, P. A. 99, 125
Hendricks 145
Henke, G. 9, 98
Henneberg, W. 77
Henry, D. W. 37, 39
Herschkowitsch, E. 60
Herzfeld 21
Hieber, G. 120
Hill, T. L. 42, 45
Holm, R. 14
Holt 106, 110
Hottenroth, G. 77
Houdremont, E. 99, 120, 125
Hückel, W. 111
Hulubey, H. 113
Hume 32, 98
Hüttig 123

Jacobs 42
Jacquet 34
Johnson 67, 121, 126
Johnston, H. L. 62
Johnstone 145
Jones, H. 111, 116, 117
Jones, M. C. 62, 63
Jost, W. 9, 14, 104, 131, 140, 141, 144
Juergens, H. 103, 111
Jura, G. 43, 44
Jurisch, F. 103
Justi, E. 32, 73, 117

Kälberer, W. 52
Karbe, K. 101
Kawalki 144
Kayser, H. 120, 121, 147, 148
Katzen, L. G. 120
Keesom, W. H. 21
Kelvin, Lord 82, 87, 88
Kennan, R. G. 44
Kennard, E. H. 62

Kingdon, K. H. 49, 127
Kirkwood, J. G. 142
Kleinwächter 151
Knapp, W. 136
Knoll, M. 83, 89
Knorr, C. A. 108
Knudsen, W. 60, 61, 63
Kobosew, N. 104
Koller, H. 90, 91
Kootz, T. 125
Krüger 67, 104, 109
Kubaschewski, O. 93

Lafitte 126
Langmuir, J. 37, 38, 39, 42, 43, 49, 127
Larose 145
Laue, M. v. 65, 116
Laves, F. 32
Lejpunski, O. 94
Lennard-Jones, J. E. 34, 45
Liempt, J. A. M. 133
Lindblom 145
Linde, J. O. 107
Linkhof, F. 99
Livingston, H. K. 44
Lombard 145
Lompe, A. 150
London, F. 16, 22, 23, 24, 25, 27, 29
Love, K. S. 44
Lucy, F. A. 60
Lussac 20

Magnus, A. 39, 52
Mahoux, G. 125
Masing, G. 93
Mathewson 127
Maxted 50
Maxwell, J. C. 21, 63
McKeehan 104
McKinney 50
Mécanique 125
Melville 145
Menzen, P. 99, 125
Meyer, O. 125
Mierdel, G. 150
Mises, R. v. 131
Moliere, G. 141
Möller 120
Monblanowa, W. W. 96, 105
Moreau, L. 94, 118, 119
Moritz, H. 120

Mott, N. F. 111, 115, 117
Müller, E. W. 70

Naeser, G. 125
Nikuradse, A. 14
Nordbury, A. L. 117
Nordheim, L. 70, 117

Oatley 67
Orfield, H. M. 52
Orthuber, M. 77
Ostwald 37

Patrick, A. 41
Pauli, W. jr. 28, 69, 70, 71
Pearce 121
Pearlmann, H. 62, 63
Peierls, R. 142
Phipps 67
Pietsch, E. 150
Polanyi, M. 37, 41, 133
Portevin, A. 94, 118, 119
Prosen, E. J. R. 35
Pysher, V. 44

Quillet, L. 125

Raether, H. 57
Ransley 145
Recknagel, A. 77
Redjali, M. 118
Rehbinder, P. 46
Reimann, A. L. 67, 75
Retzlaff, W. 136
Reynolds 67
Rhines 127
Richardson, O. W. 65, 70, 77, 78, 127
Rideal, E. K. 58, 126, 145
Riederich, G. 99, 125
Roberts, J. W. 43, 63
Roehr 67
Roell 122
Röntgen 118, 120
Rothe, H. 126
Rothery 32, 98
Ryder 145

Sachs, R. G. 35
Sauter, J. O. 120
Schäfer, K. 63
Scheeffers, H. 32, 73, 117
Scheel, K. 21
Scherer, R. 99, 125

Schmidt, E. 118, 119
Schniedermann, J. 100, 113, 114
Schoon, T. H. 59
Schottky, W. 33, 83, 127, 130, 131, 134, 137, 141, 142
Schrader, H. 99
Schrödinger, E. 23
Schwab, G. M. 9, 64
Schwarz, K. E. 111, 125
Schweidnitz, H. D. Graf v. 94, 118, 119
Seeliger, R. 94, 106, 110, 150
Seifert 67
Seith, W. 134
Seitz, F. 31, 117
Shoupp, W. M. 99
Sickmann, D. V. 55
Sieverts, A. 102, 106, 120, 121, 122
Simon, J. H. 129
Skaupy, F. 91
Smekal, A. 137
Smith, P. D. 127
Smithells, C. J. 49, 93, 100, 101, 106, 125, 145, 147
Smittenburg 121
Smochulowski 60
Snoek, J. L. 94, 99, 125
Sommerfeld, A. 69

Sorprom, Abr. 99
Specht, W. 111
Speners 145
Spetzler, S. 99
Spurway, C. H. 60
Stabenow 67
Stansfield, R. G. 113
Steacie 121, 126
Stefan, A. 125, 144
Steinhäuser, K. 118, 119
Stevens, N. P. 55
Stirling 138
Sugiura 29
Suhrmann, R. 100
Svensson, B. 115
Swain, R. C. 60

Tammann, G. 97, 98
Taylor, H. S. 50, 55, 62
Teller, E. 35, 41
Tenkin, M. 44
Thiessen, F. 141
Tonn, W. 122, 124

Ulbrich, R. 106, 111, 151
Ulich, H. 134, 140

Velde, H. 52
Verö, J. A. 99
Vick 67
Vieweg, R. 88
Vogel, R 93, 122, 124
Vogt, E. 97, 99, 115, 116

Volmer, M. 39, 47
Volta 82

Waals, J. van der 17, 20, 21, 31, 36
Wagener, S. 67
Wagner, C. 109, 110, 111, 130, 131, 133, 134, 137, 139, 141, 142
Wahlin 67
Wang, J. S. 44
Warner 67
Watts, J. Th. 125
Whalley, H. K. 127
White, T. A. 50, 59
Widmann, A. 144
Wigner, E. 31, 117, 133
Wilkins 39
Willems, Fr. 99, 118
Williams, A. M. 39
Williams, E. J. 142
Winterlager 118
Withney 67
Wolf, G. 99, 105, 106
Wolf, K. L. 116
Wortmann, J. 100, 113
Wright 67

Yagley, H. L. 143

Zapf 125
Zeldowitsch, J. 50
Zsigmondy, R. 41
Zwicker 41

Sachregister

Absättigung 32
Abstoßungskraft 26
adsorbierende Oberfläche 56
adsorbierte Schicht 56
Adsorption 10, 129
— aktive = aktivierte 15, 38, 44, 46, 48, 51, 54, 143
  Mischadsorption 39, 45
  physikalische Adsorption 38, 48, 51, 52
  ungehemmte Adsorption 48
Adsorptionsenergie 32
Adsorptionsgleichgewicht 15
Adsorptionsisotherme 15, 40
Adsorptionsverbindungen 103
Adsorptionswärme (n), 15, 32, 50, 52
— differentiale 52, 53
— integrale 52
Akkommodationskoeffizient, Knudsenscher 60, 61
— Maxwell-Knudsenscher 62
aktive = aktivierte Adsorption 15, 38, 44, 46, 48, 51, 54, 143
Aktivierungsschwelle 47, 48
Aktivität 110
Aktivkohle 60
Alkalimetalle 102
Aluminiummetalle 101, 103, 118, 123
Aluminiumlegierungen 119
amorphe Metalle 10

Anlaufspannungsverfahren 81
Anziehungskräfte 17, 21
Argon 152
Äthylen 59
Aufenthaltswahrscheinlichkeit 29
Austauschintegral 27
Austauschkräfte 27
Austrittsarbeit 65, 66, 76, 78
Autoelektronenemission 68

Beladungsdruck 89
Besetzungsdichte 39, 44
BET-Theorie 41, 42
— -Isotherme 43
Bildkraft 16, 33
Bindekräfte, van der Waalssche 31
Bindung, metallische 31, 32, 51
— polare 26
— unpolare 27
Blei 123
Bohrsche Theorie 69
Boyle-Gay-Lussacsches Gesetz 20

Chemosorption 10, 46, 54
Clausius-Mosottisches Gesetz 19
Coulombsche Anziehungskräfte 17

De-Broglie-Wellen 73, 91
Debye-Hückelsche Elektrolytentheorie 111
differentiale Adsorptionswärme 52, 53
Diffusion 129, 140
Diffusionsgesetze, Ficksche 13, 130ff., 140

Diffusionsstrom 131, 140
Dipolmoleküle 17
Dispersionskraft, -kräfte 24, 27, 34, 54
Dispersionspotential 24, 26
Doppelschicht, elektrische 54, 74, 75, 80, 83
Durchlässigkeit 94, 129, 143, 148
Durchlässigkeitskoeffizient 145

Eigenfrequenzenergie 24
Einlagerungsmischkristall 135
Einlagerungsmischkristallbildung 136
Einlagerungsstrukturen 98
Einlagerungsverbindungen 95, 97
Einschußfunktion 150
Einsteinsche Formel (Gleichung) 72, 80
Eisen 94, 98, 101, 103, 120, 123, 125, 148
Eisenkathode 151
Elektrische Doppelschicht 54, 74, 75, 80, 83
— Leitfähigkeit 114
elektrischer Widerstand 90
elektrolytische Wanderung 149
Elektronenaustrittsarbeit 89
Elektronenaustrittspotential 72
Elektronenemission 127
Elektronenschalen 16
Elektronenspiegel 77

Energiebänder 71
Erdalkalimetalle 102

Fehlordnungen 134, 135
Fehlordnungstheorie
    133ff., 140
Fermi-Diracsches Ver-
    teilungsgesetz 69
Ficksche Diffusions-
    gesetze 13, 130ff., 140
Folien 90
Freie Weglänge 114

Gasabgabe 93
Gasaufzehrung 150
Gasdurchlässigkeit 129
Gasgemische 146
Gay-Lussac-Boylesches
    Gesetz 20
Germanium 123
Geschwindigkeit, mittlere
    114
Gesetz von
    Boyle-Gay-Lussac 20
    Clausius-Mosotti 19
    Fick (Diffusions-) 13,
    130ff., 140
    Graham 129
    Maxwell-Boltzmann 21
    Stefan-Boltzmann 125
Gibbsches Potential 138
Gitterdiffusion 135
Glimmentladung 150
Glühelektronenstrom 114
Glühkathode 68
Grahamsches Gesetz 129
Grenze, langwellige 72
Grenzflächen-
    erscheinungen 11
Grenzflächenpotential 75
Grenzgeschwindigkeit 66
Grenzschicht-
    erscheinungen 11.

Hafnium 98
Hallkonstante 114
Härtetechnik 10
Hauptdiffusions-
    koeffizienten 130
Heißextraktion 110
Heterogenität der Ober-
    fläche 58
Hume-Rotherysche Regel
    32, 98

Hydride 48, 94, 102, 103,
    121

Induktionseffekt 22, 25,
    34
Integrale Adsorptions-
    wärme 52
Ionisierungsarbeit 75
Ionisierungsgerade 17
Ionisierungspotentiale 24
Iridium 98
Isobare 37, 52
Isolatoren 71
Isoliertechnik 10
Isostere 37, 52
Isotherme 37, 52
    Adsorptions- 15, 40
    BET- 43
    Jura-Harkins- 43
    Langmuir- 39, 42
    — treppenförmige 59

Jod 127
Jura-Harkins-Isotherme
    43

Kadmium 123
Katalyse 48
Kobalt 98, 101, 121
Kohlenoxyde 98
Kondensationswärme 42
Kontaktkatalyse 64
Kontaktpotential 74
Kontaktmessungen 127
Kontaktverfahren 80
Konzentrationsausgleich
    133
Koordinationszahl 32, 98
Koppelschwingungen 28
Kovolumenkonstante 25
Kraft, Kräfte
    Abstoßungskraft 26
    Anziehungskraft 21
    Coulombsche Kraft 17
    van der Waalssche
    Kraft 17
    Austauschkräfte 27
    Bildkräfte 16, 33
    Dispersionskräfte 24,
    27, 34, 54
    Valenzkräfte 17, 38, 46,
    129
    van der Waalssche
    Kräfte 21, 36

Kraft, Kräfte
    zwischenmolekulare
    Kräfte 51
Kristallbildung 30
Kupfer 59, 101, 103, 126,
    127, 148

Ladungsdichteverteilung
    29
Langmuir-Isotherme 39,
    42
Lanthan 122
langwellige Grenze 72
Legierungen 51, 148
Leiter 71
Leitungselektronen 114
lichtelektrischer Strom
    114
Löslichkeit 94
Lösung, einfache 95

Mathiesensche Regel 117
Maxwell-Boltzmannsches
    Gesetz 21
Maxwell-Knudsenscher
    Akkomodationskoeffi-
    zient 62
Mechanik, statistische 44
Metalle, amorphe 10
Metallfolien 90
metallische Bindung 31,
    32, 51
Metallpulver 50
Mischadsorption 39, 45
Mischphase 9
mittlere Geschwindigkeit
    114
Molekül
    Dipolmolekül 17
    Wasserstoffmolekül 22,
    28
Molybdän 123, 126

Natrium 122
Nickel 50, 97, 101, 103,
    121, 148
Nitride 48, 123

Oberfläche, adsorbierende
    56
    Heterogenität der
    Oberfläche 58
    wahre Oberfläche 56
Oberflächenoxyd 127

organische Substanzen
76, 77
Osmium 98
Oxyde 48
Oxydschichten 128

Palladium 50, 94, 97, 103,
104ff., 114, 126, 127
Palladiummohr 106
Palladiumschwamm 106
paramagnetische Suszep-
tibilität 99, 115
Pauli-Prinzip 28, 69, 70,
71
Phasenregel 94
Photoelektronen 99
Photostrom 79
physikalische Adsorption
38, 48, 51, 52
Platin 97, 101, 128
Platzwechsel-
erscheinungen 139
polare Bindung 26
— Valenzkraft 31
Polarisation 19
Polarisierbarkeit 19
Potential
Potentialgebirge 70, 71
Potentialsprung 80
Dispersionspotential 24
Elektronenaustritts-
potential 74
Grenzflächenpotential
75
Ionisationspotential 24
Kontaktpotential 74
Praeseodym 122
Protonen 151

Quadrupole 34
Quecksilberdampf 128

Richardsonsche Glei-
chung 65, 70, 77, 78
Richteffekt 21, 25, 34

Rhodium 98
Röhrenbau 10
Röhrentechnik 82
Rümpfe 28
Ruthenium 98

Sauerstoff 124, 126, 127
Sättigungsstrom 153
Schicht, adsorbierte 56
Schmelztechnik 10
Schrödinger-Gleichung 23
Silber 94, 101, 126, 127
spezifische Wärme 60
Spiegelelektrode 77
Spin 27, 28
statistische Mechanik 44
Stefan-Boltzmannsches
Gesetz 125
Stickstoff 98, 121, 123,
124
Stirlingsche Formel 138
Strom, lichtelektrischer
114
— thermoelektrischer
114
Substanzen, organische
76, 77
Suszeptibilität 35
— paramagnetische 99,
115

Tantal 94, 102, 103, 122,
124
Tellur 123
Temperatureffekt 68
Temperatursprung 60, 61
Thermodynamik 64
thermoelektrischer Strom
115
Thorium 102, 103, 122
Titan 98, 102, 103, 122,
123
treppenförmige
Isotherme 59
Tunneleffekt 71

Übergangsmetalle 97,
98
ungehemmte Adsorption
48
unpolare Bindung 27
— Valenzkraft 30

Valenz(en), 28, 30
Valenzelektronen 30
Valenzkraft, chemische
17, 38, 46, 129
— polare 31
— unpolare 30
Vanadium 102, 103
van der Waalssche (An-
ziehungs-) Kräfte 17,
21, 36
van der Waalsche Zu-
standsgleichung 20
Ventil 153
Verdampfen 15
Verweilzeit 39
— mittlere 39, 60
Volumenpolarisation 19

wahre Oberfläche 56
Wanderung, elektro-
lytische 149
Wärme, spezifische 60
Wärmewiderstand 61
Wasserdampf 98
Wasserstoff 50, 98, 101ff.,
148, 151
Wasserstoffmolekül 22,
28
Weglänge, freie 114
Widerstand, elektrischer
90

Zer 103, 122
Zinn 123
Zink 123
Zirkon 98, 102, 103, 122,
123, 124